乡村治理
现代化发展战略研究

Xiangcun Zhili Xiandaihua
Fazhan Zhanlüe Yanjiu

乡村治理现代化发展战略研究项目组　著

中国农业出版社
北　京

图书在版编目（CIP）数据

乡村治理现代化发展战略研究 / 乡村治理现代化发
展战略研究项目组著. -- 北京：中国农业出版社，
2024. 8. -- ISBN 978-7-109-32386-5

Ⅰ. D638

中国国家版本馆 CIP 数据核字第 20245A7605 号

乡村治理现代化发展战略研究
XIANGCUN ZHILI XIANDAIHUA FAZHAN ZHANLÜE YANJIU

中国农业出版社出版

地址：北京市朝阳区麦子店街 18 号楼
邮编：100125
责任编辑：郭银巧
版式设计：杨　婧　　责任校对：吴丽婷
印刷：北京通州皇家印刷厂
版次：2024 年 8 月第 1 版
印次：2024 年 8 月北京第 1 次印刷
发行：新华书店北京发行所
开本：700mm×1000mm　1/16
印张：20
字数：326 千字
定价：128.00 元

乡村治理现代化发展战略研究项目组

项目负责人：赵春江

顾 问 组：李德发　孙九林　张福锁　刘　旭

　　　　　陈学庚　孙宝国　杨华勇　陈学东

　　　　　陈晓红　张守攻　王恩东　吴志强

　　　　　岳清瑞　刘仲华　李培武

课题一：乡村公共服务治理现代化战略研究

课题负责人：赵春江

核 心 成 员：李　瑾　冯　献　马　晨　曹冰雪

　　　　　郭美荣　陈立平　杨信廷　常　倩

　　　　　徐　克　王洁琼　康晓洁　刘学馨

　　　　　贾　娜　宋太春　揭晓婧　高亮亮

课题二：乡村公共事务与公共安全治理现代化战略研究

课题负责人：陈剑平

核 心 成 员：李学兰　叶笑云　操家齐　石绍斌

　　　　　夏　雨　冉思伟　封红梅　黄　峥

　　　　　王　哲

课题三：乡村环境治理现代化战略研究

课题负责人：朱利中

核 心 成 员：金少胜　罗安程　张清宇　王飞儿

　　　　　吴东雷　郑荣跃　陈丁江

目 录
CONTENTS

—————————— 上 篇 ——————————

─────────────── 下　篇 ───────────────

表 目 录

图 目 录

上

篇

· 第一章 ·

乡村治理现代化概述

"三农"问题一直是关系国计民生的根本性问题，现阶段我国正处于快速工业化和城镇化进程中，如何正确处理城乡关系、避免重蹈其他国家的覆辙是当前我国城乡关系发展的关键，乡村治理就是对中国特色城乡发展道路的有益探索。在以信息化、网络化、智能化为核心特征的数字社会背景下，充分利用现代化手段提升乡村公共服务、公共事务、公共安全、环境治理水平，提高治理效率，是我国当前和今后一段时期内开展乡村治理最有效的途径。

第一节 相关概念

一、治理

党的十八届三中全会强调，将"完善和发展中国特色社会主义制度，推进国家治理体系和治理能力现代化"作为全面深化改革的总目标。我国注重"治理"的系统性、整体性、协同性，将"治理"与"管理"区别开来。本研究所探讨的治理是指政府、社会、公众等多元参与主体，以协同、互动、发展为主要运行机制，建立公开透明的制度体系，并在该体系框架下开展各项活动。治理与管理的区别主要体现在以下四点（表1-1）：一是主体不同，管理的主体是政府，治理的主体是多元的，政府、社会、公众、企业都可以成为治理主体；二是权力运行机制不同，管理是自上而下的运行机制，治理则是政府与公民的双向互动；三是公开透明程度不同，在管理形态下存在暗箱操作的空间，治理过程中则要求公开透明；四是政策导向不同，管理更注重过程，治理更注重结果。

表 1 - 1　管理与治理概念辨析

概念	主体	权力机制	公开透明度	政策导向
管 理	以政府为主	自上而下	存在暗箱操作空间	注重过程
治 理	多元共治	平等协商	公开透明	注重结果

二、乡村治理

结合《中华人民共和国乡村振兴促进法》相关内容，本研究涉及的乡村是指城市建成区以外，具有自然、社会、经济特征和生产、生活、生态、文化等多重功能的地域综合体，包括乡（民族乡、镇）、村（含行政村、自然村）等。乡村治理是国家治理的重要基础，乡村治理现代化是推进国家治理体系和治理能力现代化的关键环节。在我国，"乡村治理"的概念最早是由徐勇教授于 1998 年提出的；郭正林（2004）认为，乡村治理是指性质不同的各种组织，通过一定的制度、机制共同把乡下的事务管理好；佟雪莹（2017）定义的乡村治理是指各治理主体通过明确自身职责，为解决乡村社会中出现的问题而共同合作，进而实现乡村社会进步和完善的过程。

三、乡村治理现代化

1954 年第一届全国人民代表大会首次提出，要实现工业、农业、交通运输业和国防四个现代化的任务。在乡村治理领域，一些专家学者也做出了探索。例如，饶静（2020）从历史与实践两种维度，对乡村治理现代化进行了分析，她认为：从历史维度来看，乡村治理现代化过程不是对过去的简单抛弃，也不是简单地从传统到现代的二元转换，而是传统因素和现代因素的有机融合，在制度、组织、技术、文化等各方面不断创新，实现乡村良好发展的过程；从实践维度看，乡村治理现代化包括自上而下和自下至上双向互动的过程。本研究涉及的乡村治理现代化是指乡村治理手段的现代化、治理组织的现代化、治理制度的现代化、治理理念的现代化等，通过推动乡村治理的制度化、规范化、程序化，保障人民当家作主、维护社会公平正义、激发社会创造活力、保持社会和谐安定，最终实现乡村善治。

第二节　本研究的范畴

本书关于乡村治理现代化的研究主要涵盖乡村公共服务治理现代化、乡村公共事务治理现代化、乡村公共安全治理现代化、乡村环境治理现代化四个方面。

一、乡村公共服务治理现代化

公共服务是指由政府主导，保障基本民生需求的服务。一般公共服务主要包括以下八大领域：基本公共教育、基本劳动就业创业、基本社会保险、基本医疗卫生、基本社会服务、基本住房保障、基本公共文化体育和残疾人公共服务。本研究所涉及的乡村公共服务治理现代化，以基层政府、农村居民、乡村精英、社会组织、企业为主要治理主体，聚焦公共教育、医疗卫生、社会保障、就业培训、公共文化五大领域，以标准化、精细化、信息化、均等化、法治化、包容性的治理方式，通过组织现代化、制度现代化、手段现代化、理念现代化等路径，创新乡村公共服务治理模式，全面提升乡村公共服务保障水平，不断增强农村居民获得感、幸福感、安全感。

二、乡村公共事务治理现代化

公共事务是指为了满足社会全体或大多数成员的需要，体现其共同利益，让其共同受益的各类事务。本研究所涉及的乡村公共事务治理现代化，聚焦"三资"（集体资产、资金、资源）管理、村集体经济收入分配与管理、小微权力规范化运作、议事协商、村规民约等领域，但不包括政府为乡村提供的公共服务、公共事业、公共安全和环境治理。公共事务主要侧重于乡村自治性事务以及其他公益性事务，涉及生态资源等集体资源的经济利用与增值、效益化治理（包括基层权力有序运行）、村民自治（民主选举）、村务议事协商、"三资"管理、村集体经济收入分配与管理，以及乡风文明建设、农村文化传承等。

三、乡村公共安全治理现代化

公共安全是指公共风险的可控、可容忍状态，是一种总体性的和平安定状态。乡村公共安全治理是为了实现一定的乡村公共安全状态与目标所实行的治理。本研究所涉及的乡村公共安全治理现代化，聚焦食品（农产品）安全、公共卫生安全、社会公共安全三大领域：在食品（农产品）安全方面，聚焦以源头控制为主体、以终端产品抽样检测为手段的农产品全程控制机制建立；在公共卫生安全方面，涉及法律体系构建、公众防灾意识提升、专业化应急救援队伍建立、社会化参与机制探索等；在社会公共安全方面，涉及立体化社会治安防控体系完善、城乡公共安全监控网一体化建设、社会治安防控机制健全等。

四、乡村环境治理现代化

乡村环境治理是指为谋求一定的环境治理和社会治理成效，通过多种方式，采取各种行动，参与乡村环境资源的利用与管理，以实现乡村环境不断改善的一个动态进程。本研究所涉及的乡村环境治理包括：乡村基础设施建设，即通路、供水、供电、住房、通信等基本生活条件的普及；乡村生态与人居环境整治，即从改善乡村环境入手，对村容村貌进行整治，对已遭破坏的乡村生态环境进行恢复和治理，集中设置生活垃圾、生活污水处理设施等。

第三节　乡村治理现代化的重大意义

党和国家高度重视我国乡村治理现代化发展，近期颁布的系列政策文件都对乡村治理现代化进行了战略部署。例如，2019年，党的十九届四中全会提出"到2035年，各方面制度更加完善，基本实现国家治理体系和治理能力现代化"，同年印发的《数字农业农村发展规划（2019—2025年）》明确提出提升乡村治理现代化水平；2020年，《中共中央关于制定国民经济和社会发展第十四个五年规划和二〇三五年远景目标的建议》中要求"加强数字社会、数字政府建设，提升公共服务、社会治理等数字化智能化水平"；2021年，中央1号文件《关于全面推进乡村振兴加快农业农村现代化的意见》提出"加强党的农村基层组织建设和乡村治理","开展乡村治理试点示范创建工作",同年通过的《中华人民共和国乡村振兴促进法》提出要"建立健全党委领导、政府负责、民主协商、社会协同、公众参与、法治保障、科技支撑的现代乡村社会治理体制和自治、法治、德治相结合的乡村社会治理体系"。党中央准确研判新时期乡村治理现代化的形势需求,科学部署"十四五"时期推进乡村治理现代化的重点任务与政策措施,对于提升国家治理效能、全面推进乡村振兴具有重要意义。

一、推进乡村治理现代化是提升国家治理效能的重要基础

习近平总书记强调:"一个国家选择什么样的治理体系,是由这个国家的历史传承、文化传统、经济社会发展水平决定的,是由这个国家的人民决定的。我国今天的国家治理体系,是在我国历史传承、文化传统、经济社会发展的基础上长期发展、渐进改进、内生性演化的结果。"推进乡村治理现代化,既是国家治理的重要前提,又是提升国家治理效能的重要基础。当前,我国已经成为世界第二大经济体,工业、科技、国防等现代化进程不断加快,正值国家治理效能提升的重要机遇期,迫切需要建立以人民为中心的目标机制,完善以增强自治活力为核心的动力机制,构建以公平正义为原则的平衡机制,不断提升国家治理效能。推进乡村治理现代化,就是要充分发挥基层党组织和人民群众的作用,不断完善上下协同、群众参与、法治保障的乡村治理体制,共同建设治理有效、充满活力、和谐有序的乡村。

二、推进乡村治理现代化是巩固拓展脱贫攻坚成果与乡村振兴有效衔接的重要手段

乡村振兴,一靠发展,二靠治理。"十四五"时期是彻底消除绝对贫困和全面建成小康社会目标实现后的第一个五年规划期,如何贯彻落实习近平总书记关于巩固拓展脱贫攻坚成果的重要指示精神,有效防止规模性返贫、全面推进乡村振兴是本阶段我国的战略重点与核心。为确保乡村振兴战略目标如期实现,迫切需要依靠善治来改变传统的乡村管理模式,以理性对话和平等交流的方式加强政府和社会的融合度,共同促进乡村振兴。除此之外,推进乡村治理现代化,还需要党员干部积极发挥模范带头作用,持续做好脱贫

人口稳岗就业工作，切实把思想和行动聚焦到巩固拓展脱贫攻坚成果与乡村振兴有效衔接上来，通过现代科技发展与治理手段的有机融合，全面提升乡村治理的专业化、精准化、智能化水平，搭建发展平台、创造发展机遇，不断激发乡村社会活力，全面实现乡村振兴。

三、推进乡村治理现代化是全面建设社会主义现代化国家的重要组成部分

党的二十大提出：高举中国特色社会主义伟大旗帜，全面贯彻习近平新时代中国特色社会主义思想，弘扬伟大建党精神，自信自强、守正创新，踔厉奋发、勇毅前行，为全面建设社会主义现代化国家、全面推进中华民族伟大复兴而团结奋斗。全面建设社会主义现代化国家就是全方位实现现代化，涉及经济、政治、文化、社会、生态等各个领域，涵盖治理体系、治理能力、人的全面发展等方方面面。推进乡村治理现代化，就是要坚持以人民为中心，在村民自治的基础上实行多元共治；坚持党建引领，不断加强党组织对乡村的全面监督和领导；坚持智治支撑，实现需求精准识别、服务高效供给。乡村治理现代化涵盖了乡村公共服务、公共事务、公共安全、环境等多个领域的治理现代化，是社会主义现代化在乡村这一区域内的具体表征，强调了乡村的组织现代化、制度现代化、手段现代化、理念现代化，与全面建设社会主义现代化国家目标一致、路径相仿，是其重要组成部分。

· 第二章 ·

转型期我国乡村治理面临的变局

新中国成立以来，伴随城乡社会结构和风险结构的变化，乡村治理体系经历了一系列历史性变革，治理主体、治理客体、治理技术、治理制度等要素均发生了变化，乡村治理面临比以往更加严峻复杂的形势和更加繁重艰巨的挑战。

第一节　社会转型期的主要表现

社会转型是指社会经济结构、文化形态、价值观念等发生深刻变化。新中国成立以来，我国经济结构与社会结构不断变化，突出表现为：一是经济体制由计划经济向市场经济转型；二是社会结构由乡土中国向城镇中国转型；三是社会发展由传统社会向现代信息社会转型。

一、经济体制转轨：从计划经济到市场经济

党的十一届三中全会之后，改革在农村地区铺开，农村生产力迅速得到解放，农产品日渐丰富。1992年，党的十四大明确了建立社会主义市场经济体制的目标，推动我国经济体制由计划经济向市场经济转变，不仅为发展中国特色社会主义奠定了经济基础，也为推动我国由农业社会向工商业社会转变奠定了制度基础。

（一）从所有制改革到全面的市场经济，社会主义市场经济体制不断完善

我国经济体制转轨始于所有制改革。从肯定家庭联产承包责任制到允许个体经营，从开放私营经济到引进和利用外资，从政企分开到企业所有权和经营权分离，从国企改制到混合所有制推进等一系列改革举措，均表明我国

建立了"公有制为主体、多种所有制经济共同发展"的基本经济制度。从1992年开始，"市场经济"成为我国经济体制改革的关键词，社会主义市场经济体制日臻完善，现代化产业体系逐渐建立，极大增强了国家的发展活力。国家统计局数据显示，全国GDP由1993年的3.57万亿元增加到2020年的101.36万亿元，经济由高速增长阶段进入高质量发展阶段。

（二）多元的市场经济形态，为不同群体提供了诸多选择

社会主义市场经济体制不断完善，我国社会经济成分、组织形式、就业方式和分配方式日趋多样，为不同群体提供了诸多选择。其中，在工业与服务业领域，我国已成为全世界唯一拥有联合国产业分类中全部工业门类的国家（拥有39个工业大类，191个中类，525个小类）。根据第四次全国经济普查结果，2018年底，全国从事第二产业和第三产业活动的法人单位有2 178.9万家，与2013年第三次全国经济普查相比，增长100.7%；从业人员38 323.6万人，增长7.6%。在农业领域，我国既有完全面向市场、具备机械化生产能力的规模农业，又有自给自足的小农经济。2019年，全国乡村就业人员有3.3亿人，其中家庭经营就业人员占比50%左右，私营企业就业人员占比24.88%，个体经营者占比18.59%；农户家庭经营中，纯农户、农业兼业户占比分别为63.7%与18.1%。与此同时，市场主体登记注册改革有效改善了营商环境。截至2019年底，我国实有市场主体总数达1.2亿户，其中新登记市场主体2 377万户（有16.5万户为农民专业合作社），活跃度70%左右。世界银行《2020年营商环境报告》显示，我国营商环境总体评价在190个经济体中位列31位，较2013年上升了65个位次。

（三）社会分化与贫富差距，导致农民阶层分化问题突出

多元化的经济业态为各类群体提供了丰富的就业渠道，但也导致出现阶层分级分化与贫富差距。2019年，全国居民收入基尼系数为0.465，比1995年提高19.54%（图2-1）；从城乡居民收入看，2019年农村居民群体中，20%高收入组与20%低收入组的人均可支配收入相差3.18万元（2013年两组绝对差距为1.84万元），而20%高收入组城镇居民与20%低收入组农村居民人均可支配收入的绝对差高达8.74万元（图2-2）。在市场经济与新一轮

科技革命的推动下，农村地区涌现出农民企业家、进城户、半工半耕户等群体，进一步加剧了农民阶层分化。

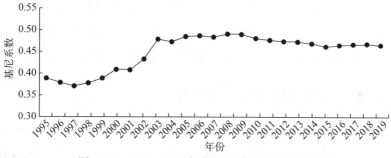

图 2-1　1995—2019 年全国居民收入基尼系数

数据来源：《中国住户调查年鉴 2020》。

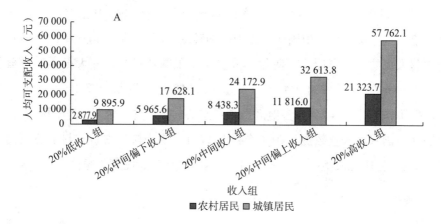

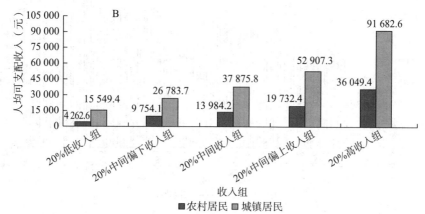

图 2-2　2013 年（A）与 2019 年（B）城乡居民不同收入组家庭人均可支配收入比较

数据来源：《中国统计年鉴 2020》。

二、城乡关系变迁：从乡土中国到城镇中国

新中国成立以来，我国最重要的转型是由乡土中国转向城镇中国，城乡关系由分割走向融合，城镇化的加速发展推动了城乡要素的流动，农民群体中涌现出大批顺应时代的先进人物，推动着农村社会的现代化进程。

（一）城镇化快速发展与乡村凋敝并存

我国经历了世界历史上规模最大、速度最快的城镇化进程。尤其是 2012 年党的十八大提出"走中国特色新型工业化、信息化、城镇化、农业现代化道路"以来，我国城镇化进入了以人为本、规模和质量并重的新阶段。到 2020 年底，我国常住人口城镇化率达到 63.8%，比 1949 年底提高 53.16 个百分点，基本实现乡土中国向城镇中国的转变（图 2-3）。但城镇的快速扩张与农村人口的大规模迁移，使得部分村庄出现凋敝景象，一大批传统村落加速消亡。据统计，1990—2018 年，我国自然村数量从 377.3 万个减少到 245.2 万个（图 2-4）。许多地区出现"空心村""空壳村""负债村"，根据第三次全国农业普查数据，2016 年我国人口"空心村"占行政村的比例高达 57.50%，村庄无人组织、少人参与，"镇弱村空"等现象普遍存在。

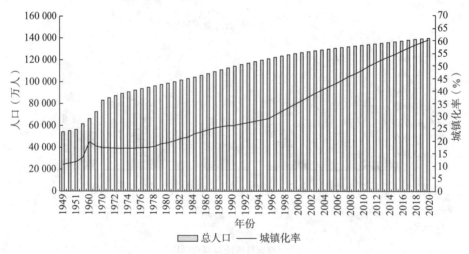

图 2-3　1949—2020 年中国常住人口城镇化率

数据来源：国家统计局。

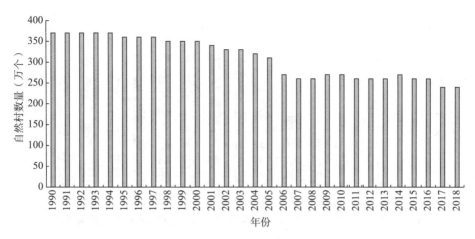

图 2-4 1990 年以来全国自然村数量

数据来源：《中国城乡建设统计年鉴2019》。

（二）城乡要素流动不畅、资源配置不合理问题依然突出

我国长期以来在城乡二元体制下，执行城市偏向的发展战略，加深了土地分治、人地分离的矛盾，造成了农村大量人、财、物向城市聚集。从人口流动看，2014 年全国流动人口达到历史最高规模（2.53 亿人，占总人口的 18.50%），比 2000 年增加 1.32 亿人，尽管 2015—2019 年有所下降，但仍处于较高水平（图 2-5）。农村迁移劳动力成为城镇劳动力市场的重要来源，2019 年全国外出农民工数量 1.74 亿人，占流动人口的 73.83%，占全国城镇就业人员的 39.38%（图 2-6）。从资金流动看，仅 1978—2012 年农村资金净流出达 26.67 万亿元。其中 2008—2012 年，约 51.26% 的资金通过金融机构从农村净流向城市，2009—2015 年，农村信用社存贷款差额平均为 2.07 万亿元，信贷资金从农村抽离呈现出规模扩大的趋势（图 2-7）。从土地要素流动看，城市面积从 1981 年的 7 438.0 千米^2 扩张到 2017 年的56 225.4 千米^2，增长了近 7 倍。尽管近年城市要素回流乡村的趋势明显（如返乡创业人员增加），但乡村要素配置总体上呈现"可流动要素类型少、要素流入难、要素留下更难"的状态，城乡之间要素流动的类型、流向、规模与效率失衡。

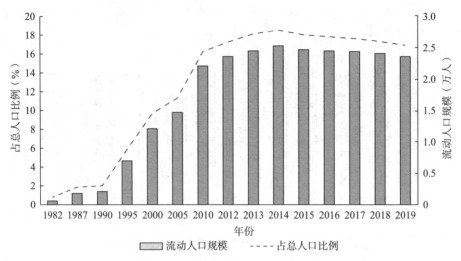

图 2-5　中国主要年份流动人口规模及其占总人口比例

数据来源：《中国流动人口发展报告 2018》《中国统计年鉴 2020》。

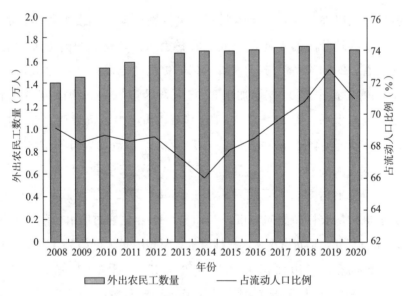

图 2-6　2008—2020 年外出农民工规模及其占流动人口比例

数据来源：《中国流动人口发展报告 2018》《农民工统计监测报告》。

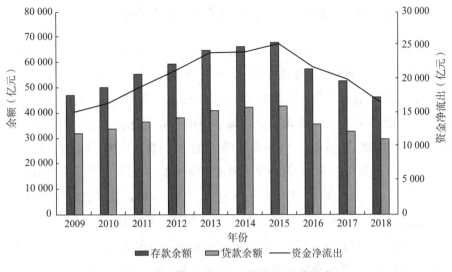

图 2-7 2009—2018 年农村信用社存贷款余额

数据来源：《中国金融统计年鉴 2010—2019》。

（三）脱贫攻坚与乡村振兴有机衔接

党的十八大以来，中央、省、市财政专项扶贫资金累计投入近 1.6 万亿元，实现了现行标准下 ［2010 年不变价，2 300 元/（人·年）］ 9 899 万农村贫困人口全部脱贫，832 个贫困县全部摘帽，12.8 万个贫困村全部出列，绝对贫困历史性消除，为全球创造了减贫治理的中国样本。截至 2020 年底，贫困地区农网供电可靠率达 99％，大电网覆盖范围内贫困村通动力电比例达 100％，通光纤和 4G 比例均超过 98％。脱贫攻坚取得胜利后，全国"三农"工作重心转移到全面推进乡村振兴上来，消除相对贫困成为减贫的主要任务，做好巩固拓展脱贫攻坚成果与乡村振兴有效衔接也对乡村治理提出了更高要求。

三、现代社会转型：从传统社会到信息社会

近年来，以 5G 通信、云计算、大数据、人工智能、物联网等为代表的新一代信息技术的商业化应用进程加快，推动全球经济社会发展进入全新的历史阶段，人类文明逐渐由工业社会向信息社会转变，数字、智能、泛在成为社会发展的关键词。

（一）互联网普惠效应显现，人民群众获得感不断提升

在 2012 年工业和信息化部发布实施的《关于实施宽带普及提速工程的意见》和 2016 年工业和信息化部办公厅、财政部办公厅《关于组织实施电信普遍服务试点工作的指导意见》等政策和工程的支持下，智能手机等互联网设备加快普及，互联网普惠效应逐渐显现，城乡居民获取信息能力的差距不断缩小。根据中国互联网络信息中心（CNNIC）发布的第 47 次《中国互联网络发展状况统计报告》，截至 2020 年 12 月，全国网民规模达 9.89 亿人（使用手机上网比例达 99.7%），较 2005 年 12 月增长 8.78 亿人（图 2-8），其中农村网民规模达 3.09 亿人，较 2015 年 12 月增长 1.14 亿人，在所有网民中占比达 31.3%，城乡互联网普及率差距进一步缩小。与此同时，移动互联的发展，不仅为城乡居民提供了更为便捷的信息获取渠道与公共服务办事平台，同时也降低了互联网使用门槛，"人人都聊天、九成短视频、八成云政务、七成看资讯、六成看直播"已成为我国网民的行为画像（图 2-9），在线教育（34.6%）、在线医疗（21.7%）等现代公共服务模式加快发展，人民群众获得感不断提升。

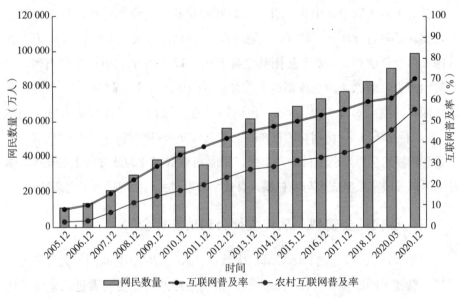

图 2-8 2005—2020 年中国互联网发展情况

数据来源：中国互联网络信息中心。

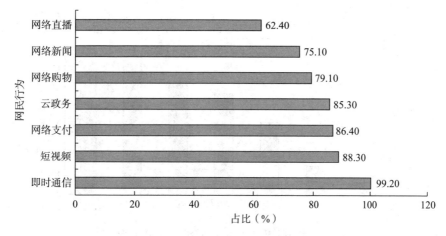

图 2-9　2020 年中国网民行为画像

数据来源：中国互联网络信息中心。

（二）数字化赋能农业农村，让数字乡村建设步伐加快

自 2016 年我国开始实施网络扶贫行动以来，大数据、电商、"互联网＋政务服务"等互联网技术与模式在助推减贫脱贫、促进农民增收致富以及建设数字乡村中发挥了重要作用。如贵州省"扶贫云"系统，对致贫原因、扶贫人口信息等情况做到详细掌握，为提升贫困治理的精准性和有效性提供了重要手段；数字科技与电商、直播等互联网应用融合，进一步拓宽了农产品销售渠道，大幅推进了小农户与现代市场的有效衔接。商务部数据显示，2020 年全国农村网络零售额达 1.79 万亿元，比 2014 年增长 8.94 倍，占全国网络零售额的比例达 15.22%（图 2-10）。电商的平稳快速发展，为乡村人口提供多渠道的灵活就业机会，如 2019 年淘宝村和淘宝镇带动 680 万余个就业机会，带动 25 万农民就业，有力推动了乡村振兴和城乡融合发展。

（三）社会便利与风险并存，网络空间安全问题须警惕

网络技术的发展和普及，在大幅降低通信成本、海量拓展传播容量的同时，也为各种传统威胁和非传统威胁彼此交织、相互传导提供了条件和媒介，使得数字生活便利与风险并存。我国网络信息内容生产者与信息资

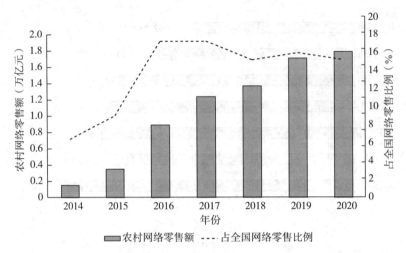

图 2-10   2014—2020 年中国农村网络零售额及其占全国网络零售额比例

数据来源：商务部。

源数量庞大，2019 年，国内市场有 367 万款 App，微信月活跃账户数超过 11.5 亿个，每天有 450 多亿条消息在微信传输，全国大数据产业规模超过 8 000 亿元。但随之而来的恶意的网络攻击、松懈的网络安全协议、不可靠的数据平台等，均可能导致单位与个人信息泄漏，从而引发网络诈骗、网络黑灰产业的产生。根据 CNNIC 第 47 次《中国互联网络发展状况统计报告》，截至 2020 年 12 月，有四成网民遭遇过网络安全问题，其中个人信息泄露、网络诈骗分别占 21.9%、16.5%。与此同时，网络世界的信息爆炸使得受众在面对海量信息时无所适从且关注度下降，即出现所谓的"充裕性悖论"，各媒体为争夺关注度巧编节目、设计算法，推出极有针对性的信息，导致广大网民难以判断信息的真实性和可靠性，社会不确定性增加。

第二节   乡村治理制度变迁

通过梳理新中国成立以来乡村治理的制度变迁，可将我国乡村治理划分为过渡与曲折发展时期、治理体系形成时期、治理重点转型时期以及治理现代化时期四个阶段。

一、过渡与曲折发展时期：行政管控（1949—1977 年）

1949 年新中国刚成立时，解决土地问题、实现耕者有其田是当时乡村治理的第一要务。1950 年《中华人民共和国土地改革法》规定，将地主的土地没收，统一分配给无地少地的贫苦农民，这一时期政府是组织农民群众进行土地改革和乡村建设的主要力量。为了巩固新生政权，1950 年在乡村建立了政权组织——村人民代表会议和村人民政府，并制定了《乡（行政村）人民代表会议组织通则》和《乡（行政村）人民政府组织通则》。1954 年《中华人民共和国宪法》及《中华人民共和国地方各级人民代表大会和地方各级人民政府组织法》中撤销了行政村建制，在《关于健全乡政权组织的指示》中明确了建立乡人民代表大会和人民政府委员会制度，乡人民代表大会讨论贯彻县人民代表大会的决议与上级人民政府的重大工作指示，并讨论决定本乡人民提出的重大兴革事宜，乡人民政府委员会领导全乡生产建设和各项工作，逐步建立了乡村生产关系和社会秩序。

之后，为了支援工业化和城镇化建设、加速恢复国民经济，国家加强了对乡村的管理。当时的乡村治理工作也主要是服务于该目标，侧重于乡村管控。为整合资源，在乡村开展了将小农经济改造成集体经济的合作化运动。1956 年底社会主义改造完成，1958 年 8 月通过了《中共中央关于在农村建立人民公社问题的决议》，人民公社作为乡村基层政权得以确立，其主要特征是"政社合一"和实行党的全面领导。人民公社代表国家意志，控制和分配乡村所有社会资源，对公共产品进行统一发放，对乡村公共事务进行统一管理。同时，国家实行严格管控的劳动主体管理制度与户籍管理制度，限制了城乡间人口流动。在这种高度集权的治理体制下，国家作为唯一的治理主体对乡村社会进行全面控制和介入。

在本阶段，乡村治理具有明显的强制性，政府作为治理主体，以行政管控手段，对乡村土地、生产、生活等多个领域进行直接干预。这一时期的初期，新中国刚成立，政权和社会尚未稳定，处于过渡阶段，乡村治理的重点以稳定农业生产和社会秩序为主。之后，为支援城市工业化建设，乡村治理的内容也侧重于对乡村资源的全面整合和管控，从而为城市建设提供支持。

二、治理体系形成时期：乡政村治（1978—1999 年）

20 世纪 70 年代末至 80 年代初，我国在乡村开始实行家庭联产承包责任制，取消了人民公社体制的经济基础，由此引发了乡村组织体系的重构，主要变革内容包括"政社分开""乡村分治""党政分工""政企分开"和"拆区并乡"。1982 年我国废除了人民公社体制，规定在省、自治区、直辖市、地级市、县、县级市、市辖区、乡、民族乡、镇设立人民代表大会和人民政府，在城市和农村设立居民委员会和村民委员会。1982 年中共中央在《批转〈全国政法工作会议纪要〉》中，明确要求各地"有计划地进行建立村民（乡民）委员会的试点"。1983 年中共中央、国务院发布了《实行政社分开建立乡政府的通知》，指出"建立乡政府，同时按乡建立乡党委，并根据生产的需要和群众的意愿逐步建立经济组织"。1985 年，全国建乡工作全部完成，5.6 万多个人民公社、镇改建为 9.2 万多个乡（包括民族乡）、镇人民政府，取消了原有的生产大队和生产小队，建立了 82 万多个村民委员会。1986 年《中共中央国务院关于加强农村基层政权建设工作的通知》进一步明确农村基层党政分工、政企分开。为了减少基层管理的层级，增强乡镇政府的权力和独立性，1986 年中央决定"拆区并乡"，截至 1988 年 12 月全国共有乡（镇）政府 6.98 万个、村民委员会 84.5 万个。1987 年《中华人民共和国村民委员会组织法（试行）》和 1998 年《中华人民共和国村民委员会组织法》明确规定"村民委员会是村民自我管理、自我教育、自我服务的基层群众性自治组织""乡、民族乡、镇的人民政府对村民委员会的工作给予指导、支持和帮助"。

在本阶段，通过一系列乡村治理体系改革对乡村治理工作进行了分工和分权，形成了较为完整的乡村基层行政组织与管理体系，基本实现了党、政、企、村的组织分设和职能分工，乡政村治的乡村治理体系逐步确立。在该体系中，乡镇是我国农村基层政权，村民委员会是村民自治组织，二者不再是行政领导关系，而是指导与被指导的关系。本阶段的乡村治理工作中，行政指令色彩不断减少，农民的自主性逐渐增强。

三、治理重点转型时期：城市支持农村（2000—2012 年）

21 世纪初，城乡发展不平衡问题逐步显现，并呈明显加剧态势。在这一阶段，城乡二元结构矛盾突出、城乡居民收入差距不断拉大，严重制约了农业生产，农民持续增收乏力、乡村社会事业发展滞后、民生问题压力增大等"三农"问题日益突出，乡村治理面临着巨大挑战。为解决这一问题，本阶段在乡村治理方面进行了两个重大变革：一是取消农业税，二是将新农村建设正式提上议程。2000 年，为减轻农民负担，中共中央、国务院提出农村税费改革试点工作，主要内容包括"三取消""两调整"和"一改革"，并于同年开始在安徽省试点，2002 年试点扩大到 20 个省份，2003 年覆盖全国。2004 年除烟叶以外的农业特产税取消，农业税税率逐步降低，并试点免征农业税。2005 年取消牧业税、减免农业税范围扩大至 28 个省份。2006 年全面取消农业税，标志着中国实行 2 000 多年的"皇粮国税"从此退出历史舞台。为了顺应这一历史性变化，本阶段内乡村治理从侧重管控逐步转向侧重服务。党中央针对"三农"工作提出了"多予、少取、放活"的重要方针，即加大对农业的投入，减轻农民负担，搞活农村经营机制。2006 年中央 1 号文件《中共中央 国务院关于推进社会主义新农村建设的若干意见》提出："要统筹城乡经济社会发展，扎实推进社会主义新农村建设"，"加快建立以工促农、以城带乡的长效机制"。2007 年中央 1 号文件将这一提法演进为"实行工业反哺农业、城市支持农村和多予少取放活的方针"。

在本阶段，乡村治理的重点从管控乡村以支持城市发展，逐步转向以城市支持乡村消除城乡二元结构；乡村治理的内容围绕"三农"问题，持续推进乡村经济、政治、社会、文化和党的建设全面协调发展；乡村治理的目标是建设"生产发展、生活宽裕、乡风文明、村容整洁、管理民主"的社会主义新农村。在新农村建设的推动下，乡村治理主体越来越多元化，多种介于官方与民间的新型社会组织开始参与到乡村治理中，成为乡镇政府与村民自治组织的重要补充。

四、治理现代化时期：治理效能全面提升（2013 年至今）

党的十八届三中全会通过的《中共中央关于全面深化改革若干重大问题的决定》，明确提出"完善和发展中国特色社会主义制度，推进国家治理体系和治理能力现代化"的全面深化改革总目标。乡村治理是国家治理的基石，推进乡村治理现代化是实现国家治理体系和治理能力现代化的关键内容，也是新时期满足乡村居民日益增长的美好生活需要的必然选择。党的十九大提出实施乡村振兴战略，是对新时期"三农"工作的重大决策部署。乡村振兴的总要求是"产业兴旺、生态宜居、乡风文明、治理有效、生活富裕"，这也是新时期乡村治理的最终目标。2018年中共中央、国务院印发的《乡村振兴战略规划（2018—2022年）》提出了到2022年、2035年和2050年乡村振兴战略实施的具体目标。2019年中共中央办公厅、国务院办公厅印发了《关于加强和改进乡村治理的指导意见》，明确提出乡村治理的总体目标——到2020年现代乡村治理的制度框架和政策体系基本形成，农村基层党组织更好发挥战斗堡垒作用，以党组织为领导的农村基层组织建设明显加强，村民自治实践进一步深化，村级议事协商制度进一步健全，乡村治理体系进一步完善；到2035年乡村公共服务、公共管理、公共安全保障水平显著提高，党组织领导的自治、法治、德治相结合的乡村治理体系更加完善，乡村社会治理有效、充满活力、和谐有序，乡村治理体系和治理能力基本实现现代化。党的二十大进一步明确，全面推进乡村振兴，坚持农业农村优先发展，巩固拓展脱贫攻坚成果，加快建设农业强国。

在本阶段，乡镇政府、村"两委"、村民和社会组织等相关主体对乡村治理现代化发展都有较强的需求和积极性，各地从治理体系完善、治理手段创新等多个方面开展了乡村治理现代化的积极探索，以实现乡村治理能力和效果的全面提升。例如，山东省费县探索建立了"3＋4"乡村治理保障体系，甘肃省陇南市建立了"陇南乡村大数据"系统，北京市昌平区南口镇建立了镇—村OA文件收发系统和视频会议系统等，这些地区通过治理机制完善和治理手段创新，显著提升了乡村治理现代化水平和治理成效。

第三节　乡村治理形势判断

一、乡村社会进入深度老龄化阶段，社会阶层更加复杂

回顾新中国成立以后的发展历程并对未来进行展望，在经济快速发展与城镇化、工业化的推力下，我国农村人口的演进态势主要表现为：一是农村常住人口减少趋势将进一步加剧。1995年以来，我国农村人口由1995年的85 947万人下降到2019年的55 162万人，农村人口数量逐年减少，比例逐年下降

（图 2-11）。结合联合国（2019）的预测数据，预计到 2035 年我国城镇化率约为 75％，2050 年将达到 80％以上，按照此发展趋势，到 2035 年农村人口规模将下降至 4 亿人以下，2050 年将下降至 2.7 亿～3.0 亿人。二是农村常住人口老龄化更加严重。2000—2018 年，全国乡村人口中，60 岁以上人口占比由 10.68％增加到 20.46％，65 岁以上人口占比达 13.84％，我国成为国际上农村人口老龄化严重国家之一①（图 2-12）。预计到 2035 年，我国农村地区 60 岁以上人口占比将达到 35.13％，65 岁以上人口占比将达到 23.69％。届时，不仅需要重新思考"谁"来治理乡村的问题，同时也将面临农村老年人口长期照料等一系列社会问题。三是农业兼业户、返乡创业户、农民企业家、外来人口等各类群体增加。未来 20～30 年，农村地区人居环境与基础设施条件将更加优越，乡村地域的功能也将由以农业生产功能为主逐渐向文化、社会、生产等综合功能演绎，部分发达地区有可能出现逆城镇化趋势，有更多的返乡创业人员、企业家、外来人口进入乡村，重塑乡村社会阶层。

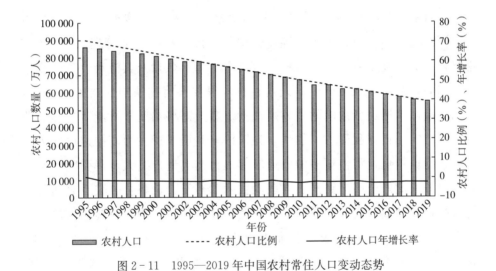

图 2-11　1995—2019 年中国农村常住人口变动态势

数据来源：国家统计局。

---

① 国际上通常把 60 岁以上的人口占总人口的比例达到 10％，或 65 岁以上人口占总人口的比例达到 7％作为国家或地区进入老龄化社会的标准，而 65 岁及以上人口比例超过 21％则认为进入重度老龄化社会。

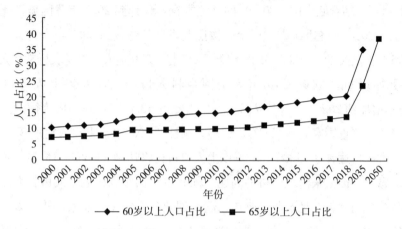

图 2-12 2000—2050 年中国乡村人口老龄化情况

数据来源：《中国人口与就业统计年鉴》，2035 年、2050 年为课题组预测结果。

二、城乡要素流动将更加自由，城乡资源配置趋于合理

面向未来 20～30 年，城乡之间的要素流动变化将体现在：一是城市优质资源进一步向农村下沉。随着《中华人民共和国土地管理法》（2019年修订）的实施，乡村"三块地"等要素类型、数量及其流动性进一步增加。同时，城市产业、资金、人才、技术等要素将加快向农村地区流入，推动适应城乡居民新需求的乡村新产业、新业态格局基本形成。二是农业转移人口市民化进程进一步加快。现阶段，我国正加大力度推进以人为核心的新型城镇化，将使更多的农业转移人口与当地户籍人口享受同等基本公共服务。此外，高速路网、互联网技术的普及，也将打破城乡之间的空间壁垒，推动城乡之间交通、信息、资金互联互通，为农业转移人口市民化提供物质基础。三是农业就业人员占比进一步下降。1952—2019 年，我国农业就业人员占比已下降至 25.1%。从世界银行数据库的数据来看，我国农业就业人员占比的变动趋势与世界平均水平、中等收入国家水平、高收入国家水平的变动趋势一致。由此可预计到 2035 年，我国农业劳动力占比将下降至 10%～15%，到 2050 年，农业劳动力占比将维持在5%～10%。

三、治理主体更加多元化，一核多元协同治理将成常态

从新中国成立以来乡村治理实践的演变来看，乡村治理主体基本完成了由国家单一权威主体向乡镇党委、政府和村"两委"、社会组织等社会多元治理主体协同共治的转变。一方面，基层政权的形态复杂多样，不仅有乡镇党委、政府，还有由"七站八所"组成的数量庞大的事业单位；另一方面，村级组织也逐步多元化，村干部、党员和村民代表成为村治主体，越来越多的介于官方与民间之间的新型社会组织开始参与到乡村治理中，作为乡镇政府与村民自治组织的重要补充，例如乡贤理事会、平安协会、公益理事会、农村社区服务组织及各类协会等。目前，多元主体协同融合、共同参与乡村治理和社会建设已成为共识。未来，在乡村治理中，党领导下的多元主体协同共治机制将进一步完善，以党的领导为核心、以农民为主体，政府、社会组织以及新型经营主体等多元主体参与的"一核多元"协同治理体系将成为乡村治理的常态。

四、治理诉求更加多元化、差异化，治理内容更加宽泛

随着传统乡村"去村落化"、农民日趋"市民化"、农业发展趋向"工商化"与"数字化"，乡村社会也将由"熟人社会"向"陌生人社会""开放社会""多元社会"转变。群众的利益诉求将更加多元化、差异化。主要表现在：一是公共利益诉求更加复杂。随着社会转型的加快，农村居民的公共利益诉求不再局限于农地征收中的公共利益分配，对于享有与市民同等的民政、社保、计生、文化等社会福利，以及公共法律服务、矛盾纠纷多元化化解、环境治理等方面的公共利益需求也将增多。二是政治需求更加强烈。村干部、党员素质不断提升，乡村社会组织不断发育，将进一步提升村民政治意识，激发村民对于自身权益保护、村级公共权力监督、选举民主、微腐败治理等方面的政治需求与村民自治意识。三是社会需求更加广泛。面向 2035 年、2050 年，乡村治理主体的社会需求将呈现由注重"量"向注重"质""量"并重转变，由注重"硬需求"向更加注重"软需求"转变，治理的诉求由物质满足向获得感、幸福感、安全感及健康、参与、尊严、权利、价值等更为高层次的情感诉求转变。

五、治理手段趋于多样化、信息化，治理方式更加高效

随着乡村治理理念的不断更新和现代科学技术的快速进步，乡村治理的手段不断创新发展。在治理主体利益诉求更加多元、治理内容更加宽泛的驱动下，乡村治理方式由传统单一向多样化、信息化方向转变。面向 2035 年、2050 年，以数据泛在、万物互联、虚实孪生为特征的数字技术将得到广泛应用，进一步颠覆性地重构社会治理体系、经济社会运行方式和物理空间界限。届时，数字治理理念将更加深入人心，以数字驱动为手段，德治、法治、自治"三治融合"的乡村治理体系将成为我国乡村治理的主要方式，推动实现乡村治理的整体性、协同性，最大限度消除要素资源自由流动的行政壁垒，降低乡村治理的行政成本，全面释放治理主体的创新活力和竞争力，让乡村治理方式更加高效，让乡村运转更加顺畅。

第三章

我国乡村治理现代化现状与问题分析

随着乡村振兴战略的稳步推进和持续实施，我国在乡村治理现代化领域取得了初步成效，党领导下的多元治理格局初步形成，现代乡村治理制度体系更加完善，公共服务、公共事务、公共安全、环境等多领域治理现代化效能显著提升，信息技术在乡村治理中初步应用。但通过实际调研和分析，笔者发现我国乡村治理现代化过程中仍存在诸多困境。本章研究的重点是提炼和总结我国乡村治理现代化的现状与问题，以期能为制定乡村治理现代化短期及中长期目标、探索实现路径提供切实依据。

第一节 乡村治理现代化现状与成效

一、党领导下的多元治理格局初步形成

农村基层党组织建设是"一核多元"乡村治理格局的核心抓手。2019 年中共中央发布的《中国共产党农村基层组织工作条例》，强调了农村基层党组织在农村全部工作中的领导地位。《2019 年中国共产党党内统计公报》数据显示，截至 2019 年，全国 31 062 个乡镇、533 824 个行政村已建立党组织，覆盖率超过 99％，农牧渔民党员达 2 556.1 万名，已经构成了严密的组织体系。依托"三支一扶"、大学生村官、选派第一书记等政策，农村基层党组织整体素质得到不断提升。中央组织部党内统计数据显示，截至 2018 年底，在 54.3 万名村党组织书记中，大专及以上学历的占 20.7％，45 岁及以下的占 29.2％，致富带头人占 51.2％。

村委会、村民和经济社会组织等参与主体的重要性日渐显露。根据《乡村振兴战略规划实施报告（2018—2019 年）》，截至 2019 年，在村委会

的选举中，村民的参选率达到 90％以上，有村规民约的村占比达 98％以上。2015 年至今，司法部和民政部命名了 8 批民主法治示范村共 4 410 个，重大事务通过村民代表大会进行决策的占比达 71.24％，矛盾纠纷通过村民委员会进行调解的占比达 62.67％。志愿者组织、行业组织、农村集体经济组织、红白理事会、乡贤理事会等多种社会力量已参与到乡村治理中。调研数据显示，志愿者组织参与程度最高，拥有志愿者的行政村比例达到 61.96％（图 3-1）。

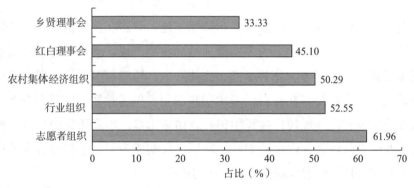

图 3-1　行政村社会组织拥有情况

二、现代乡村治理制度体系更加完善

乡村治理顶层设计日趋完善。2019 年 6 月，中共中央办公厅、国务院办公厅印发了《关于加强和改进乡村治理的指导意见》，在制度层面为乡村治理作出了顶层设计规划。随后，全国加强乡村治理体系建设工作会议召开，对全面加强和改进乡村治理工作进行了统筹部署，提出要加强农村基层党组织建设，强化乡镇管理服务能力，加强人才支撑和投入，因地制宜探索乡村治理。

乡村治理典型案例推介全面开展。中央农村工作领导小组办公室、农业农村部于 2019 年和 2020 年相继发布了 54 个乡村治理典型案例，在强化党的建设、创新议事协商形式、加强县乡村三级联动、引导多元主体参与、解决突出问题等重要领域和关键环节，总结和提炼了可复制、可推广的经验做法。2019 年 6 月启动的全国乡村治理体系建设试点示范工作，确定了 115 个县

（市、区）为首批试点单位，并组织实施了乡村治理示范村镇创建活动，选树了 100 个示范乡镇和 1 000 个示范村作为典型，推动乡村治理制度和政策在基层落地生根，形成了乡村治理的引领力量。党的十九大以来乡村治理相关政策文件梳理见表 3-1。

表 3-1　党的十九大以来乡村治理相关政策文件梳理

发布时间	政策名称	内容
2018.1	《关于实施乡村振兴战略的意见》	乡村振兴，治理有效是基础。必须把夯实基层基础作为固本之策，建立健全党委领导、政府负责、社会协同、公众参与、法治保障的现代乡村社会治理体制，坚持自治、法治、德治相结合，确保乡村社会充满活力、和谐有序
2019.1	《中国共产党农村基层组织工作条例》	形成共建共治共享的乡村治理格局；健全党组织领导下的自治、法治、德治相结合的乡村治理体系；提升乡村治理智能化水平
2019.6	《关于加强和改进乡村治理的指导意见》	到 2035 年，乡村公共服务、公共管理、公共安全保障水平显著提高，党组织领导的"自治、法治、德治"的乡村治理体系更加完善，乡村社会治理有效、充满活力、和谐有序，乡村治理体系和治理能力基本实现现代化
2019.12	《数字农业农村发展规划（2019—2025 年）》	加快推动乡村治理数字化；建设乡村数字治理体系；提升乡村治理现代化水平
2020.3	《关于加强法治乡村建设的意见》	到 2022 年，乡村治理法治化水平明显提高；到 2035 年，法治乡村基本建成；加快"数字法治·智慧司法"建设
2020.7	《关于开展国家数字乡村试点工作的通知》	探索乡村数字治理新模式；提升乡村治理智能化、精细化、专业化水平
2020.10	《关于制定国民经济和社会发展第十四个五年规划和二〇三五年远景目标的建议》	推动社会治理重心向基层下移；构建网格化管理、精细化服务、信息化支撑、开放共享的基层管理服务平台

（续）

发布时间	政策名称	内容
2021.1	《关于全面推进乡村振兴加快农业农村现代化的意见》	加强党的农村基层组织建设和乡村治理；开展乡村治理试点示范创建工作；创建民主法治示范村，培育农村学法用法示范户
2021.3	《2021年政府工作报告》	加强和创新社会治理；健全城乡社区治理和服务体系，推进市域社会治理现代化试点
2021.3	《中华人民共和国国民经济和社会发展第十四个五年规划和2035年远景目标纲要》	推进城乡基本公共服务标准统一、制度并轨，增加农村教育、医疗、养老、文化等服务供给，推进县域内教师医生交流轮岗，鼓励社会力量兴办农村公益事业
2021.12	《"十四五"国家信息化规划》	创新基层社会治理。深化大数据、人工智能等信息技术在基层政权建设、城乡社区治理和服务中的应用，提升基层党建服务管理水平，健全党组织领导的自治、法治、德治相结合的城乡基层治理体系
2022.1	《数字乡村发展行动计划（2022—2025年）》	推动社会综合治理精细化。逐步完善"互联网＋网格治理"服务管理模式，打造基层治理"一张网"，推广"一张图"式乡村数字化治理模式
2022.5	《乡村建设行动实施方案》	完善党组织领导的乡村治理体系，推行网格化管理和服务，做到精准化、精细化，推动建设充满活力、和谐有序的善治乡村
2023.1	《关于做好2023年全面推进乡村振兴重点工作的意见》	完善网格化管理、精细化服务、信息化支撑的基层治理平台

三、乡村公共服务供给能力不断提升

乡村公共教育服务质量明显提升。教育部网站数据显示，截至2018年底，全国共新建、改扩建校舍2.2亿米^2、室外运动场2.1亿米^2，购置学生课桌椅3420万套、图书6.24亿册、教学仪器设备2.99亿台（件、套）。2019年，中央财政下达中小学幼儿园教师国家级培训计划专项资金19.85亿元，用于中西部省份乡村教师培训。

乡村医疗卫生服务体系不断健全。截至2019年底，全国1881个县（县级市）共设有县级医院 16 175 所，比 2018 年增加 4.5%，每千农村人口乡镇卫生院床位 1.48 张，每千农村人口乡镇卫生院人员 1.56 人。农村医疗人才队伍进一步优化，《中国农村社会事业发展报告（2020）》数据显示，截至 2019 年底，全国 53.3 万个行政村共设 62.1 万个村卫生室，乡镇卫生院人员达 144.5 万人，村卫生室人员达 144.6 万人。

乡村社会保障体系不断完善。《2019 年度人力资源和社会保障事业发展统计公报》数据显示，2014—2019 年，我国城乡居民基本养老保险参保人数增长了 3.6%，2019 年共为 2 529.4 万贫困人口建档立卡，为 1 278.7 万低保对象、特困人员等贫困群体代缴城乡居民养老保险费近 42 亿元。

乡村公共文化服务事业呈现蓬勃发展态势。《中国农村社会事业发展报告（2020）》数据显示，截至 2019 年底，全国有 494 747 个行政村（社区）建成了综合性文化服务中心，有 2 325 个县（市、区）出台了具有普适性的公共文化服务目录。90% 左右的行政村配备"一场两台"等体育设施，六成以上的村建有体育健身场所，基本实现"县县有文化馆、图书馆，乡乡有文化站"的预期目标。

四、乡村公共事务与安全治理水平不断提高

村级事务阳光工程稳步推进。以财务领域为例：2018 年，全国利用专用财务软件处理财会业务的村共 38.8 万个，占总村数的 66%；实现村级财务网上审计和公开的乡镇分别为 4 569 个和 18 423 个，分别占乡镇总数的 12.7% 和 51.4%。《2020 全国县域数字农业农村发展水平评价报告》数据显示，2019 年，实现"三务公开"的行政村达到 65.3%，其中党务公开的行政村占 66.7%，村务公开的行政村占 65.6%，财务公开的行政村占 63.7%。

农产品质量安全监管水平不断提高。农业农村部 2020 年全年国家农产品质量安全例行监测（风险监测）结果显示，我国主要农产品例行监测合格率连续 8 年保持在 96% 以上，2020 年总体合格率达到 97.8%。截至 2020 年上半年，共制定农兽药残留标准 10 068 项，发布农业国家标准、行业标准近6 000 项，已有 38 545 个产品获得绿色食品认证，4 548 个产品获得有机农产品认证，3 090 个产品获得地理标志农产品认证。

以"雪亮工程"为核心的乡村社会治安防控体系逐步构建。《2020 全国县

域数字农业农村发展水平评价报告》数据显示，截至 2019 年底，我国"雪亮工程"行政村覆盖率为 66.7%，71.98% 的村庄安装了治安监控摄像头，在部分地区已经实现了公共安全视频监控应用"全域覆盖、全网共享、全时可用、全程可控"。

公共卫生安全体系建设更加完善。2008 年启动了国家传染病自动预警系统试运行工作，建设了国家传染病报告信息管理系统〔其核心子系统为国家传染病网络直报系统（NNDRS）〕。从课题组调研数据来看，乡村公共卫生信息获取及时，62.85% 的村民于 2020 年 1 月 20 日前即获知新冠疫情，其中 29.86% 的村民在全国第一次出现疫情通报时间（元旦前后）就已知晓。

五、乡村环境治理成效显著

农村人居环境整治工作取得较好进展。2008 年以来，生态环境部持续推进"以奖促治"政策落地，累计安排专项资金 537 亿元，推动农村环境综合整治。截至 2019 年底，共完成 17.9 万个建制村整治，建成农村生活污水处理设施近 30 万套，2 亿多农村人口受益。全国 13 个省份按季度开展农村饮用水水质监测，17 个省份基本实现农村饮用水卫生监测乡镇全覆盖，16 个省份农村生活垃圾治理建制村覆盖率达到 90% 以上。

农村生态环境质量不断提升。《2019 年中国生态环境状况公报》数据显示：2019 年全国地表水Ⅰ～Ⅲ类水比例为 74.9%，较 2004 年提高了 33 个百分点；劣Ⅴ类水比例为 3.4%，比 2004 年降低了 23.5 个百分点。《2019 年全国耕地质量等级情况公报》数据显示，耕地平均质量为 4.76 等，较 2014 年提升 0.35 等。

农村生产环境得到极大改善。经测算，2019 年我国水稻、玉米、小麦三大粮食作物化肥利用率为 39.2%，比 2017 年提高 1.4 个百分点，比 2015 年提高 4 个百分点；农药利用率为 39.8%，比 2017 年提高 1.0 个百分点，比 2015 年提高 3.2 个百分点。

六、信息技术在乡村治理中初步应用

2019 年，中共中央办公厅、国务院办公厅印发的《数字乡村发展战略纲要》提出，要着力发挥信息化在推进乡村治理体系和治理能力现代化中的基

础支撑作用。

信息技术赋能乡村公共服务得到不断拓展。"互联网＋政务服务"平台正在加快向乡镇延伸，多个地区已实现为村民服务"一站式"办结。全国农村中小学信息化基础设施不断完善，截至 2020 年底，全国中小学互联网接入率达 99.7％，多个农村地区开展了"互联网＋教育"试点工作。农村公共卫生服务信息化稳步推进，截至 2019 年底，59％的二级及以上公立医院开展了远程医疗服务。

"互联网＋村务"促进了村务公开与监督。部分地区已经建成较为完善的"电子村务"平台，并注册开通了"村务通""阳光村务"等村务微信公众号，据《2020 全国县域数字农业农村发展水平评价报告》统计，2019 年应用信息技术实现行政村"三务"综合公开水平已经达到 65.3％。

农村"雪亮工程"建设正在向多领域不断拓展和深化。部分地区已经将视频图像信息深度应用于农村社会治理、养老、精准扶贫等领域，农村"雪亮工程"正在向综合化、网络化管理工程转变。

农村环境综合治理信息化应用水平不断攀升。如嘉兴南湖区采用了集激励、考核于一体的农村垃圾分类处理系统——"垃非"系统，该系统可实现对农村生活垃圾分类收集、清运、处理、资源化回收等全流程数字化管理，有效破解农户参与程度不高、分类准确率不高的难点，提升了垃圾分类工作的效率。

第二节　乡村治理现代化的困境分析

一、现代化基础支撑有待提升

我国乡村治理现代化的基础设施底子薄。特别在高寒地区和严重缺水地区，农村改厕技术和模式还不成熟，截至 2019 年底，上述地区农村生活污水集中或部分集中处理率仅有 30％，通硬化路的自然村仍不足 40％，34.6％的农户所在自然村主要道路无路灯，炊用主要能源为柴草的农户比例高达29.8％（《2019 国家统计局住户收支与生活状况调查》）。截至 2020 年底，城乡互联网普及率相差 23.9 个百分点，农村网络接入和应用能力与城市相比仍有较大差距。

乡村治理人才缺失与集体经济发展迟缓问题并存。长期以来，我国乡村优质人才、中青年持续外流，人才总量不足、结构失衡、素质偏低、老龄化严重等问题突出。《中国人力资本报告 2020》数据显示，农村劳动力人口平均受教育年限仅 9 年，低于国际平均水平 11 年，文盲率达 8.0%，受教育程度初中及以下者占比高达 84.78%，各级各类乡村人才短缺明显。此外，农村集体经济发展普遍较为迟缓，《中国农村经营管理统计年报 2018》数据显示，截至 2018 年，35% 左右的村集体经济无收益，而在有经营收益的村集体中，年收入在 10 万元以下的村占比高达 66.98%。

二、各领域现代化治理水平不平衡

城乡公共服务资源分配不均。根据《中国教育统计年鉴 2018》，农村小学专任教师中 11% 是高中及以下学历，本科以上学历教师占比相比城市低 15.17 个百分点。调研数据显示，56.16% 的村民认为教学设施差、教学手段落后、教学课程不够丰富、缺少兴趣班等。《中国卫生健康统计年鉴 2019》数据显示，2018 年城市和农村每千人口医疗卫生机构床位数分别为 8.70 张和 4.56 张，城乡差距依然明显。同时，农村老龄居民的基本养老基金支付金额远低于城镇职工，农民工尚未完全享受到与城镇职工同等待遇的社会保险，工伤保险与失业保险参保率仅为 28.04%、16.83%。

乡村公共管理现代化水平较低。"三治融合"工作还停留在理论层面，少数党组织存在软弱涣散问题，乡村法治意识薄弱，村民自治章程和村规民约质量参差不齐，道德建设投入和有效性不足。据调查问卷统计，仅 60% 的村开展过社会公德、道德模范等评选和宣传活动。乡村社会治安防控体系不健全、不完善，警力配置严重不足，40% 的农村公安派出所警力不到 5 人，治安监管预防性和前瞻性不足。乡村食品安全防控短板尤为明显，基层乡村食品安全信息不对称现象明显，监管力量薄弱。

乡村环境治理痛点突出。由于我国长期以粗放型农业生产方式为主，畜禽养殖粪污随意排放，农药化肥过度使用，给土地、水等自然资源造成了严重污染，乡村人居环境整治形势严峻。农业农村部数据显示，目前全国还有近 1/5 的村庄生活垃圾没有统一收集和处理，80% 的村庄生活污水没有得到处理。行路难、如厕难、环境脏、村容村貌差等问题依旧突出。

三、村民参与治理意识较为薄弱

村民参与性不高，自治效能不足。部分农民在心理上依然保留"等靠要""靠着墙根晒太阳，等着政府送小康""政府干、村民看"的思想，民主观念缺乏和民主意识残缺，参与乡村事务的意识不足。问卷调查数据显示，35%左右的村民从未参与过乡村事务的讨论或投票，仅35%左右的村民向村委会提出过村务问题或意见，仅42%左右的村民提议得到了有效解决和反馈。

村民参与乡村治理的渠道匮乏。目前，村民自治依然依靠政府单一推动，村民自治的法规执行不到位，部分地区村民通过村民全体会议和代表会议两种方式参与村务流于形式。缺失治理监督、公共决策、问题反馈等信息平台，已有的乡村治理数字化平台大多数停留在信息发布和政策宣传层面，涉及村民议事、建议反馈和决策监督等方面的内容较少。

四、现代化技术手段应用滞后

乡村治理信息平台顶层设计不足。各级政府和部门组织开发乡村治理系统和平台时考虑不周，重复建设和标准不统一现象层出不穷，资源碎片化、业务应用条块化、政务服务分割化等问题仍然严重。

乡村治理数据资源采集、分析、共享不足。不同部门、行业和地区的数据无法连通，"信息孤岛"遍地林立，数据信息价值增值难以实现。据调查问卷统计，分别有60.87%、56.52%的基层管理人员认为，存在部门间数据共享开放不足、基础数据底数不清的问题，九成以上的村民反映本村没有为村民服务的一站式平台。同时，还存在基层管理人员对乡村治理数字化的重要性认识不足、乡村信息化专业人才缺乏等问题，难以满足乡村治理的需求。

· 第四章 ·

乡村治理现代化评价指标
构建及典型应用

当前推进乡村治理现代化的重点之一是解决好"谁来干、怎么干、在哪干"的问题。做好"三农"工作，让全国近 5 亿农村常住人口富裕富足、200 多万个自然村宜居宜业，确保 50 万余个乡村治理有效，迫切需要开展乡村治理现代化水平评价指标体系研究，通过客观事实找出不同地区、不同类型乡村治理现代化的短板弱项与改进方向，为制定乡村治理现代化的战略实现路径提供依据。

第一节 国内外乡村治理评价工作回顾

"现代化"一词起源于欧洲文艺复兴运动，是"人们把促进物质福利改善生活条件作为公共政策和私人努力的目标"。乡村治理现代化评价指标体系是度量各地乡村治理现代化实际水平的综合性指标，可用于考评不同类型地区乡村治理现代化水平的"区位商"，为分类推进乡村治理现代化提供参考依据。从国外文献看，治理指标的研究早期可见于 20 世纪 60 年代社会指标方面的探索，如 Bauer 等基于"大社会"视角构建了反映社会现象数量变化的"社会指标"（Social Indicator）。20 世纪 90 年代，随着全球政治、经济的变革，学术界及政府间国际组织掀起了治理指标研究与开发的热潮，如联合国开发计划署治理指标项目（Governance Indicators Project）和世界银行的全球治理指数（Worldwide Governance Indicators）等。2012 年，联合国开发计划署与我国中央编译局从人类发展、社会公平、公共服务、社会保障、公共安全和社会参与六个维度，构建了包含 35 个具体指标的中国社会治理评价指标体系。2017 年，联合国开发计划署治理指标项目结合贵阳特色，从公平的发展结果、公平的城市发展资源分配、资源分配的公正手段三个方面构建了贵阳社会治理指标体系，并采用参与式评估开展了评价。这些评价指标体系均为明确治理现代化的范畴提供了理论支撑。但国际上关于乡村治理现代化的评价指标体系比较少见，对乡村治理的评价多聚焦于乡村治理产出绩效、能力建设、群众参与等方面。

国内学者在中央编译局"中国社会治理指数"、社会治理现代化指标构建研究课题组"社会治理现代化指标"、俞可平"中国治理评估框架"等评估指标体系的基础上，结合乡村治理范畴开展评估体系研究工作，聚焦于乡村治理绩效、乡村治理质量、村民满意度等方面开展评估，评估维度包括经济增长与分配、村民公共参与、公共服务能力、乡村社会秩序、文化建设等。梅继霞将乡村治理绩效的考量划分为基层民主建设、乡村公共服务体系建设、基层组织运转和农村社会秩序四个维度。史云贵、孙宇辰将农村社会治理评估指标分为乡村经济发展、基层民主政治建设、社会安全与秩序、公共服务四大类 12 项。巢小丽以"宁海 36 条"的治理实践为例，立足村民视角从政策知晓率、施行必要性、权力规范与透明性、村民话语权、村级工程招标公平公正性、对村庄治理整体影响等方面开展了乡村治理现代化政策绩效的评估。詹国辉从乡村治理资源、流程与结果三方面对乡村治理质量进行评价。吴新叶认为乡村治理绩效主要体现在"公共性""社会性"及"有效性"三个维度。王卓、胡梦珠认为村庄治理绩效可被划分为村级政策执行绩效、村庄社会治理绩效、村庄经济治理绩效三部分。赵秀玲认为农村治理体系和治理能力现代化的衡量标准在于制度化、多元主体、内容和形式多样性。

此外，国家颁布的相关标准规范也为乡村治理现代化评估体系的建设提供依据。如 2015 年国务院农村综合改革工作小组办公室制定的《美丽乡村建设指南》（GB/T 32000—2015）规定了村庄规划和建设、公共服务、乡风文明、基层组织等乡村治理领域的相关建设标准；2018 年国家市场监督管理总局、国家标准化管理委员会发布的《美丽乡村建设评价》（GB/T 37072—2018）明确了村庄规划、村庄建设、生态环境、经济发展、公共服务、乡风文明、基层组织等与乡村治理相关的评价标准。总之，目前学术界关于乡村治理现代化的评价指标尚未形成共识，关于典型村庄的评价比较研究更是罕见，理应加快开展评价体系建设工作，通过实际评价，厘清我国实现乡村治理现代化目标的短板与应该改进的方向。

第二节　评价指标体系构建

一、评价指标体系构建思路

根据国内外治理评价指标体系的理论研究与实践应用，结合党的十九大报告提出的"到 2035 年基本实现社会主义现代化""到 2050 年建成社会主义现代化强国"的宏伟蓝图，以及《关于加强和改进乡村治理的指导意见》《关于实施乡村振兴战略的意见》中强调的"到 2035 年，乡村治理体系更加完善，乡村治理体系和治理能力基本实现现代化""到 2050 年，乡村全面振兴，农业强、农村美、农民富全面实现"等战略目标，本研究所设计的乡村治理现代化评价指标体系着重把握以下几点：

1. 坚持经济基础的决定性作用

经济基础决定上层建筑，生产力和经济发展水平决定基层社会治理水平。激活村级集体经济活力，吸引更多年轻人回乡创业，向基层领导力输送新鲜血液与鲜活力量，改善治理条件。因此，在构建指标体系时，应将体现经济基础的村民人均可支配收入、村集体经济收入、领导班子队伍文化水平等基础支撑现代化指标纳入评价体系中。

2. 突出党建引领与农民主体

推进乡村治理的关键核心在于坚持党建引领，构建以自治为核心的乡村治理体系，而健全村级组织体系与制度体系建设，推动村级事务治理信息化，构建"农民主动参与、多主体互动、多元共治"的体系，则是体现乡村有效自治的重要方面。由此，在构建评价指标过程中，需要突出党员队伍能力建设、村级组织与制度建设、村级事务管理运行以及村民参与公共事务的主观能动性等指标。

3. 体现平安法治乡村建设观

平安法治乡村建设是乡村社会建设的核心内容，矛盾化解、治安防控、卫生安全等社会治理问题是乡村社会建设的核心主题，公共安全现代化在乡村应对社会风险、解决社会问题、化解社会矛盾以及维护社会稳定中具有重要意义。而体现公共安全现代化目标的关键在于相关现代化设施设备与服务体系是否完善、村民是否有安全感。为此，本研究将平安法治现代化以及村民安全感等指标纳入了指标体系评价当中。

4. 注重"包容性增长"与"获得感"

社会和经济协调可持续发展是乡村治理有效的关键评估标准。让更多的人享有现代化成果，让弱势群体得到更多的公共服务，实现广大农民群众公平合理地分享经济增长成果，是乡村社会和谐发展的关键。为此，本研究将反映民生保障可及性的公共服务治理现代化的指标纳入了评价指标体系当中。

5. 着眼于人与自然和谐共生

气候变化、环境污染、生态破坏已对人类健康和经济社会发展提出了严峻的挑战。尤其在我国广大农村地区，由于摆脱贫困、缩小城乡居民收入和区域发展差距的任务繁重，农业面源污染、工业"三废"污染、人居环境污染等已成为乡村治理的重要难题。为此，评价指标体系需要将体现生态文明的乡村环境治理现代化关键性指标纳入其中，更加重视资源环境的可持续性与更美、更宜居的乡村建设。

二、评价指标体系的定义与内涵

中国乡村治理现代化评价指标体系（China Rural Governance Modernization Index System，CRGMIS）是评价中国乡村治理现代化发展水平的综合性指标，可以综合评价某一省份（或地区）乡村治理现代化发展水平，可用于历史比较，反映该地乡村治理现代化发展进程和变化特征，也可用于区域之间的横向比较，反映各地乡村治理现代化发展特征与差异，考评不同区域乡村治理现代化水平的"区位商"，为分类推进乡村治理现代化提供参考依据。因此，CRGMIS可以较客观地评价与比较不同地区乡村治理现代化发展水平与发展速度，有利于相关部门科学合理调整治理方向，加快推动乡村治理现代化。其主要功能体现在：

一是利用CRGMIS可以对我国不同地区的乡村治理现代化实现程度进行分析、评价和考核，科学、公正、客观地评价当地乡村治理现代化建设成效、发展潜力和存在的问题，据此提出推进乡村治理现代化的相关政策举措与工程部署。

二是可以有效加强各地对乡村治理的宏观管理和科学指导，提高乡村治理现代化水平，调动各级政府、社会组织、企业、村民等多元主体对乡村治理的积极性。

三是将CRGMIS划分为基础能力支撑现代化、公共服务治理现代化、公共事务治理现代化、公共安全治理现代化、环境治理现代化五个层面，不仅可以清晰地把握乡村治理各领域现代化水平发展情况，快速理清推动乡村治理现代化的思路目标、工作任务、重点工程支撑，而且能够帮助乡村治理融入国家治理体系与治理能力现代化，为我国更好地参与全球治理提供决策依据。

三、评价指标体系构建原则

乡村治理现代化发展问题涉及公共服务、公共管理、公共安全、环境等多个方面，范围广泛，内容庞杂，在实施评价的过程中，必须准确界定这一问题的研究边界。为此，本研究提出的CRGMIS目标是：可以明确评价某地区乡村治理现代化的实现程度，还可用于省份之间、县市之间、村镇之间的横向对比评价。这一目标的确定是建立评价指标体系及确定评价方法与相关评价标准的基础。综上，构建本研究评价指标体系所遵循的原则包括：

1. 完整性

CRGMIS必须具备客观性、总体性和全面性，既要做到能够全面描述我国乡村治理演变的进程，还要考虑从规模和质量两个方面对乡村治理现代化水平进行评价。乡村治理现代化是一个动态演进的发展过程，同时也是一个相对漫长的过程，评价指标的设置既要考虑与全国及各地区社会、经济、生态总体发展目标一致，又要从不同角度全面准确地反映乡村治理现代化的内涵及特征。这些基本要求决定了CRGMIS的指标必须完整，要全面覆盖乡村治理主体、治理工具与治理内容等范畴，又要将体现现代化成效的指标（如制度化、信息化、组织化、便捷化、满意度等）纳入评价体系，从产出绩效情况来衡量现代化水平。

2. 可比性

可比性一直是综合指标评价的关键性问题，也是本研究必须遵循的原则之一。本研究在设计评价指标体系时，充分重视了不同指标之间、同一指标不同时期的可比性。改革开放以来，我国的统计制度经历了由物质产品平衡表（MPS）到国民账户体系（SNA）的过程，统计方法变动较大。因此，本研究评价指标体系的设计就牵涉到许多指标因统计方法变化而产生的可比性问题。考虑到同一指标不同时期口径变化、不同指标内涵变化、数据来源渠道不统一等问题，本研究以统计数据为主、调研数据为辅（主要为课题组开展的调研监测数据），以此来规避不同时期指标口径变动的影响；对于取得的绝对数据，采用指标相对化进行调整。

3. 可行性

综合评价指标体系的实际意义在于其可以付诸实践，具备可行性，因此，综合评价指标体系可以进一步分解为评价指标的可操作性和评价方法的协调性两个方面。就本研究指标的可操作性方面来说，一是要考虑评价指标体系与我国村镇聚落现实的切近程度，与现有统计数据条件的吻合程度，以及调研数据、遥感数据的可获得性；二是在做到最大限度反映我国乡村治理现代化现实性的同时，力求指标设置少而精、简洁直观、易于操作、便于推广。据此，本研究在设计评价指标体系时，出发点首先放在理论上理想指标的设计，在此基础上全面考察数据条件等外部因素，通过指标替代等方法对理想指标体系进行修改，形成可操作性评价指标体系。从评价方法的协调性方面来说，本研究采用多指标综合评价法对乡村治理现代化水平进行评价，既考虑了各指标量化分析的可行性，又兼顾了指标监测的动态性。

4. 系统性与层次性

乡村治理现代化实现程度评价属于复杂系统学理论的重要内容，为此，可将乡村治理现代化看作一个整体系统，由基础能力支撑现代化、公共服务治理现代化、公共事务治理现代化、公共安全治理现代化、环境治理现代化等要素构成不同子系统，各子系统之间界限鲜明（图4-1）。因此，本研究基于社会系统论与控制论，将评价指标体系划分为5个子系统，旨在从不同的层面反映乡村治理现代化发展水平与发展速度。

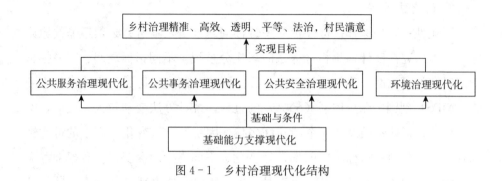

图 4-1　乡村治理现代化结构

四、评价指标体系框架设计

根据 CRGMIS 的界定，本研究建立的评价指标体系是以基础能力支撑现代化、公共服务治理现代化、公共事务治理现代化、公共安全治理现代化与环境治理现代化为评价目标，评价系统给出的最终结果将是各级指标形成的综合指数，表现形式为乡村治理现代化实现水平。评价体系共涵盖 5 个二级指标、36 个具体指标（表 4-1）。

表 4-1　乡村治理现代化评价指标体系

一级指标	二级指标	三级指标	标准值
乡村治理现代化实现水平	基础能力支撑现代化	村民人均可支配收入（元/人）	25 000
		村集体经济收入（万元/年）	100
		初中及以上文化程度劳动力占比（%）	80
		高中及以上文化程度村"两委"领导班子占比（%）	80
	公共服务治理现代化	每百人拥有乡村医务人员数量（人）	0.4
		村公共文化体育设施完备情况	100
		"一老一小"服务机构建设和服务可获得性	100
		是否建有村级"一站式"综合服务站（平台、中心）	100
		农村义务教育服务可获得性	100
		劳动就业培训服务可获得性	100
		基本公共服务事项网上办理率（%）	100
		村民对当地基本公共服务的满意度	100

（续）

一级指标	二级指标	三级指标	标准值
乡村治理现代化实现水平	公共事务治理现代化	村级组织体系建设情况	100
		党员队伍建设情况和年龄结构	100
		村级重大事项决策"四议两公开"执行率（％）	100
		村"三务"在线化公开率（％）	100
		村"三资"管理信息化覆盖率（％）	100
		村民参与重大事项听证协商情况	100
		村级公共事务决策村民参与情况	100
		村规民约制定与执行情况	100
		乡风文明培育活动开展情况	100
		村民对村庄公共事务治理的满意度	100
	公共安全治理现代化	公共安全人员配置完备情况	100
		法律援助、司法救助服务可获得性	100
		村矛盾纠纷调处化解成功率（％）	100
		疫病防控信息公开及时性	100
		村庄法治宣传教育活动开展情况	100
		公安视频监控设施安装运行情况	100
		村民安全感	100
	环境治理现代化	饮用水安全覆盖率（％）	100
		户用卫生厕所普及率（％）	100
		生活垃圾集中处理率（％）	100
		生活污水集中治理情况	100
		村内生态环境质量情况	100
		村庄绿化覆盖率（％）	山区≥90％、丘陵≥60％、平原≥30％
		村民对当地环境质量的满意度	100

五、评价方法选择

综合评价的研究对象通常是自然、社会、经济等领域中的同类事物（横向）或同一事物在不同时期的表现（纵向）。而多指标综合评价法的基本思想是：要反映对象的全貌，把多个单项指标组合起来，形成各个侧面的综合指标。常见的评价方法主要有主成分分析法和聚类分析法、灰色关联度分析法、综合指标体系法、数据包络分析（DEA）法等。为确保评价指标体系的动态监测性与横向可比性，本研究采用多指标综合评价法对乡村治理现代化水平进行评价。

1. 指标权重的确定

鉴于本研究重点对现代化实现程度进行测算，有具体的指标评价标准，本研究在确定指标权重时采用等权重方法进行赋权。

2. 各指标实现程度得分计算

在计算各指标的实现度时，正相关指标的计算方法为 $S=P/O\times100$；负相关指标的计算方法为 $S=O/P\times100$（O 为各指标的目标值，P 为各指标的实际数值），对于超出 100 的按 100 来计算。

3. 具体指标目标值计算方法

一是参考乡村振兴战略等国家政策文件的指标；二是采用专家咨询方法进行确定；三是综合国内外已有文献、国家相关机构关于农业农村现代化的标准，如中国社会科学院"农业农村现代化评价指标体系"、中国农业科学院"全国农业现代化监测评价指标体系方案"。具体指标标准值见表 4-1。

第三节　指标选择与解释

一、前提与基础——基础能力支撑现代化

劳动力素质、乡村经济发展是乡村治理现代化的前提和基础，本维度指标主要选取村民人均可支配收入、村集体经济收入、初中及以上文化程度劳动力占比、高中及以上文化程度村"两委"领导班子占比衡量。具体指标解释如下：

1. 村民人均可支配收入

村民人均可支配收入主要指农村居民家庭当年可以用来自由支配的收入。按照中国社会科学院"农业农村现代化评价指标体系"，将标准值确定为 25 000 元/人。数据来源：村委会调查问卷。

2. 村集体经济收入

村集体经济收入主要指村集体开展各项生产服务等经营活动取得的经营收入、分红及上交收入、村集体对外投资收益以及其他收入。按照《乡村振兴战略规划（2018—2022年）》目标任务，将标准值确定为100万元/年。数据来源：村委会调查问卷。

3. 初中及以上文化程度劳动力占比

初中及以上文化程度劳动力占比指当年本村常住劳动力中，初中及以上文化程度的人员占比。计算公式：初中及以上文化程度劳动力占比＝初中及以上文化程度的劳动力数量÷本村总劳动力数量×100％。按照发达国家、发达地区乡村现代化建设轨迹，选择80％作为标准值。数据来源：村委会调查问卷。

4. 高中及以上文化程度村"两委"领导班子占比

高中及以上文化程度村"两委"领导班子占比指当年本村村委会、党组织领导班子中，高中及以上文化程度的人员占比。计算公式：高中及以上文化程度村"两委"领导班子占比＝高中及以上文化程度的"两委"人员数量÷"两委"人员总数×100％。按照我国发达地区乡村建设水平，选择80％作为标准值。数据来源：村委会调查问卷。

二、包容与富足——公共服务治理现代化

补齐公共服务短板、确保基本公共服务普惠共享是实现国民经济和社会发展包容性增长的重要任务。推动乡村公共服务治理现代化有助于加快公共服务资源优化配置与信息互联共享，形成城乡基本公共服务均等化格局。本研究重点关注公共教育、基本医疗、劳动就业、公共文化、社会保障等5项基本公共服务，具体指标中关注公共资源与服务的可获得性、公共服务事务办理效率以及公共服务满意度等。具体指标解释如下：

1. 每百人拥有乡村医务人员数量

每百人拥有乡村医务人员数量指当年本村常住人口中，拥有执业（助理）医师、注册护士和乡村医生、乡村卫生员等医务人员的数量。计算公式：每百人拥有乡村医务人员数量＝执业（助理）医师、注册护士和乡村医生、乡村卫生员数量÷（本村常住人口数量÷100）。按照项目组在发达乡村地区的调查数据，选择0.4作为标准值。数据来源：村委会调查问卷。

2. 村公共文化体育设施完备情况

村公共文化体育设施完备情况由 2 个指标构成：一是本村是否建有文化体育活动场所（是＝100 分；否＝50 分）；二是文体设施运行维护是否良好（非常好＝100 分；比较好＝80 分；一般＝60 分；比较不好＝40 分；非常不好＝20 分）。计算结果：由 2 个指标平均所得。数据来源：村委会调查问卷与村民调查问卷。

3. "一老一小"服务机构建设和服务可获得性

一老一小服务机构建设和服务可获得性由 3 个指标构成：一是村里是否有针对小孩的服务设施和机构（是＝100 分；否＝50 分）；二是是否有针对老人的服务设施和机构（包括老年驿站、养老院、老年餐厅等）（是＝100 分；否＝50 分）；三是否提供居家养老服务（如定期去家里理发、慰问等）等（是＝100 分；否＝50 分）。计算结果：由 3 个指标平均所得。数据来源：村委会调查问卷。

4. 是否建有村级"一站式"综合服务站（平台/中心）

村级"一站式"综合服务站是指集文化体育、卫生健康、人力资源、社会保障、食药安全、民政、人口、党建等于一体的多功能综合服务站（平台/中心）该指标取是＝100 分或否＝50 分。数据来源：村委会调查问卷。

5. 农村义务教育服务可获得性

农村义务教育服务可获得性指本村适龄儿童获得义务教育服务的水平，包括村里小孩上学便捷程度（非常方便＝100 分；比较方便＝80 分；一般＝60 分；比较不方便＝40 分；非常不方便＝20 分）、当地中小学师资力量（非常好＝100 分；比较好＝80 分；一般＝60 分；比较不好＝40 分；非常不好＝20 分）、当地中小学基础设施/教学设施完善程度（非常完善＝100 分；比较完善＝80 分；一般＝60 分；比较不完善＝40 分；非常不完善＝20 分）、当地乡镇农村义务教育学校专任教师本科以上学历占比（实际数值，标准值设置为 80％）4 个指标，计算结果取 4 个指标的平均值。数据来源：村民调查问卷与乡镇统计部门。

6. 劳动就业培训服务的可获得性

劳动就业培训服务的可获得性指村民能否有效获得公共就业、创业、职业培训、劳动保障等服务（全部可获得＝100 分；获得 3 项＝75 分；获得 2

项＝50分；获得1项＝25分；没有获得任何服务＝0分）。数据来源：村民调查问卷。

7. 基本公共服务事项网上办理率

基本公共服务事项网上办理率指村民可以在网上政务平台办理公共教育服务、预约就诊、就业培训、文化服务、社保、便民缴费等6项服务事项的情况。计算公式：基本公共服务事项网上办理率＝可实现网上办理的事项÷6×100%。数据来源：村民调查问卷。

8. 村民对当地基本公共服务的满意度

村民对当地基本公共服务的满意度指村民对教育、医疗、社保、就业培训、文化等5项基本公共服务的平均满意度（非常满意＝100分；比较满意＝80分；一般＝60分；比较不满意＝40分；非常不满意＝20分）。数据来源：村民调查问卷。

三、决策与行动——公共事务治理现代化

集体行动是指具有相互依赖关系的个体为了实现共同利益，通过协商等方式形成一致行动的过程。农村公共事务治理作为乡村治理的重要领域，现阶段正面临集体行动能力下降的困境。推动农村公共事务治理现代化，突出农民集体行动的主体，提升农村集体的决策与行动能力，有助于激发乡村自治能力、增强乡村活力。本研究重点关注村级组织建设、党员队伍建设、村民参与公共决策的积极性、乡村文明建设培育以及村级公共事务治理的制度化、信息化等方面。具体指标解释如下：

1. 村级组织体系建设情况

村级组织体系建设情况是指村级组织体系建设是否健全，主要包括是否有基层党组织、村民自治组织、村务监督组织、村民理事会、集体经济组织和农民合作经济组织、志愿者服务组织等团体（有5类及以上组织＝100分；有4类组织＝80分；有3类组织＝60分；有2类组织＝40分；有1类组织＝20分）。数据来源：村委会调查问卷。

2. 党员队伍建设情况和年龄结构

党员队伍建设情况和年龄结构是指村级党组织成员队伍的人员数量与质量，由每百人党员数量、党员平均年龄两个指标构成，各占50%。数据来源：

村委会调查问卷。

3. 村级重大事项决策"四议两公开"执行率

村级重大事项决策"四议两公开"执行率是指村级重大事项决策中，实行"四议两公开"的占比（"四议"即村党组织提议、村"两委"会议商议、党员大会审议、村民会议或者村民代表会议决议，"两公开"即决议公开、实施结果公开）。计算公式：村级重大事项决策"四议两公开"执行率＝（"四议"＋"两公开"）÷2×100%。数据来源：村委会调查问卷。

4. 村"三务"在线化公开率

村"三务"在线化公开率是指村内村务、党务、财务在线（包括微信、网站等信息化平台）公开的情况，计算公式为：村"三务"在线化公开率＝（村务公开在线化＋村党务公开在线化＋村财务公开在线化）÷3×100%。数据来源：村委会调查问卷。

5. 村"三资"管理信息化覆盖率

村"三资"管理信息化覆盖率是指村集体资产、资金、资源管理事务中实现计算机管理的比例。计算公式：村"三资"管理信息化覆盖率＝村集体资产、资金、资源计算机管理数量÷村集体资产、资金、资源×100%。数据来源：村委会调查问卷。

6. 村民参与重大事项听证协商情况

村民参与重大事项听证协商情况是指村民参与重大事项听证协商的积极性得分（非常积极＝100分；比较积极＝80分；一般＝60分；比较不积极＝40分；非常不积极＝20分）。数据来源：村委会调查问卷。

7. 村级公共事务决策村民参与情况

村级公共事务决策村民参与情况是指村民参与村级公共事务决策的积极性得分（非常积极＝100分；比较积极＝80分；一般＝60分；比较不积极＝40分；非常不积极＝20分）。数据来源：村民调查问卷。

8. 村规民约制定与执行情况

村规民约制定与执行情况集中体现村民在村庄自治中自我管理、自我教育、自我服务、自我约束的情况，由本村是否制定村规民约（是＝100分；否＝50分）、村民是否履行村规民约（完全遵循＝100分；基本遵循＝75分；不怎么遵循＝50分；不遵循＝25分）、村民是否了解村规民约（是＝100分；

否＝50分）3个指标构成，计算结果取3个指标的平均值。数据来源：村委会调查问卷与村民调查问卷。

9. 乡风文明培育活动开展情况

乡风文明培育活动开展情况是体现乡村德治的主要指标，包括村内是否开展社会主义核心价值观宣传教育、移风易俗、中国特色社会主义制度宣传教育、传统美德宣传教育、家风家训、道德模范评选、传统文化保护等一系列思想文化建设活动（有5项及以上活动＝100分；有4项活动＝80分；有3项活动＝60分；有2项活动＝40分；有1项活动＝20分）。数据来源：村民调查问卷。

10. 村民对村庄公共事务治理的满意度

村民对村庄公共事务治理的满意度指村民对村庄公共事务治理满意度的主观评价，包括对公共事务治理组织机构完善情况、干群关系、村委会自治能力和效果、村"三务"信息公开、村"三资"管理、决策民主化程度、公共事务参与渠道便捷化程度、村内社会风气等方面的满意程度（非常满意＝100分；比较满意＝80分；一般＝60分；比较不满意＝40分；非常不满意＝20分），结果由各项满意度平均所得。数据来源：村民调查问卷。

四、社会稳定和谐——公共安全治理现代化

社会是否稳定和谐是衡量乡村法治是否有效的关键指标。推动乡村公共安全治理现代化，重点在于全面建立健全农村社会治安防控体系和公共安全体系，以此维护农民权益、化解农村社会矛盾，提升乡村治理智能化、精细化水平，切实增强人民群众的安全感。本研究重点关注与平安法治乡村建设相关的主要指标。具体指标解释如下：

1. 公共安全人员配置完备情况

公共安全人员配置完备情况指村内义务救灾员、义务消防员、持证上岗电工、综治协管员和辅警等公共安全人员是否齐全（配有5类及以上人员＝100分；配有4类人员＝80分；配有3类人员＝60分；配有2类人员＝40分；配有1类人员＝20分）。数据来源：村委会调查问卷。

2. 法律援助、司法救助服务可获得性

法律援助、司法救助服务可获得性是指村民能否有效获得法律援助、司

法救助等法律服务，由当地是否建立司法救助体系（是＝100分；否＝50分），是否有法律援助/司法救助服务（是＝100分；否＝50分），以及村民获取法律援助、司法救助服务难易程度（非常容易＝100分；容易＝80分；一般＝60分；困难＝40分；非常难＝20分）3个指标衡量，计算结果取3个指标的平均值。数据来源：村委会调查问卷与村民调查问卷。

3. 村矛盾纠纷调处化解成功率

村矛盾纠纷调处化解成功率指当年村矛盾纠纷调处化解成功比率。计算公式：村矛盾纠纷调处化解成功率＝调解成功数/受理数×100；若未发生，则视为100分。数据来源：村委会调查问卷。

4. 疫病防控信息公开及时性

疫病防控信息公开及时性指农村居民对于本村疫情防控信息公开及时性的主观评价（非常及时＝100分；比较及时＝80分；一般＝60分；比较不及时＝40分；非常不及时＝20分）。数据来源：村民调查问卷。

5. 村庄法治宣传教育活动开展情况

村庄法治宣传教育活动开展情况由村里开展法治宣传教育活动频率（1年5次以上＝100分；1年3～4次＝80分；1年2次＝60分；1年1次＝40分；基本不开展＝20分）、村民法律意识情况（非常强＝100分；比较强＝80分；一般＝60分；比较差＝40分；非常差＝20分）、村内法治设施完备情况（包括是否设置有公共法律服务工作室、人民调解室、法律服务便民箱、法律服务公示牌等）（有5类以上＝100分；有4类＝80分；有3类＝60分；有2类＝40分；有1类＝20分）3个指标构成，计算结果取3个指标的平均值。数据来源：村委会调查问卷。

6. 公安视频监控设施安装运行情况

公安视频监控设施安装运行情况是指乡村"雪亮工程"推进情况，包括村内是否安装有视频监控设备（是＝100分；否＝50分）、视频监控设备是否正常运行（正常运行个数÷总摄像头个数×100）、公安出警及时性（非常及时＝100分；比较及时＝80分；一般＝60分；比较不及时＝40分；非常不及时＝20分）3个指标构成，计算结果取3个指标的平均值。数据来源：村委会调查问卷。

7. 村民安全感

村民安全感为综合指标，包括村民对社会治安、食品安全、药品安全、交通安全、卫生安全、消防安全、网络信息安全等方面的主观评价（非常满意＝100分；比较满意＝80分；一般＝60分；比较不满意＝40分；非常不满意＝20分），由各项满意度平均所得。数据来源：村民调查问卷。

五、乡村生态宜居——环境治理现代化

改善农村人居环境，建设美丽宜居乡村，是实施乡村振兴战略的一项重要任务，事关广大农民根本福祉和农村社会文明和谐。近年来，各地扎实推进农村人居环境整治，美丽宜居乡村建设成效显著，但与实现乡村治理现代化目标仍有较大差距。围绕乡村宜居目标和任务，本研究重点关注饮用水安全治理、生活环境治理、村庄生态环境质量等方面。具体指标解释如下：

1. 饮用水安全覆盖率

饮用水安全覆盖率是指村域内达到农村饮用水安全卫生评价指标体系基本安全档次的户数占全村总户数的百分比。一般而言，要求饮用水安全覆盖率达100%。数据来源：村委会调查问卷。

2. 户用卫生厕所普及率

户用卫生厕所普及率是指村域内能够享用到达标（GB 19379）厕所的农户数占常住农户总数的百分比。数据来源：村委会调查问卷。

3. 生活垃圾集中处理率

生活垃圾集中处理率是指村域内经无害化处理的生活垃圾数量占生活垃圾产生总数的百分比，由于这一数据在村内难以获取，采用"全部集中处理＝100分；部分集中处理＝60分；未集中处理＝20分"的分值数据表征。数据来源：村委会调查问卷。

4. 生活污水集中治理情况

生活污水集中治理情况是指村域内生活污水经过污水处理厂或其他处理设施处理情况，采用村里是否对生活污水进行集中处理（是＝100分，否＝50分）、村内是否有黑臭水体/水塘（否＝100分；是＝50分）、生活污水纳管率（计算公式：生活污水纳管率＝安装污水管的农户数÷总户数×100%，标准值为80%）3个指标衡量，计算结果取3个指标的平均值。数据来源：村民调查问卷。

5. 村内生态环境质量情况

村内生态环境质量情况是指村内大气、水、土壤等环境质量（优＝100

分；良＝75分；中＝50分；差＝25分）。数据来源：村委会调查问卷。

6. 村庄绿化覆盖率

村庄绿化覆盖率是指村域内林地、草地面积之和与村庄总土地面积的百分比，一般而言，山区≥90％、丘陵≥60％、平原≥30％。数据来源：村委会调查问卷。

7. 村民对当地环境质量的满意度

村民对当地环境质量的满意度为综合指标，是指村民对当地人居环境、生态环境和生产环境的满意度，包括对本村环保宣传教育工作、村容村貌、生活用水水质、生活污水治理、生活垃圾集中处理、空气质量、畜禽粪污处理、农作物秸秆处理、工业污染物排放处理等指标的满意度主观评价（非常满意＝100分；比较满意＝80分；一般＝60分；比较不满意＝40分；非常不满意＝20分），计算结果取各指标的平均值。数据来源：村民会调查问卷。

第四节　典型应用

一、数据来源

本研究设计的评价指标体系所用数据分2类：一是统计口径数据，即来自不同部门上报的统计数据，包括基础能力支撑现代化与环境治理现代化指标，以及公共服务治理现代化个别指标；二是社会调查数据，即项目组针对村民和村委会两类调研对象，从基础能力支撑现代化、公共服务治理现代化、公共事务治理现代化、公共安全治理现代化、环境治理现代化几个方面，设计调研问卷和调研方案，采取问卷调研、实地考察与座谈交流相结合的方法，面向山西、浙江、广东、宁夏、四川5个省（自治区）开展实地调研，调研范围共涉及11个县（区）21个村庄，共收回问卷244份，均为有效问卷。

二、典型村庄评价结果

采用上述指标体系来量化评价典型村庄乡村治理现代化建设进程，综合得分详见表4-2。本研究将评价综合得分"低于60分"定义为乡村治理现代化起步阶段，综合得分位于"60~80分"区间的评价为乡村治理现代化发展阶段，将综合得分位于"80～100分"区间的评价为乡村治理基本现代化，综合得分"达到100分"的评价为乡村治理全面现代化。评价结果显示，项目组调研的21个典型村庄中，12个村庄评价为乡村治理基本现代化，9个村庄评价为乡村治理现代化发展阶段，乡村治理现代化程度较高的村庄主要集中在广东省、浙江省等经济较发达地区。

表4-2 典型村庄乡村治理现代化评价结果

省份	村名	基础能力支撑现代化	公共服务治理现代化	公共事务治理现代化	公共安全治理现代化	环境治理现代化	综合得分
广东	ZT	56.53	62.71	69.55	86.25	91.07	73.22
	DM	76.75	70.81	92.63	83.50	96.29	83.99
	XJ	73.19	58.20	65.92	64.00	80.71	68.41
	NZ	100.00	73.82	78.75	81.71	90.68	84.99
	ZN	96.88	72.65	84.80	99.14	100.00	90.69
	NP	89.38	70.46	84.43	89.29	97.30	86.17
	TW	89.69	78.68	87.75	85.93	94.86	87.38
	XH	79.69	82.52	70.25	84.43	100.00	83.38
浙江	SLJ	79.06	74.62	89.64	92.72	99.11	87.03
	XGD	85.63	81.64	82.00	91.11	98.41	87.76
	YC	96.25	82.67	68.71	81.36	98.57	85.51
	GY	96.88	92.14	90.18	85.25	99.05	92.70
	WS	100.00	76.81	87.80	95.53	99.14	91.86
山西	SZ	40.04	69.01	81.62	85.00	90.21	77.46
	LZ	61.45	67.54	80.91	90.24	73.14	70.37
	CH	31.13	66.97	64.82	75.86	99.43	67.64
	SBQ	34.38	64.91	63.96	86.95	83.25	66.69
四川	ZG	51.94	67.90	77.55	82.66	77.67	71.54
	LH	46.01	54.06	73.00	90.20	93.38	71.33
宁夏	LY	53.58	87.91	94.48	96.50	94.54	85.40
	SSLD	75.05	64.44	81.20	64.00	63.22	69.58

1. 浙江省环境治理现代化水平最高，公共事务和公共服务治理现代化水平相对较低

浙江省环境治理现代化水平非常高，得分均在98分以上，村庄环境治理水平及村民对环境治理的满意度都非常高。其公共安全治理现代化水平较高，除 YC 村外，各调研村的分值均在 85 分以上。YC 村公共安全治理现代化水平相对较低，主要是由于公共安全人员配置不够完备，仅配备了综治协管员，没有配置义务救灾员、义务消防员、持证上岗电工、辅警等。基础能力支撑现代化水平相差较大，SLJ 村和 XGD 村分值相对较低，主要是由于初中及以上文化程度劳动力占比、高中及以上文化程度村"两委"领导班子占比较低导致。公共事务治理现代化水平相对较低，其中 YC 村的分值不足 70 分，主要是由于 YC 村的"三务"在线化公开较弱、乡风文明培育活动开展较少。公共服务治理现代化水平整体相对较低，SLJ 村和 WS 村分值均不足 80 分，SLJ 村基本医疗保险参保率仅为 24%，养老保险参保率也不足 80%，执业（助理）医师、注册护士及乡村医生、乡村卫生员数量也较低（图 4-2）。

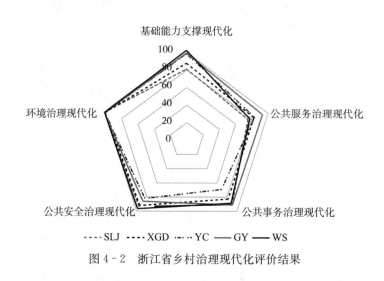

图 4-2　浙江省乡村治理现代化评价结果

2. 广东省环境治理现代化水平普遍较高，基础能力支撑现代化和公共事务治理现代化水平差别较大

广东省环境治理现代化水平普遍较高，90% 以上村民对人居环境整治表示"非常满意"或"比较满意"，生活污水、垃圾绝大部分得到有效处理，健康乡村理念深入人心，调研村村庄绿化覆盖率高达 70% 以上。公共服务治理现代化平均水平最低，其短板主要体现在两个方面：一方面，乡村医疗资源不足，执业医师、卫生技术人员人均拥有量均相对较低；另一

方面，基本公共服务事项网上办理率不到50%，亟须加快推进网上政务服务。基础能力支撑现代化差异最大，主要是由于调研村庄之间村集体经济实力和村委会的领导力差异较大。公共事务治理现代化差异明显，其短板主要体现在信息化手段应用方面，缺乏"三务"公开在线化、"三资"管理信息化等应用（图4-3）。

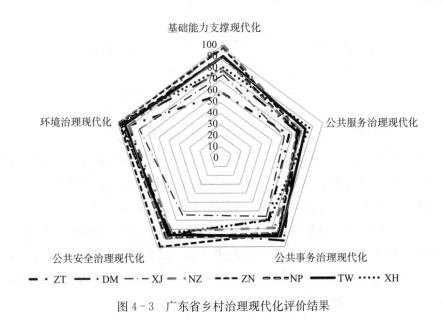

图4-3 广东省乡村治理现代化评价结果

3. 山西省基本实现公共安全治理与环境治理现代化，基础能力支撑现代化存在明显短板

山西省基础能力支撑现代化是短板。山西省各村庄的基础支撑能力现代化水平是调研省份中最低的，均处于60分以下（起步阶段），最明显的短板在于村集体经济，无一村庄集体收入超20万元，人均可支配收入在全国平均水平之下，村"两委"领导班子中高中以上学历的不到30%，严重制约了乡村治理现代化发展水平。基本实现公共安全治理与环境治理现代化，村民对环境治理满意度较高，农村"雪亮工程"实现全覆盖，一村一辅警基本实现。公共服务治理现代化处于低水平，普遍短板在于"一老一小"服务机构建设和服务可获得性、基本公共服务网上办理率低（图4-4）。

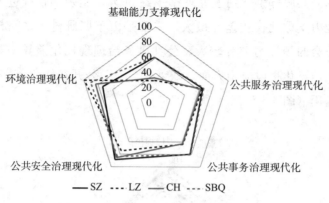

图 4-4　山西省乡村治理现代化评价结果

4. 宁夏回族自治区乡村治理现代化发展水平较不均衡

本次调研的宁夏两个村庄乡村治理现代化水平差距较大，LY 村综合得分为 85.40 分，评价结果为基本实现现代化，但其在基础支撑能力现代化水平方面存在明显短板，评分位于调研村庄的第 17 名（共 21 个村庄），主要是由于人均可支配收入、村集体经济收入较少等导致的长期基础薄弱。但其他治理领域现代化同步发展，均基本实现现代化。SSLD 村综合得分仅为 69.58 分，乡村治理现代化水平相对较低，处于发展阶段，在环境治理、公共服务治理、公共安全治理等方面均存在明显短板（图 4-5）。

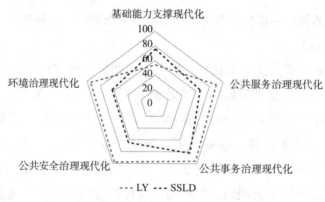

图 4-5　宁夏回族自治区乡村治理现代化评价结果

·第五章·

乡村治理现代化典型案例分析

《乡村振兴战略规划（2018—2022年）》强调，要顺应村庄发展规律和演变趋势，根据不同村庄的发展现状、区位条件、资源禀赋等，按照集聚提升、融入城镇、特色保护、搬迁撤并的思路，分类推进乡村振兴。本章按照分类推进乡村振兴的思路，根据城郊融合类、集聚提升类、特色保护类、搬迁撤并类4个村庄类型的特点，结合乡村治理过程中的主要实践和典型案例开展分析，目标是为不同类型村庄的乡村治理现代化工作提供经验借鉴。

第一节　城郊融合类

一、本类村庄的特点

城郊融合类村庄在地域层面指城市近郊区与县城城关镇所在地的村庄，伴随工业化与城镇化加速，"城中村""城郊结合村"等具有"亦农亦居"过渡特征的边缘地带成为城郊融合类村庄的主体。该类村庄主要具有以下特点：一是村庄区位优势明显，城郊融合类村庄主要位于城市近郊区、县城城关镇所在地，交通便捷；二是外来人员较多、流动性较大，有研究显示，城郊融合类村庄中外来人员占总人口比例大多超过50%，人口结构复杂且文化程度偏低，主要从事建筑施工、物流货运、家政服务、小商品销售等职业；三是人居环境亟待改善，城郊融合类村庄一般土地利用方式混乱，农业用地、小型工业用地、服务业用地等交错并行，人口密度显著高于传统村落，私搭乱建严重，人居环境差，消防安全隐患严重，容易形成集中连片的"棚户区"；四是公共服务较为薄弱，这类村庄普遍难以被纳入城市基础设施建设与公共资源服务供给的规划范围，居民难以享受与城市市民同等水平的公共服务。

另外，村庄内居住的外来人员也难以获得与本村村民同等的公共服务，参与到村庄日常活动的难度较大，村庄整体凝聚力差。

二、治理现代化主要实践

鉴于城郊融合类村庄的自身特点，其治理现代化的实践主要包含以下几方面内容：一是重视外来人员管理服务。针对外来人员流动性大、被排斥在村庄公共服务外等问题，已有城郊融合类村庄探索建立了居住出租房屋"旅馆式"管理模式，对外来人员进行统一身份核验、日常网格化管理和人员流动信息整合。同时，也有部分村庄向外来人员同等免费开放图书馆、体育馆等文体设施，针对有突出贡献的外来人员提供与本村村民无差别的教育医疗服务。二是改善村庄人居环境。为了解决村庄环境"脏、乱、差"等问题，有不少城郊融合类村庄积极践行美丽乡村建设，对村庄内私搭乱建的违章建筑进行拆除治理，对农村垃圾、生活污水、污染源头进行统一整治，大力推进"厕所革命"，提升村庄绿化美化水平。此外，还通过制定"村规民约"、建立清单管理机制等方式约束村民行为，促使村民养成保护生态环境、重视村庄环境卫生的良好生活习惯。三是推动全民参与乡村治理。城郊融合类村庄普遍重视激活全体居民参与乡村治理的积极性，以提升村庄凝聚力。例如，有村庄党支部与辖区企业等成立联合党委，动员党员队伍深入群众，了解村民与外来人员的需求。也有的村庄建立"说事长廊"、开通"书记一点通热线电话"等，鼓励全体居民主动表达意见。

三、典型案例分析

（一）广东 ZN 村

1. 基本情况

ZN 村位于广东省佛山市，面积 5.88 千米^2，下辖 15 个自然村 20 个村民小组。ZN 村有常住家庭 1 820 户，户籍人口 6 800 多人，党员 188 人，大小厂企 61 家，外来暂住人口 7 200 多人。2007 年以前，ZN 村是有名的"上访村""脏乱村"。在村"两委"班子带领下，经过 10 余年的奋斗，ZN 村实现了飞跃式发展，2019 年村集体经济收入达到了 1.15 亿元。村内劳动力充分就业，村民收入渠道拓宽，主要收入来源有集体分红、工资收入、经营收入等，村民年人均可支配收入超过 10 万元。目前，ZN 村已获得"全国乡村治理示范村""全国文明村""中国十佳小康村""全国民主法治示范村""2017 中国最美村镇社会责任奖""广东省文明村"等荣誉。

2. 主要做法与成效

（1）成立村级联合党委，引领基层治理创新　面向村域企业多、外来人口多、乡村治理难度大等情况，ZN 村进行了党组织结构创新。2015 年，ZN 村党支部与辖区内各企事业单位党组织及其他党组织联合成立了"ZN 联合党委"，2017 年又以村民小组为基础设立了 14 个党支部，先后制定了《ZN 村党委理论学习中心组规则》《ZN 村集体经济组织章程》《村民委员会自治法》等规章制度。在联合党委带领下，鼓励党员当好村"两委"的参谋和顾问，以良好的党风建设引领向善、向上、向好的民风。例如，启动群众接访工作，成立了直接联系群众工作队，由 60 岁以下党员或村民代表带队，每月深入走访村民小组不少于两次，在田间地头、祠堂、榕树下摆"圆桌"倾听民意，收集村民意见与建议，由专人汇总问题并及时予以处理，做到"事事搞明白，件件有回音"，以人为本，为村民提供最贴心的服务。

（2）以美丽乡村建设为契机，全面改善农村居住环境、拓展生态旅游产业　ZN 村把"绿水青山就是金山银山"的理念贯彻在具体行动中，追求绿色生态发展。编制了《ZN 村生态文明建设规划》，统筹布局村内的工业生产、农业种植、人居生活、公园湿地区域。全面开展美村行动，制定了 10 多部村规、300 多项管理规定，已完成全村河涌治污及两岸复绿工程、全村道路污水主干管网建设，建成高水平绿色主题公园 16 个、湿地公园 2.7 亩*，关停搬迁村内 22 家高污染企业和小作坊。同时，利用村内原有的鱼塘和农地，建立了类似于桑基鱼塘的生态循环农业模式，打造了多个各具特色的绿色生态休闲农庄。

（3）以"仁善文化"塑形铸魂，激发乡村治理新活力　近年来，ZN 村积极推动乡风文明建设，丰富村民精神文化生活，提升村民思想、文化和道德水平，形成良好的村庄社会风气。2016 年，制定了《ZN 村精神文明建设三年行动计划》，着力打造"仁善 ZN"文化品牌。至 2020 年，ZN 村共投入

---

* 亩为非法定计量单位，1 亩＝1/15 公顷，后同。——编者注。

3 000 多万元用于改造文化设施，建设了文化园、村图书馆、体育馆、党员活动室等文明传习平台，其中，文化园包括 ZN 村史馆、佛山好人馆、广府家训馆，占地面积约 5 公顷，生动展示了村史村情、好人好事、家风家训等内容。同时，开展了一系列常态化文化建设活动，包括元旦千人长跑、重阳节"仁善五好家庭""十大孝子""十大新 ZN 人"评选、孔子诞辰前诵读《ZN 赋》及 ZN 书院开笔礼、成人礼等，在全村营造了良好的文化氛围。

（4）重视村企关系和谐，补齐乡村外来人口公共服务短板　ZN 村在夯实村企关系、妥善管理外来人口、促进多元主体参与村务管理方面开展了多项创新实践。截至 2020 年 8 月，ZN 村辖区内共有 61 家企业，外来务工人员达 7 000 多人，土地和物业出租成为村集体主要收入来源。为了有效管理辖区内企业与外来人口，ZN 村进行了多种尝试与探索。例如，ZN 村为辖区企业员工购买"二次医保"，将公共文化体育设施向企业员工免费开放，组织企业员工和 ZN 村民一起开展文体活动，在辖区企业员工中评选"优秀新 ZN 人"，并以"谁投资，谁贡献大，谁优先"为原则，制定 ZN 幼儿园招生方案，为非户籍常住人口解决入托入学难问题，促使村庄和企业之间、户籍村民和外来务工人员之间建立友好关系。

3. 经验借鉴

（1）充分发挥党建引领作用　按照"抓党建、促村风"的原则，把推进党的建设放在创新基层治理格局中进行系统谋划。村党支部与辖区企业"两新"党组织成立联合党委，凝聚村干部、村民、企业、外来务工人员等多方力量。专门成立了党委理论学习中心组，每月至少开展一次集中学习，提升村"两委"成员、各党支部书记和村委会部门负责人的理论知识素养。充分发挥村干部和党员的先进模范带头作用，深入群众，了解村民的意见与需求，激励群众践行文明乡风行动，共同助推乡风文明发展。

（2）大力推进美丽乡村建设　积极参与各类乡村振兴建设项目。在总规划的指导下，持续开展农村人居环境整治，着力推动农村"厕所革命"、高水平绿色主题公园建设，加快补齐自来水到户、垃圾无害化处理、无害化卫生户厕等农村人居环境基础设施短板，提升农村整体风貌。加快村内生态环境问题治理，重点针对黑臭水体、河湖"四乱"问题进行了综合整治，关停污染超标企业，多措并举，建设美丽乡村。

（3）向外来人员提供无差别公共服务　在解决村庄外来人口治理难题中，树立了"没有外地人，都是一家人"的理念，以服务促治理，向辖区企业员工提供与本地村民无差别的文体服务、医疗教育保障等公共服务，企业员工可免费享受文化园、图书馆、体育馆等设施设备，使外来企业员工能够积极融入本村，配合村委会治理工作，形成外来人员与本地村民共同参与的全民乡村治理格局。

（二）浙江 SLJ 村

1. 基本情况

SLJ 村隶属浙江省宁波市，地处宁波市南郊 20 千米，村域面积 0.43 千米^2，耕地面积 225 亩。现有常住家庭总户数 213 户，常住人口 483 人。2019 年村集体经济收入为 634 万元，村民人均年收入为 3.55 万元。早在 20 世纪 90 年代初，SLJ 村就获得了联合国授予的"全球环境保护五百佳村"殊荣，后又相继被评为"全国绿化造林千佳村"及市、区"全面建设小康示范村"和"文明村"、2008 年区"四星级行政村"。2020 年 3 月，SLJ 村被浙江省乡村振兴领导小组办公室认定为 2019 年度浙江省"善治示范村"。

2. 主要做法与成效

（1）制定道德负面清单，推动以德治村，赋能乡风文明　针对村内的不道德行为和不文明现象，SLJ 村推出的村规民约明确规定了村庄居民行为标准，专门配套制定了村民道德负面清单，规定了农村封建迷信、薄养厚葬、攀比浪费、不讲诚信、诽谤造谣、打架斗殴、乱堆乱放等不道德现象及处置办法。通过不断实践完善，村民道德负面清单已列举了 20 项不道德现象，建立了严格的惩处机制。依托此机制，村民积极进行自我管理、自我教育、自我约束，以德治村体系得到不断完善与夯实。村级事务中的社会治理、环境卫生、公共基础设施、移风易俗等热难点问题得到了高度关注和有效处置。

（2）创新居住出租房屋管理，探索外来人口管理新模式　面对村庄外来人口多、出租房屋消防安全隐患严重等问题，SLJ 村探索形成了出租房屋"旅馆式"管理的新模式。由村委会主任担任"旅馆总经理"、在村委会设立"旅馆总台"、村干部任"总台经理"、房东为"服务员"。在"旅馆总台"处，设立人员身份查验和出租房屋中介点，配备专职服务人员、计算机和身份证读卡器等旅馆前台设备。"旅馆总台"能够及时向租户发布房源信息，租户可通过扫描房源信息二维码进行选房，选定后与房东一起在"旅馆总台"签订租赁合同、交付房卡。同时，"旅馆总台"承担对已入住租户的管理服务职能，负责在总台处张贴涵盖总台工作流程、房客义务、房东职责与网格员职责的规章制度，统一向租户发放"村规民约""村民道德负面清单"小册子、温馨提示卡，要求租户按要求遵守村庄管理规定。此外，在每间出租房屋门口张贴二维码，网格员可通过房管通 App 扫码，进行出租房屋和流动人口的信息登记与日常检查，达到"以房管人"的目的。

（3）鼓励村民积极参与村庄自治，形成"党员引领＋群众参与"的治理格局　SLJ 村非常重视党员队伍建设，将每月的 20 日确立为村庄组织生活日，面向全体党员，开展法治培训、普法学习和队伍建设。充分发挥党员引领作用，对村庄实行网格化管理，每名党员负责联系特定村民、摸清村民生活所需所急，并与村干部一起帮助村民解决实际困难。同时，村党支部开通了"书记一点通热线电话"，打通了村民与村党支部书记的直接联系渠道，村民可以随时电话联系村党支部书记。为了进一步鼓励村民参与乡村自治，SLJ村以"说事长廊"建设为抓手，创新了"村务听证"制度，鼓励所有村民在"说事长廊"畅所欲言，村干部定期参与，向村民宣讲政策、听取村民意见、帮助村民调解矛盾纠纷，有效打通了村"两委"班子联系群众、服务群众的"最后一百米"。调研数据显示，该村村民对参与村级事务监督或投诉的渠道满意度为 100％，其中 87.5％的村民表示非常满意。

3. 经验借鉴

（1）强化基层党组织管理，服务村民　始终坚持党的领导，注重发挥基层党组织的战斗堡垒作用和村党支部书记的"领头羊"作用。着力加强党员干部的学习教育，定期开展党员学习活动，提升党员干部的思想素质。同时，不断深化基层党组织与村民的联系，将村庄网格化管理的工作部署真正落小、落细、落实到每个党小组及每名党员，深入了解村民的意见与需求，解决村民面临的问题与困难，推动基层党组织由粗放式管理向精细化治理转变。

（2）推进乡村自治与德治机制创新　建立"道德负面清单""说事长廊"等机制，不断提升乡村自治与德治效果。在德治层面，负面清单的制定能够使村民的行为有规可依、自我约束，敦促村民逐步摒弃日常生活中的遗风陋习，积极引导村民养成文明健康的生活方式。在自治层面，"说事长廊"与村务听证制度的建立，激励了群众参与乡村自治的热情，做到事事让群众说、群众议、群众评，践行"以群管群""以外管外"的乡村自治方式。有效推动多元主体在乡村治理中共同发挥作用，促使加快形成乡村善治新局面。

（3）建立外来人员"旅馆式"管理模式 为了解决村内出租房管理不规范等问题，建立起面向外来人员的"旅馆式"管理。村委会统一将村庄内分散的居住出租房屋进行串联整合，建立规范化旅馆管理体系。在村委会设立的"旅馆总台"，一方面承担房屋中介职能，帮助发布房源信息，有效对接房东与租户的供需；另一方面也负责外来人员管理服务，通过配置专职人员队伍与旅馆式管理服务设备，统筹负责租户的身份核验、入住登记、离房注销，准确掌握流动人口信息，实现房东、租户、村委会三方共赢。

第二节 集聚提升类

一、本类村庄的特点

集聚提升类村庄是指现有规模较大的中心村和其他仍将存续的一般村庄，占乡村类型的大多数，是乡村振兴的重点。此类村庄主要有以下几个特点：一是常住人口多，由于集聚提升类村庄大多数为规模较大的中心村，相较于其他类型的村庄，常住人口相对较多；二是农林产业占比高，集聚提升类村庄产业是以农作物种植、畜牧养殖等传统第一产业为主，第二产业主要是一些技术含量较低的农副产品加工业，而旅游业等第三产业发展相对滞后；三是开发利用程度低，集聚提升类村庄作为绝大多数普通村庄的典型，主要拥有体现传统农耕文明的山、水、田、园、林、湾等自然资源，或在乡间流传或遗存的一些文化资源。由于资源缺乏特色、人才支撑不足等原因，开发利用普遍较少。

二、治理现代化主要实践

根据集聚提升类村庄的自身特点，其在乡村治理现代化方面的探索与实践主要包括以下几个方面：一是坚持党建引领，鼓励多元共治。党的十九大报告提出要加强农村基层基础工作，健全自治、法治、德治相结合的乡村治理体系，打造共建共治共享的社会治理格局。乡村治理主体结构不再是政府与农民互相作用的二元链状属性，而是包括政府、农村集体经济组织、新型经营主体与农民等权益主体在内的网状多元属性，因此，新时代的乡村治理工作应在明确党组织在基层各项工作核心领导地位的基础上，引导多元主体共同参与，形成乡村治理合力，实现共建共治共享。二是创新基层治理方式，解决机制问题。构建科学有效、运转顺畅的基层治理工作机制，健全村党组织领导下的自治、法治、德治相结合的乡村治理体系，落实村级重要事项由村党组织研究讨论机制，推进村监委实体化运作，规范村级重大事务"四议两公开"，巩固深化扫黑除恶专项斗争成果，完善软弱涣散基层党组织的持续整顿机制，加大网格党组织组建力度，促进治理的常态长效。三是乡村发展与乡村治理有机融合。推动"农业＋文创""农业＋旅游""农业＋互联网"跨界融合发展，培育壮大乡村新产业新业态，探索"投资公司＋集体经济组织＋第三方平台""合作社＋社会资本"等经济组织方式和利益联结机制，打通资金、资源、资本畅通循环的堵点，促进乡村发展和乡村治理良性互动、共同提升。

三、典型案例分析

（一）山西 CH 村

1. 基本情况

CH 村面积 27 千米^2，共有 81 户、173 名村民。东邻觉山寺，西接太白巍山，南连桃花溶洞，山清水秀，景色宜人。在 2013 年以前，CH 村经济收入以农业种植和外出务工为主，基础设施落后，村民生活贫困，农业生产靠天吃饭，农民人均纯收入不足 3 000 元。为改善村庄环境，提高农民收入，2013 年以来，CH 村立足自然生态资源优势，将有机农业作为经济转型的战略支柱产业，启动了有机农业园区建设，采取村企联建的方式，探索乡村治理与经济社会协调发展机制。该村引入山西金地矿业集团有限公司，流转 1 213 亩耕地，改造土地 700 亩，重点开展绿色种养，种植有机杂粮、蔬菜等 700 亩，养殖有机鸡 30 000 只，养殖有机羊 1 000 只。通过建立"有机农业＋生态旅游＋美丽乡村"模式，农村人居环境大幅改善，各项公共服务水平显著提升，农村居民生活质量持续提高。2019 年该村村民人均可支配收入达 18 000 元，全面实现脱贫致富。

2. 主要做法与成效

（1）实施宜居乡村建设行动，补齐农村基础设施短板　CH 村深入贯彻"绿水青山就是金山银山"的生态理念，以生态宜居为目标，全面推进农村环境整治和基础设施建设。积极实施垃圾治理、污水治理、"厕所革命"、村容村貌提升、清洁能源等专项行动。凭借有机农业综合开发项目，启动了生态旅游设施和新型农居建设。建有两层面积 130 米^2 的新型农居 60 套，作为村民安置房；铺设天然气管道 13 千米；建立污水和垃圾处理厂各 1 座；建设民俗博物馆（建筑面积 700 米^2、院落 3 000 米^2）1 座、传统庙宇 5 座，以及 700 米^2 的展示中心和 1 500 米^2 的接待中心；新建和整修田间路 10 千米、新架桥 10 座，农村人居环境显著改善。调研数据显示，该村 80% 以上的村民对于当地环保宣传教育、生活污水治理、垃圾集中处理、村容村貌整治等工作取得的效果表示比较满意或非常满意。

（2）开展"三位一体"考评积分，提升基层党组织活力和党建引领能力　CH 有机社区党总支，由村党支部和农业综合开发有限公司党支部联合成立，对村庄和企业统一领导。实行"村企双向任职"制度，企业负责人进党支部班子，村党支部委员进企业管理层，人员上相互兼职、工作上互为表里，建立起了以土地为利益纽带、责权利边界清晰的利益共同体，使农村党组织设置与生产力发展有机对接，形成以企带村、以村促企、互利共赢的基层党建新格局，探索出一条村企联建的基层党建新模式。调查结果显示，CH 村的村级重大事项、重大问题决策均做到了"四议两公开"，村级事务、村级财务和村级党务及时公开。调研显示，村民对党员组织群众、宣传群众、凝聚群众、服务群众整体满意，选择"比较满意"和"非常满意"的占比为 76.2%，对村"两委"信任度高，选择"比较信任"和"非常信任"的占比超过 95%，基层党组织的工作得到了村民的普遍认可。

（3）探索乡村治理与经济社会协调发展机制，村企联建激发农村发展活力　产业兴旺是乡村振兴的基础，也是推进经济建设的首要任务。CH 村采取"资源全流转、村民全入社、三资全入股、收益全保障"的模式，积极实施"村社一体化"产权制度改革，村委会组织成立全体村民参加的道自然有机农业专业合作社，将村民承包的耕地、林地、四荒地及整个区域内的山川、河流、峡谷等全部入股合作社，合作社再将经营权流转给山西金地矿业集团有限公司，由山西金地矿业集团有限公司负责统一规划，打造有机农业和乡村旅游产业，建立起以土地为利益纽带、责权利边界清晰的利益共同体。村民可获得土地流转、劳务、旅游服务和公司盈余分红等四项收入，人均年收入由 2013 年以前的 2 300 元提高到 2019 年的 1.8 万元。在发展产业的同时，开展道路桥梁、安置房、天然气管道、污水处理中心等基础设施，以及旅游接待中心、有机餐厅、水利设施等公共服务设施建设。村民不仅可以获得丰厚的经济收益，乡村人居环境也得到了极大改善，提高了农村居民生活质量，村民获得感、幸福感大幅增强。

3. 经验借鉴

（1）坚持党建引领　积极开展农村基层党组织"争旗提档"活动，推行农村党组织书记"四诺四评"制度，开展农村共产党员家庭户星级评定工作，不断提升基层党组织和党员干部队伍履职和服务群众的能力，在爱心超市建设、村企联建过程中，充分发挥党组织的领导作用。依托村企党总支联建，由党组织统揽社会经济发展，助推村企共同发展。一方面，村党支部切实发挥组织、教育、发动群众的政治优势，建立完善"三会一课"、支部主题党日、党员联系群众等党建制度，每半个月召开一次党员大会，组织党员学习，激励党员不忘初心、牢记使命；另一方面，企业党组织积极谋划农村建设和发展，实施现代新型社区工程，有效整合村企资源，助推乡村振兴。

（2）注重发挥村民的主体地位　建设"爱心超市"，积极开展脱贫标兵、致富能手等先进典型评比活动，引导群众积极参与卫生保洁、公益事业、护林防火等集体事务。通过辛勤劳动和弘扬中华传统美德等方式，获取"爱心积分"，用积分兑换实物，将各类村级事务和村民行为量化，推动乡村治理由"村里事"变"大家事"，将"要我参与"变成"我要参与"，构建"积分改变习惯、勤劳改变生活，环境提振精气神、全民共建好乡村"的良好氛围。农民群众在乡村治理中的主人翁意识不断提升，充分调动农民参与治理的积极性、主动性、创造性。

（3）创新社会资本进入渠道　坚持试点先行，引导企业与村集体开展村企合作，探索工商资本参与美丽乡村建设，探索村企双赢的新路径，扩大投资额度。及时总结建设经验，积极引入各类企业参与本地区的社区和田园综合体建设。

（二）浙江WS村

1. 基本情况

WS村村域面积5.61千米^2。村庄主导产业是休闲农业，2019年实现村级集体经济收入513万元，农民人均纯收入达5.02万元。村庄家庭户数为475户，常住人口数为1 605人，其中劳动力数量700人，60岁及以上老人435人。经过多年努力，WS村现已发展成为集品质人居、乡村度假、生态观光、休闲体验于一体的乡村振兴标杆村，先后获得"全国先进基层党组织""全国民主法治示范村""乡村文明家园""美丽乡村示范村""全国乡村治理示范村"等荣誉称号。

2. 主要做法与成效

（1）提升乡村智治水平　一是试点开展数字乡村可视化平台建设。将村庄垃圾分类、智能灯杆、人口分析、交通出行等12个数据接口连入城市大脑，对接"一室四平台"系统，实时感知全域5.61千米^{2}生产、生活、生态"三生同步"动态详情，形成三维实景图，搭建以便民服务、游客咨询、基层治理、创意致富为主要内容的数字平台。二是打造5G村级示范先行体验区。以村内5G基站塔为支撑，为村内无人驾驶、智能农业、物联网等技术提供5G信号网络，投入使用了一批5G无人驾驶乡村微公交车，建成了一条智能网联无人驾驶示范道路，为村民和游客提供自动驾驶及远程驾驶的超感体验，打造全省首个5G智慧出行未来乡村示范点。三是创设智慧共享卫生服务室。创新打造"医养结合、主客共享"的新型幸福邻里中心，提升改造卫生室、居家养老照料中心，增添了一批智能化自助医疗检测设备，向村民、游客免费开放，建立健康数据库，提供"一人一册"的电子健康档案，结合"家庭医生"服务，为数据库中健康状况"亮红灯"的村民提供上门医疗服务。

（2）以三治融合为基准点　一是激发自治内生动力，率先启动生态绿币机制示范点建设，结合阜溪"幸福生活、美好家园"月月评活动，整合垃圾分类、美丽庭院、文明乡风、文明经营等内容，开展月度评比、积分奖励、实物兑换，评选"放心商店""放心餐饮店""放心民宿"，并纳入"绿色联盟"示范单位。创立"德清嫂"春风化雨工作室，调动村民主妇自发参与志愿服务、矛盾调解、文化下乡等活动，打造 WS 幸福驿站，以"幸福阜溪公益基金"为依托，开展养老帮扶、助学创业、精准扶贫等爱心公益事业。二是厚植德治文明新风，制定村规民约"三字经"，开展"十年百佳"、文明"四家"等评选活动，发挥先锋模范人物示范引领作用。在全国人大代表、WS 村党总支书记带领下，大力开展道德模范、时代楷模、最美人物等宣传活动。三是筑牢法治后盾防线，WS 村大力推进法治阵地建设，打造了一支法律顾问团队，成立法官工作室，开展"家园卫士"工程，提供法律咨询固定坐诊、流动巡诊、e 服务微诊"三诊坐堂"，把脉基层社会治理，把矛盾纠纷化解在萌芽阶段。2020 年上半年，共处置应急突发事项 15 次，法律援助指引 100 余次，矛盾纠纷调解 30 起，纠纷化解率为 100%。

（3）以基层党建为立足点　一是编好一张红色网。WS 村将基层党支部建在网格上，创新打造红色"网格支部"，形成"党建＋网格"新模式。每月围绕垃圾分类、文明城市创建、平安创建、治水护水等内容，开展志愿服务、宣传指导、收集民意、解决实际困难等多种形式的网格主题党日活动。2020 年，该村开展入户走访 80 余次，解决各类问题 40 余个，收集意见、建议 60 余条。二是铺好一条研学路。释放"不忘初心"红色张力，提升改造党群服务中心、WS 公园、生态文化教育馆等一批党建阵地，"串点联线"形成红色研学参观路线，打造"乡村振兴初心地"旅游品牌，在干部主题教育教室集中展示"WS 宪法"、乡村土地流转、城乡一体化改革等 WS 历史与改革成就，争创全省基层党员团建示范点。三是锻造一支先锋队。发挥 WS 村作为"全国先进基层党组织"红色基因优势，结合每月 25 日主题党日活动，实行以"述、提、议、定、评"为主要内容的党员参政议政"五步工作法"，执行村干部能力素质联考、作风评议会考、实绩街道统考、满意度年末终考的"一年四考"制度，推行村民小组长百分考核制，规范村民党员干部参与村务工作。

3. 经验借鉴

（1）积极打造乡村数字化治理平台　WS 村紧抓地理信息小镇建设机遇，依托良好的信息基础设施与信息产业，率先建设"数字乡村一张图"、数字生活服务平台等大数据治理平台。在数据采集方面，通过应用北斗定位、遥感影像、三维实景地图等地理信息技术，并结合多个政府部门数据资源，形成村庄数据地图，在村庄布设视频监控、污水监测、智能垃圾桶等智能化感知设备，实时获取村庄各类数据资源；在数据分析决策方面，利用大数据技术对数据资源进行精准分析、移动管理，并结合村民手机终端，实时处置村内紧急情况、基础设施故障等问题，提升村民在医疗、养老、垃圾分类等"最后一公里"便民服务获取实效，显著提升乡村管理服务效能。

（2）构建完备的乡村治理组织体系　为了不断提升乡村治理保障水平，协调推进政治、自治、法治、德治、智治"五治一体"的乡村治理现代化体系，WS村明确了"支部带村、发展强村、民主管村、依法治村、道德润村、生态美村、平安护村、清廉正村"的工作总基调，在此基调指引下，各级相关职能部门密切配合、协同推进，形成了完备的政府乡村治理组织体系。重视乡村基层干部队伍建设，坚持以党建为引领，全力实施"支部带村"，根据"双创双全"组织力提升工程、基层组织力提升"十看"攻坚行动，制定提升方案、落实月督季考，通过述职评议、现场考察、日常了解等方式，为每名村社干部打分排名，并根据排名实施奖惩。

（3）不断推进乡村治理机制创新　在自治层面，成立了全国第一个"乡贤参事会"，并发布了《乡贤参事会建设和运行规范》的地方标准；在法治层面，调动村社党员、网格员、平安志愿者等各类社会力量，组建平安家园卫队；在德治层面，制定并组建了乡村文明节俭办理婚（丧）事标准与监督队，在全国首创"公民道德教育馆"，创新推行"百姓设奖奖百姓"等草根道德奖；在环境治理层面，统筹推动美丽乡村、精致小村、五水共治、垃圾分类等工程建设，积极利用无人机等新技术排查环境脏差点、薄弱点。

第三节　特色保护类

一、本类村庄的特点

特色保护类村庄主要为历史文化名村、传统村落、少数民族特色村寨、特色景观旅游民村等自然历史文化特色资源丰富的乡村。此类村庄具有以下特点：一是村庄生态环境优美，特色保护类村庄多为古村落，自然风光秀丽；二是特色旅游资源丰富，特色保护类村庄一般文化特色鲜明、自然风貌与地形特征明显、空间特色显著；三是政府支持力度较大、后发优势明显，近年来，我国对特色保护类村庄各项支持力度逐年加大，通过党建引领、阵地凝聚、公共服务、公共文化信息化等举措，我国特色保护类村庄发展向好，后发优势非常明显。

二、治理现代化主要实践

特色保护类村庄的治理现代化实践主要集中在党建引领、乡风文明建设、生态保护、公共服务现代化等方面。一是党建引领乡村治理现代化。特色保护类村庄从强化党组织堡垒作用开始，通过成立基层治理办公室，统筹基层治理工作，推动村党支部书记、主任"一肩挑"和"两委"班子成员交叉任职等，促使党建引领经济社会全过程发展。二是将生态保护放在治理领域重中之重。对于特色保护类村庄，生态保护占据十分重要的地位。坚持生态为本，积极将生态资源转化为产业优势，通过发挥生态经济价值，引导特色保护类村庄构建一二三产融合的产业布局，实现生态保护、乡村治理与产业发展的有机融合。三是重视乡风文明建设。通过实施"文明四风""感恩情怀培育""三恩教育"（全民感恩党、感恩祖国、感恩手足之情）等工程，不断提高乡村社会的文明程度，营造良好的人文环境。四是着力提升公共服务可及性。特色保护类村庄要充分考虑教育医疗、便民服务等民生短板问题，将信息技术与公共服务进行深度融合，通过"互联网＋政务服务"将服务范围向农村地区延伸，搭建教育信息化综合服务平台，建立县级移动诊疗服务中心，加快城乡基本公共服务标准化体系建设，打通为群众服务的"最后一公里"。

三、典型案例分析

（一）广东 XJ 村（客家文化）

1. 基本情况

广东省惠州市 XJ 村辖区面积 3.5 千米^2，其中耕地面积 1 200 多亩，辖区内设 16 个村民小组，全村总人口 2 500 多人，2020 年村集体经济收入 100 万元，村民年均收入 1.8 万元。村内设施完备，共建有 1 个党群服务中心、1 座卫生站、1 所小学、1 所幼儿园、4 个小组文化室、5 个村级小公园、4 个篮球场。该村获评"全国乡村治理示范村""全国民主法治示范村""广东省美丽乡村示范村""广东省传统古村落""广东省卫生村""广东省宜居示范村庄"

"惠州市生态示范村""惠州市平安建设工作先进单位"等荣誉。

2. 主要做法与成效

（1）强化民主监督，深化村庄"三务"公开　一是严格依照"广东省农村（地区）党务村（居）务公开栏指导模板样式"规定的建设标准，升级改造了村居公开栏，建成玻璃橱窗固定式公开栏，确保整体设置规范、版面设计统一；二是村务公开形式多样，采用公务栏、意见箱、广播、闭路电视、掌上村务等形式进行信息公布；三是借助信息化手段开展村级台账电子化建设，将村务由单向公开升级为双向公开，使阳光政务直接连通到群众家里，打通政务服务"最后一米"。

（2）加快公共法律服务精准化，创新法律服务机制　XJ村作为公共法律服务建设试点村，建立"律师＋社工"联动服务机制，每个站点安排社工专门对接"一村一法律顾问"工作。每季度召开一次"法律顾问＋村＋社工"联动会议，促进法律服务深入基层，切实解决法律服务"最后一公里"问题，确保群众法律需求精准化。此外，XJ村与其他30个试点村联动开展了《中华人民共和国民法典》《中华人民共和国社区矫正法》系列法制讲座。

（3）创新体制机制，盘活社会资源　一是在《关于推进社区、社会组织和社会工作专业人才"三社联动"的实施意见》指导下，建成农村社区"三社联动"服务站，每个服务站配备2名社工；二是依托"三社联动"平台，形成由村民委员会、社区社会组织、骨干居民、社区志愿者等组成的社区专案小组，以人居环境改善为突破点，建立小组议事机制，共同探讨村庄人居环境改善问题，制定行动方案；三是关心社区弱势群体，实行"精准服务"。通过调研走访，全面掌握村内低五保户、孤寡老人、贫困家庭、残障人士等群体信息，进行一对一登记入册，开展针对性服务，目前XJ村"三社联动"服务站登记建册人数为86人。

3. 经验借鉴

（1）强化基层党组织力量　积极发挥基层组织力量，将群众工作覆盖到乡村文化、经济、社会等各方面，通过尊重群众意见，回复群众疑问，项目公开、村务公开，正向舆论引导，调动群众的主动性，有力化解民族地区矛盾纠纷。同时，通过将干部与群众"划网定格"，将各级干部与片区、村、户进行一一对应，解决了"谁来治理"的问题。

（2）全面践行"三治融合" 推行"一村一法律顾问"好做法，强化农村法治。村法律顾问为村民提供法律服务，指导村委会相关合同签订，定期开展法律知识讲解和宣传活动。通过法律顾问及时化解村民矛盾纠纷，进一步改善了农村治安环境。

（3）夯实乡村干部队伍建设 抓实村民小组干部管理，村民小组干部逐一"过筛子"，完成村民小组长储备工作，同时结合村中实际，深挖符合"两委"干部标准的后备人才，坚持高标准严要求选人用人，在立足"本土人才"的基础上，明确年轻化优先、高学历优先、党员优先标准，拓宽选人渠道，探索建立村民小组长储备人才库。

（二）四川LH村（羌族少数民族村落）

1. 基本情况

LH村距离镇政府3千米，全村辖3个村民小组，常住家庭户257户，常住人口1 018人，羌族人口占总人口的98％，是典型的少数民族聚居村。全村总耕地面积227亩，另有林地、自留地、自留山等近500亩。该村紧抓乡村振兴机遇，以党员创业行动、阵地凝聚行动、发展富民行动和文化提升行动"四大行动"为载体，创新运用"种植＋农家乐旅游＋羌绣＋劳务"的模式促进发展。调查数据显示，2018年全村劳务收入在50万元以上，2019年集体经济收入7.25万元，人均可支配收入达13 886元。

2. 主要做法与成效

（1）全面推进乡村法治建设 LH村一方面定期开展法律讲座，以案说法提升村民法律意识；另一方面推行"一村一政法干警"新制度，建立起以"法律援助中心—法律援助工作站—法律援助工作联络点"三级援助网络体系为主的"1小时"法律服务圈。调研数据显示，80％以上村民对当地法律执行公正及法律服务获得及时性表示"非常满意"或"比较满意"。

（2）公共文化服务与产业结合，促进乡村治理现代化高速发展 一是以文化为魂，促进基层意识形态建设。目前LH村建设了多个标准文化站和文化室，配备了文化设备设施，建成老、中、青文化队伍，在每年正月初一到初八开展大型联欢晚会，以歌曲、舞蹈、相声等形式宣传脱贫攻坚、感恩情怀、抗疫防汛等优秀事迹。二是将优秀传统文化传承与产业发展相融合，实现乡村振兴。例如，LH 村一组东门寨利用灾后重建政策，完善村内基础设施和羌族风貌，深入挖掘羌族传统文化，推动文旅结合，目前 2/3 的村民从事与羌族文化旅游相关的行业。

（3）创新网格化治理，建立四级联动机制　按照自然村布局情况、亲属邻里关系远近等标准，将 10～20 户划分为一个网格，由村党员干部担任组长，重点围绕乡村事务、地灾防治、脱贫攻坚、乡村振兴等方面，做深做细网格化管理，按网格落实"文明联创、卫生联洁、治安联防、应急联动、困难联帮、致富联带"任务。目前，LH 村的 3 个村小组共设置了 14 个网格，并将农户划分为若干互助网格，由推选出的网格长组织网格内村民参与乡村自治，根据调研结果，村民对网格化管理公正性的满意度达到 90％以上。

3. 经验借鉴

（1）强化产业为基，发展壮大乡村集体经济　通过采用"社会资本＋乡村产业""村级建制调整""文旅结合""品牌培育"等方式，对乡村资源进行有机整合，推动产业有序开发，不断发展壮大集体经济，并引入社会资本进驻乡村文旅与康养产业，可形成产业布局优化、业态建设创新的态势。

（2）坚持生态为本，生态保护助推乡村产业发展　将生态保护放在重要地位，通过保护生态促进康养旅游产业发展，将大健康理念贯穿于基层治理全过程，将生态资源积极转化为产业优势，建成以旅游（康养）、乡村民宿为主导的乡村产业体系，有力夯实民族地区乡村产业之基。

（3）注重资源整合，提升基本公共服务可及性　充分考虑关乎民生福祉的产业发展、教育医疗、便民服务等短板问题，整合规划建设、项目投入、社会保障、公共服务、环境整治、安全管理等资源，重构村庄公共服务体系，提升村民基本公共服务的可及性。

第四节　搬迁撤并类

一、本类村庄的特点

搬迁撤并类村庄是指位于生存条件恶劣、生态环境脆弱、自然灾害频发等地区，或因重大项目建设需要搬迁，以及人口流失特别严重的村庄，通过易地扶贫搬迁、生态宜居搬迁、农村集聚发展搬迁等方式，实施村庄搬迁撤并，统筹解决村民生计、生态保护等问题。搬迁撤并类村庄有如下具体特点：一是村庄生态环境脆弱，发生生态破坏频次高、系统恢复力和抵抗力较差；二是村庄频发自然灾害，严重威胁农民的财产和人身安全，存在严重的安全隐患；三是村庄因重大项目建设需要搬迁，比如因建设军事项目，纳入活水源或纳入历史保护区等；四是村庄人口流失特别严重，甚至因为人口大规模迁移，造成村庄空心化，使村庄丧失基本发展建设条件。

二、治理现代化主要实践

搬迁撤并类村庄面临村民情感基础薄弱、文化认同度低、村集体经济基础薄弱、村组织涣散等问题，因此搬迁撤并村的治理需求更加迫切，治理内容更加复杂。目前搬迁撤并类村庄的治理实践主要包括 4 个方面：一是夯实村庄党员干部基础，增强治理能力。加强村级班子和党员队伍建设，促进班子团结，强化村级班子考核，问责不担当的村干部，严肃整顿软弱涣散的党组织，提升农村党员的群众工作本领，增强村党组织的组织力、凝聚力、感召力，支持农村党员在家门口搞创业，带动村民共同致富。二是加强合并村的经济融合与文化融合。在村集体经济方面，立足村域的实际情况，整合全村的资源，科学谋划、精准施策，走全体村民共同受益的产业发展之路。在村庄文化建设方面，尊重各村原有的文化基础，以丰富的群众文化生活推动村内融合，提升村民归属感。三是以保障制度的有效供给推进乡村治理制度化建设。制定符合村庄发展的规章制度，加强对村内人事、财务、资源等相关制度的建立，确保人、财、物衔接通畅、保障有力、科学规范；其次是强化制度落实，村干部和党员要带头遵守制度，对于违反村级管理制度的干部、群众，进行公平公正处理，一视同仁。四是完善公共服务，为居民生活提供便利。保障乡村的医疗、环境、卫生、教育等环节的公共服务供给，提升村民幸福感、获得感，让村民过上好日子。

三、典型案例分析

（一）宁夏 LY 村

1. 基本情况

LY 村位于宁夏回族自治区，成立于 2018 年，由农垦集团"十一五""十二五"期间易地扶贫搬迁的村民迁移组成。目前村庄家庭 488 户，常住人口 2 141 人。2019 年村庄集体经济经营收入 10.8 万元，村民人均可支配收入 8 070 元。LY 村共有土地 2 948 亩，主要以有机蔬菜种植、梅花鹿特色养殖及劳务输出为主导产业。村庄现有劳动力 1 040 人，其中外出打工就业人数占劳动力总量的比重达到 86.25%。在基层党组织建设方面，LY 村现有村"两委"班子成员 7 人（其中，初中学历 3 人、高中/中专/技校 3 人、大专/本科 1 人），驻村第一书记 1 人，驻村工作队 3 人，网格员 3 人，党员 33 人。2018 年以来，LY 村对 337 户移民住房进行了围墙改造，新建了厨房和厕所，对庄点路面进行了室外硬化和院内铺砖，统一规划了灌排系统，改造了老庄点自来水系统，给村庄通上了乡村公交车，配齐了文化器材、学习用品，陆续建立了文化中心、红白理事会、道德评议会、志愿者服务组织、妇联等组织，乡村治理水平得到迅速提升。2019 年，LY 村被评为"全国乡村治理示范村"。

2. 主要做法与成效

（1）强化党建引领，优化村"两委"班子 "火车快不快，全靠车头带"，LY 村的发展深刻体现了这一理念。LY 村第一书记是银川市水务局选派的驻村干部，该书记充分发挥了派驻单位的优势，统一规划灌排系统，解决了村里排水不畅的问题，积极申请项目资金，改造了老庄点自来水系统，建设了扬水站，解决了群众的吃水难题。目前 LY 村的"两委"班子人员年龄主要集中在 30～59 岁，受教育程度高于全国平均水平，党员达到 143 人。根据调研数据，LY 村村民对村"两委"的信任程度达到 90%。

（2）加强公共服务设施建设，提升乡村公共服务水平 2019 年，LY 村建立了配备民生服务大厅、图书阅览室、活动室等功能室的党群活动中心，设立了村卫生室，配有专业医护人员、常备药品和基本医疗器械。建立的超市专门为村民服务，可提供日常生活用品、农资、代缴电费、代缴话费、收发快递等服务；建立的扶贫手工车间，能够满足有刺绣、绘画、书法等民间手艺绝技的群众进行纯手工工艺制作，传承民间技艺，增加收入；建立的文化娱乐广场和体育活动广场，配置有大舞台，能够满足各类演出活动、观看电影、跳广场舞等场地需求，以及村民的健身需求。

（3）探索"土地流转＋社会资本"，发展乡村特色产业 LY 村"两委"通过招商引资利好政策，引进了宁夏绿香村农业发展有限公司和宁夏茸源养殖发展有限公司，在村内建设了 2 000 余亩有机蔬菜扶贫产业园和 300 亩梅花鹿扶贫产业园，提升村民经济收益，实现"造血式"扶贫。其中，有机蔬菜扶贫产业园种植的 837 亩线椒销往粤港澳大湾区等地区，一方面为村民带来 700 元/（亩·年）的土地流转收入，另一方面为村民提供了多个稳定务工岗位。2019 年，有机蔬菜扶贫产业园解决了 LY 村及周边 300 余人的就业问题，累计发放劳务费 328 万元；梅花鹿扶贫产业园为 148 户建档立卡户，通过创新梅花鹿养殖托管模式，实现了每户每年获得分红收益 1 500 元。同时，动员部分村干部、致富带头人发挥示范带动作用，探索总结出了梅花鹿"企业保底＋农户自养"模式，引导农户逐步融入扶贫产业发展。

（4）打造环境治理的网格化管理模式　LY 村通过"义务巷长制"，深入开展"收拾屋子、打扫院子、整治村子"行动，鼓励"小菜园""小果园""小花园"农户庭院种植，全力推进"厕所革命"，严格落实环境卫生综合整治"红黑榜"、笑脸积分公示牌制度，加快实施美丽村庄建设项目，探索实施农村垃圾分类，规划栽植观景大道宽幅林带，有效促进了农村环境整治向纵深发展。

（5）积极引入社会力量，推动平安法治乡村建设　LY 村建立了以"红马甲志愿者"为主体的社会治安管理网格。通过成立由公益性岗位成员、志愿者共同组成的"红马甲"巡查队，划分巡防片区，以村干部为领队，采用经常性、不定期值夜方式进行巡查，在实现治安防范的基础上，还能够随时对生态管控、森林防火、防汛减灾等情况进行监管调度。结合调研结果来看，90％的村民对村庄安全管理表示满意。

（6）创建以"爱心积分超市"为代表的乡村治理新模式　LY 村依托贺兰县与中国电信创建的"爱心积分超市"，将积分制管理与村民习惯养成、移风易俗等相结合，以农户为基本积分单位，实行积分换实物，建立明细到户的积分管理台账和积分管理卡，旨在以积分奖励提高村民参与农村环境整治的积极性，带动乡村文明建设。LY 村作为"爱心积分超市"示范村，通过"爱心积分超市"实行"以表现换积分，以积分换物品"的正向激励模式，引导村民将文明行动常态化。

3. 经验借鉴

（1）多渠道抽调人才，优化乡村治理团队　针对基层组织存在的软弱涣散，"兼职化"严重，创造力、凝聚力、战斗力不足等问题，通过创新基层组织建设模式，引入了一批专业领域管理人才作为驻村第一书记与驻村工作队员，并从村里推选出一批种植养殖能手或致富带头人，组建一支具有多元优势的乡村治理团队。同时，通过村党组织书记帮带、鼓励参与村级事务管理等形式，进一步加强村级后备干部队伍的培育，为乡村治理现代化提供可持续的人才储备。

（2）完善基础设施建设，打造一站式便民服务　针对乡村基本公共服务供给总量不足、供给效率低下、供给质量失衡等问题，可根据居民实际需求，不断提升乡村医疗卫生、文化教育、社会保障等方面的公共服务基础设施建设水平，保障村民基本生活质量。通过建立乡村公共交通道路，打造健全的乡村医疗体系、中小学教育体系，建设文体活动场所、村级综合服务中心等，并结合现代信息技术，建设综合便民服务平台，实现政务"一窗受理"式服务。

（3）创新乡村治理模式，提升村民参与治理的积极性　针对村民参与乡村治理不积极、乡村治理水平较低等问题，可积极尝试新型乡村治理模式，提升村民参与积极性。通过将村民中的能人选进村委会班子、让村民参与制定村规民约、选取"巷长"对乡村环境进行监督管理、引入志愿者团队参与社会治安管理、组织村民开展丰富多彩的文化教育活动等措施，有效提升村民参与乡村治理的积极性，真正做到"取之于民，服务于民"。

（二）四川 ZG 村

1. 基本情况

ZG 村位于四川省阿坝州，村委会驻地距离镇政府 12 千米，距离都江堰城区半小时车程。全村共有 205 户农户，常住人口 614 人。ZG 村产业发展以"康养＋民宿＋旅游＋农业"为主，其中有规模的农家乐 20 户，年接待游客 4 000 多人次。2019 年，全村集体经济收入 15 万元，人均可支配收入 2.1 万元。2020 年，ZG 村被评为"中国美丽休闲乡村""乡村振兴试点村"。

2. 主要做法与成效

（1）学习新时代"枫桥经验"，全面推进依法治村　一是推动主干道治安监控摄像头全覆盖。60％以上村民在村庄安全感评价中认为"非常安全"。二是健全乡村矛盾纠纷化解机制。ZG村建立了人民调解工作室，开展以村干部、村组网格员、人民调解员为重点的"法治带头人"行动，各类矛盾纠纷、信访案件化解率达95%以上。三是推进法律进村全覆盖。结合道德讲堂、农民夜校、主题宣传月（日）活动深入开展法治进乡村巡讲，全面推进法律进村工程，该工程的目标是每个镇建立一支普法小分队，每个村制定一部村规民约、配备一名法律顾问、建设一个法制宣传栏和图书馆，每个村民小组培养一名法律明白人，每户发放一张法律服务联系卡。根据调查结果，85.72%的村民对法治宣传表示满意。

（2）以德治滋养治理体系，共筑农民美好精神家园　一是树立"正能量"。ZG村每个季度均开展"向善和美家庭""文明家庭""卫生健康家庭"评选，对于获得荣誉称号者给予300～500元不等的奖励。调查数据显示，95%以上村民对本村社会风气评价为"好"和"非常好"。二是丰富精神文化生活。ZG村建有一支老、中、青相结合的文化队伍，定期以歌曲、舞蹈、相声等多种形式进行脱贫攻坚、感恩情怀、抗疫、防汛等优秀事迹的宣传。三是深入推进移风易俗。ZG村将"喜事新办、丧事简办、厚养薄葬"等内容写进村规民约。例如，村规民约规定"份子钱"不得超过50元。同时，将村民遵守村规民约情况作为村集体分红的重要依据，歪风陋习情况得到大大改善。

（3）突出治理主体多元化，构建共建共治共享格局　ZG村的乡村"共治"实践主要体现在借助社会各方面力量，共同开展乡村灾害防治、行政村资源整合与集体经济开发、贫困治理、环境治理等，尤其在灾害防治方面已形成共治大格局，村级建制调整改革更凸显了共治的理念。例如，ZG村通过将STP村与HTP村合并，打破行政区划界限，整合了两地生态资源，在全县率先与都江堰龙池镇签订区域协作框架协议，引入社会资本，联合推动生态康养产业发展。

（4）发挥村民自治作用，将"由民做主"落到实处　ZG村建立了完善的村民理事会和监事会，通过党建引领带动老百姓壮大村集体经济、增收致富，推动治理理念由"为民做主"到"由民做主"的转变。数据显示，ZG村80%以上村民对村庄重大事务决策民主化表示"满意"或"非常满意"，95%村民对于参与村级事务监督或投诉的渠道表示满意。另外，积极推动自治与法治的有机结合，印发了《关于进一步规范村务公开的工作通知》，规范了村务公开的程序、内容、时间和形式，同时对村规民约进行动态修订。

3. 经验借鉴

（1）强化产业为基，发展壮大乡村集体经济 引入社会资本发展壮大乡村文旅与康养产业，形成产业布局优化、资源合理利用、业态建设创新的新产业态势。不断壮大和良性发展的村集体经济，提高了村民的收入水平，保障了村级事务顺利开展，村民生活水平、村庄宜居宜业水平得到了进一步的改善。

（2）实行高效的村级自治，提升乡村治理水平 创新推行以基层党组织为核心的法治、德治、自治相融互动机制，村基层党组织实行了"民主提事、民主决事、民主理事、民主监事"，村庄建立了完善的村民理事会、村民监事会，通过党建引领发展壮大村集体经济、带动老百姓增收致富，推动治理理念由"为民做主"到"由民做主"的转变。

（3）多元共治结合，提升村庄治理成效 搬迁撤并类村庄面临的治理问题多，单纯某一种治理形式难以解决全部的问题，只有坚持多元方式共治，才能形成良好的治理格局。以摄像头监控、普法教育、法治机制建设形成良好的法治基础；通过搭建队伍、举办活动和树立村规民约形成良好的德治体系；通过发挥各类治理主体的作用，实现对村内各类疑难问题的有效治理。

第五节　经验借鉴

一、坚持"党建引领"，加强基层党组织建设

党的十九届四中全会提出要加强党对"三农"工作的全面领导，切实把党领导的政治优势转化为加快农业农村发展的实际成效，以高质量党建引领乡村治理。夯实基层党组织在乡村治理中的领导核心作用，不断增强各级党组织的政治功能和组织力，推动乡村治理体系和治理能力现代化水平不断提升。纵观国内乡村治理典型实践，均将坚持党建引领、加强基层党组织建设作为乡村治理的重要举措，如 SLJ 村积极开展党员法治培训、普法学习和党员队伍建设，通过发挥党员引领作用，在村庄进行网格化管理；CH 村积极开展农村基层党组织"争旗提档"活动，推行农村党组织书记"四诺四评"制

度；WS 村将基层党支部建在网格上，创新打造红色"网格支部"，形成"党建＋网格"新模式。

二、努力构建"三治融合"的乡村治理体系

党的十九大报告中明确提出要构建"三治融合"的乡村治理体系，《关于加强和改进乡村治理的指导意见》中也提出，到 2035 年要实现"党组织领导的自治、法治、德治相结合的乡村治理体系更加完善"这一目标，在保证党的全面领导基础上，通过自治增活力、法治强保障、德治扬正气，努力推进"三治融合"乡村治理体系构建，集聚力量、凝聚人心，营造共建共治共享局面。围绕"三治融合"开展了广泛实践，为不断提升乡村治理保障水平，协调推进政治、自治、法治、德治、智治"五治一体"的乡村治理现代化体系；通过"道德负面清单""说事长廊"等机制创新，不断提升乡村自治与德治效果；积极推动乡风文明建设，不断丰富村民精神文化生活，提升村民思想、文化、道德水平，以"仁善文化"塑形铸魂，激发乡村治理新活力。

三、重视现代信息技术的应用

现代信息技术的应用是实现乡村治理现代化的重要手段，《数字乡村发展战略纲要》明确提出要着力发挥信息化在推进乡村治理体系和治理能力现代化中的基础支撑作用，繁荣发展乡村网络文化，构建乡村数字治理新体系。近年来，信息技术在乡村治理领域的应用日趋广泛，对提升乡村治理效率、合理配置社会资源、实现乡村振兴提供了有力支撑。例如，WS 村紧抓地理信息小镇建设机遇，依托良好的信息基础设施与信息产业，积极打造乡村数字化治理平台，率先进行"数字乡村一张图"、数字生活服务平台等大数据治理平台建设。

四、鼓励社会力量参与

鼓励各类资金、资源、项目流入乡村，支持乡村企业、社会组织、社会精英、企业家、致富带头人等不断扎根乡村，为乡村治理提供新思路、新力量，逐渐构建起多元主体参与、开放包容、协同共享的乡村治理新格局。例

如，CH 村以有机社区为试点，与山西金地矿业集团有限公司开展村企合作，探索工商资本参与美丽乡村建设、实现村企双赢的新路径；LY 村积极引入社会力量，推动平安法治乡村建设，建立以"红马甲志愿者"为主体的社会治安管理网格，划分巡防片区经常性、不定期值夜巡查；ZG 村通过发挥社会各方面力量共同开展乡村灾害防治、行政村资源整合与集体经济开发、贫困治理、环境治理等，尤其在灾害防治方面已形成共建共治共享的格局。

·第六章·

国外乡村治理现代化经验借鉴

乡村治理在西方发达国家经历了几十年的发展历程，并逐渐形成了符合本国国情的乡村治理模式，且发展成效显著。本章以美国、英国、德国、日本、韩国等农业发达国家为例，剖析了这些国家在现代化进程中推进乡村治理现代化的典型做法，并提出了对我国的经验启示，为后续制定适合我国国情的乡村治理现代化对策提供借鉴。

第一节　美　国

美国早在 20 世纪 30 年代就开始了促进乡村发展的积极实践，建立了城乡共生的一体化模式，通过政府扶持、社会参与和技术援助等手段，培养乡村社区的自我发展能力，实现了城乡一体化和经济稳步增长。但同时，由于城市发展不断郊区化，使得乡村社区难以与城市公共服务相连接。为促进乡村社区发展、重振城镇中心区，1985 年美国以政府投资乡村社区试点项目为基础，启动实施了乡村主街计划，以推动地方经济的计划产业结构不断完善，重新激活乡村活力。此外，美国政府通过不断完善乡村基础设施，建立城乡统一的公共事务管理体系，以及多元化的乡村治理公共服务体系，有力提升了乡村自我管理与自我服务能力。

一、主要政策梳理

美国采取了典型的城乡一体化治理模式，即以公共服务为导向，形成了多元化的乡村治理机制。目前，美国已经形成了较为健全的乡村治理政策体系，为乡村治理提供了战略层面的依托。如《美国乡村发展战略计划》《新城镇开发法》等村镇规划与法律，《美国医疗信息化战略规划（2015—2020）》等公共服务规划，以及《土壤和水资源保护法》等环境治理法律，均为乡村治理体系建设提供了坚实的法治保障，有效推动了美国国家治理现代化转型和发展。美国乡村治理现代化相关战略见表6-1。

表6-1　美国乡村治理现代化相关战略

时间	政策	主要内容
1985年	《乡村主街计划》	通过对农村地区的空间改造（建筑更新、环境改善和可持续计划）、社区营造（文化和娱乐设施建设），完善农村基础设施建设，全面提升农村治理水平
1993年	《美国乡村发展战略计划：1997—2002年》	授权发放777亿美元农村发展贷款，支持农村商业合作、住房、社区公共服务、电力、通信、水和废物处理及贫困社区可持续发展等方面的项目
1994年	《新城镇开发法》	对乡村住房建造区域的选择等作出规定，最大限度保留了乡村原有的特色风貌
1997年	《土壤和水资源保护法》	改善农村生活环境，保护乡村土壤和水资源
2014年	《新农业法案》	对农业保险、补贴、环境保护等方面作出了详细的规定，保障了美国农民收入的稳定性
2014年	《美国医疗信息化战略规划（2015—2020）》	强调数据的互操作性和共享使用，通过应用医疗大数据，提升自身健康管理水平、医院医疗水平，提高公共卫生医疗服务效果
2016年	《联邦大数据研究与开发战略计划》	利用新兴的大数据基础、技术和功能来提升联邦政府数字化管理的能力
2018年	《2018年农业提升法案》	提高对农村宽带计划的支持水平，为更多农村居民提供宽带服务

二、典型做法与实践

1. 城乡协同的基础设施体系

1960年，美国推行了"示范城市"试验计划，通过对大城市人口分流来推动小城镇的发展，从而走上了以小城镇为基点促进工业与农业、城市与农村共赢发展的镇域治理现代化道路。在整体布局上，美国政府要求高速公路贯穿乡村，且在整体建设过程中要保证"七通一平"，即给水通、排水通、电力通、电信通、热力通、道路通、燃气通和场地平整。通过该计划的有效实施，农村地区基础设施老化的情况得到重视，农村地区供水和排水系统得到改善，安装供电设备及远程教育和网络工程设备等，提升了农村居民公共服务的可及性。通过乡村主街计划和小城镇建设，对乡村和小城镇进行整体设计，并对农村地区开展空间改造（建筑更新、环境改善和可持续计划）、社区营造（文化和娱乐设施建设），全面提升了乡村治理水平。此外，美国乡村规划尤为重视交通领域，在保障乡村交通可达性、便利性、安全性的前提下，也对交通道路运营和维护的费用成本进行了约束。

2. 共建共享的公共管理体系

美国乡村事务管理主要依托农村社区管理进行，农村社区采取高度自治的方式，依托较为成熟的国家政务处理系统 Data.gov 进行自主的社区事务管理。Data.gov 可以保证机构内部和跨机构合作，确保信息创造和交互的连贯性，同时也能确保村民能够便捷地获取家庭能耗等公共信息，有效提升乡村公共服务效率。美国通过建立数字政府管理标准，增强数据存储的安全，确保公民医疗保健记录、财务信息和社会保障号等关键数据的安全，增加公众对政府的信任度。2016 年 5 月，美国政府发布《联邦大数据研究与开发战略计划》，提出涵盖大数据技术、可信数据、共享管理、安全隐私、基础设施、人才培养和协作管理等与大数据研发相关的七大战略，并明确利用新兴的大数据基础、技术和功能来提升联邦政府数字化管理能力的政策取向，为提升乡村管理服务水平奠定基础。

3. 多元供给的公共服务体系

美国构建的公共服务体系主体是：政府主导，私有企业、农民组织及其他社会团体参与。在农业生产方面，政府通过颁布法案、建立高等院校、拨款兴建农业研究机构等措施，建立农业科研和推广系统。除政府主导的公共服务外，私有企业与农民合作社为了自身利益，积极参与农场道路修建、本区域内的病虫害防治、农业新技术与新品种自发推广等工作，从而成为社会服务中不可或缺的供给主体。从乡村教育来看，美国各州、学区和学校，形成了以农村 K-12 学校学生在线混合学习为代表的乡村数字化教育模式，为乡村青少年提供个性化课程学习支持服务、在线课程选择服务、定制教育服务等更加有效的受教育渠道，促进教育普惠均等。

4. 良好优美的乡村居住环境

早在 20 世纪 60 年代，美国政府就启动了"生态村"建设，强调人与自然和谐共处。在 2009—2016 年，出于保护乡村生态环境和改善乡村居民生活品质的目的，美国财政共拨付了乡村发展资助资金 2 534.34 亿美元，共有 138.94 万个投资计划获得该项资金的资助。2016 年，美国政府资助乡村再生能源项目金额达 3.09 亿美元，乡村发展资助资金的持续性投资使得美国乡村环境治理得以深化推进。同时，美国乡村规划以开放空间为主要特色，不仅有利于对具有历史价值的农村景观的保护，也有利于美国农村良好居住环境的形成。在人居环境建设方面，通过完善农村垃圾管理制度，使垃圾分类思想和环保思想深入人心。

5. 数据驱动的乡村公共安全体系

美国政府采取城乡统一的社会管理模式开展社会安全治理。目前，美国建立的基于数据驱动的警务管理系统，能够对纽约城乡地区犯罪活动和交通事故数据信息进行挖掘分析，对罪案发生数据以可视化的形式展示在各个辖区的地图上，实现联合治理。随着美国政府数据开放进程的加速，越来越多的企业和个人利用政府开放的罪案数据，开发出了如 RAIDS Online 等完全免费的犯罪发生综合统计系统，在系统的协助下，美国犯罪率大幅下降。在气象灾害方面，美国国家气象局主导建立的水和气候企业管理系统，能够提供特定地点天气信息，并可通过电子邮件、短信息、电话、计算机软件、手机应用程序、桌面浏览器及广播等多元方式，为城乡居民提供恶劣天气警报，有效提升防灾减灾救灾能力。此外，美国农业部研发的 Farmers. gov 系统，能够随时随地为农户提供灾难援助查询，为受灾农户提供相关援助政策信息，帮助其及时止损。

第二节 英 国

20 世纪 60 年代，英国就开始出现"逆城市化"现象，其主要原因是英国"耕地保护运动"及系列扶持乡村发展政策的出台与实施。近年来，其"逆城市化"现象愈发明显，2016 年英国乡村人口净流入量达到 7.05 万人。自1990 年开始，英国通过大部制改革，逐渐将大多数公共服务和职责转交给社会力量来运作，促进了公共服务治理的多元化、专业化。到 2011 年，英国成立了专门负责乡村政策事务的乡村政策办公室，至此，英国建立起了完善的乡村治理体系，有效提升了乡村治理效能。

一、主要政策梳理

英国是最早的工业化国家，乡村治理现代化水平也走在世界前列，已形成了完善的城乡一体化治理体系，乡村治理范围也从环境治理拓展到自然与人文环境治理相结合。英国政府就乡村治理与乡村发展制定了《城乡规划法》《乡村未来计划》《英国农村战略》等一系列政策法规，明确了乡村治理的手段、内容、主体等，从不同维度推动了乡村治理现代化的发展。英国乡村治理现代化相关战略见表 6 - 2。

表 6 - 2　英国乡村治理现代化相关战略

时间	政策	主要内容
1926 年	乡村保护运动	通过划分区域、综合配置等方法，避免城市发展对乡村产生无可挽回的伤害
1935 年	绿带项目	在城乡之间建设"绿带"，通过绿带项目改善乡村环境，为城乡居民提供敞开的户外空间、提供户外运动和休闲机会，改善居住环境和保护自然环境
1947 年	《城乡规划法》	对于乡村的开发建设采取了严格的控制政策，阻止城市扩张蔓延、乡村无序发展，从空间规划上促进城乡融合
1949 年	《国家公园与乡村亲近法案》	规定了三种乡村环境保护与管理的政策，包括国家公园、自然保护区和乡村进入权
20 世纪 70 年代	《英格兰和威尔士乡村保护法》	加大了对乡村田园景观的保护力度，支持建设乡村公园
1975 年	《技能与知识转移计划》	通过一系列技能培训和网络教育提高乡村劳动力的技能水平，为乡村居民创造更多就业机会
20 世纪 90 年代	大部制改革	将大多数公共服务和职责转交给社会力量来运作
2000 年	《乡村未来计划》	提出保护乡村自然环境，提高乡村公共服务水准，推动乡村经济活动多样化等

时间	政策	主要内容
2004 年	《英国农村战略》	打造环境优良、安全宜居、具有可持续发展活力的乡村社区
2011 年	《乡村政策办公室》	专门负责乡村政策事务
2012 年	《政府数字化战略》	打造"数据驱动"的政府，加速政府"数字化"服务进程
2013 年	《英国数据能力发展战略规划》	提出将大数据技术作为提升政府治理能力的重要手段
2014 年	《2014—2020 年英国乡村发展项目》	针对乡村经济提升、农林业发展、自然环境保护、气候变化应对及乡村社区促进等方面提供资金支持
2014 年	《英格兰乡村发展计划》	建立完善乡村与城市的联系，改善乡村地区整体连接性，包括超高速宽带、公路网和铁路网
2015 年	《乡村经济发展主体资助计划》	提升乡村公共服务水平，支持乡村文化和传统文物的保护开发活动
2017 年	《政府转型战略（2017—2020）》	建立政府在线服务的标准；培养人员、提升技能、培育文化，推广数字技术；更好利用数据，共享开放政府数据、任命首席数据官、改进数据挖掘工具、建立数据安全体系；创建共享平台、组件和可重用业务功能
2017 年	《英国数字化战略》	为全体公民提供所需的数字技术；将英国打造为世界上在线生活和工作最安全的地方；维持英国政府在市民在线服务领域的世界领先地位
2019 年	《农村千兆位全光纤宽带连接计划》	建立以小学为中心、连接农村地区的中心网络模型
2019 年	《英国政府五年规划》	2023 年底前，提供更多、更完备的移动健康和远程医疗资源

二、典型做法与实践

1. 城乡一体的规划体系

制定城乡一体的规划体系是英国乡村保存委员会独具特色的治理理念，他们认为城市与乡村既是分离的两个世界，又是相互补充的。1930 年，英格兰乡村保存委员会向英国首相提交了一份有关城乡规划重要性的备忘录，提出了构建英国城乡一体化发展治理格局的观点和建议。英国在行政建制上虽然区分了城乡，但城乡互不隶属，各自向下划分为都市区和非都市区，并且将城市和乡村纳入统一的规划体系中，城乡地位并无差异，在立法、规划与实施层面均予以同等的保障。同时，英国政府充分了解城乡居民的实际需求，注重民间机构、乡村居民在乡村治理中的作用，居民参与乡村规划设计已成为惯例，通过自下而上制定乡村发展规划，政府部门在规划中的角色逐渐由主导性转向辅助性，有效推动乡村自治体系发展。

2. 乡村保护与发展并重

在发展乡村经济的同时，英国政府十分注重对乡村景观和乡村环境的保护性治理。第一次世界大战后英国优先发展工业，现代化和城市化进程加快，城市逐渐向乡村迅速扩张，使得英国传统的乡村美景和乡村生态环境都遭受了巨大的冲击。1926 年，英国城镇规划委员会主席 Patrick Abercrombie 爵士撰写了《英国的乡村保护》一书，宣告了英格兰乡村保护运动的开始。1935 年，英格兰乡村保护委员会提出要通过建设绿带项目改善乡村环境，阻止城市向乡村的扩张，同时还提出了乡村保护性治理理念，摒弃传统的只保护不发展的理念，积极倡导乡村发展与乡村保护并行，合理规划乡村土地开发利用，在不破坏乡村环境和现有特色的基础上，对乡村进行合理的开发和利用。为寻求乡村自然环境与生活质量的平衡，英国政府出台了《城乡规划法》《国家公园与乡村亲近法案》等多部法律，为乡村环境治理奠定了法治基础。在保护乡村自然景观的同时，坚持人文资源和自然资源治理并重，对乡村特有的文化氛围和环境（如饮食文化、邻里关系、文化艺术、乡村历史等）进行保护性治理，将乡村治理的目标从环境治理上升到民族精神的维护，使乡村成为英国人的精神寄托。

3. 均等化的公共服务

英国政府始终坚持城乡一体的发展战略，也保持乡村居民与城镇居民享有均等的公共服务。在公共教育服务方面，早在 18 世纪中期英国就开始了农业教育现代化工作。20 世纪初期，随着《福斯特教育法》的颁布，许多乡村居民逐渐享有接受正规教育的机会。目前英国乡村已经形成了完善的乡村教育体系，形成了初、中、高三级衔接的培养模式，广大乡村地区还兴办了农业职业技能培训班、广播函授学校、农业讲习班等，并且通过互联网教学方式帮助乡村居民提升文化素质和知识技能。在医疗卫生方面，

1948 年，英国政府就建立了国民健康服务体系，向所有英国居民提供全面的、免费的医疗服务。在乡村就业培训服务方面，英国形成了有法可依、体系健全的农民职业就业培训体系，农民培训主要由各地所设的 200 多个地区农业培训中心组织，培训合格者可授予国家农业证书。此外，在英国各地还有大批由社会、团体和个人兴办的机构可对农民开展培训，如国家农民联合会、青年农场俱乐部联合会等。据统计，英国每年有 30% 以上的农民接受各种不同类型的培训。在乡村养老服务方面，大多数的英国老年人在退休之后会选择在乡村安度晚年，因此，英国政府十分重视乡村养老公共服务设施和基础设施的建设，以满足日益增长的乡村老龄人口对健康医疗、社会关怀等方面的需求。

第三节 德 国

德国乡村治理开始于 20 世纪初，经历了漫长的发展过程，通过制度层面的法律法规调整，政府对农村改革进行规范和引导，逐渐地将乡村推向发展与繁荣。其中，以德国的村庄更新计划最为典型，是政府改善农村社会的主要方式，该计划历经了不同的发展阶段：1936 年，德国政府通过实施《帝国土地改革法》，开始对乡村的农地建设、生产用地及荒废地进行规划；1954年，村庄更新的概念被正式提出，将乡村建设和公共基础设施完善作为村庄更新的重要任务纳入《土地整理法》。在此之后，德国的巴登威滕堡州、巴伐利亚州都陆续出台了村庄更新的发展计划。德国村庄更新的周期虽然漫长，但是所发挥的价值和影响深远，这种循序渐进的实施步骤使农村保持活力和特色。多年来，德国在实践中逐渐形成了一系列富有成效的乡村地区建设发展模式。

一、主要政策梳理

德国的乡村治理是一个漫长的、循序渐进的过程，经历过很多不同的阶段，各个阶段都通过制定法律法规、完善制度框架体系、制定发展战略规划等手段，不断调整乡村治理的目标、手段和措施，以促进乡村可持续发展、城乡发展均等化。德国乡村治理现代化相关战略见表 6-3。

表6-3 德国乡村治理现代化相关战略

时间	政策	主要内容
1954 年	《土地整理法》	将乡村公共基础设施建设作为村庄更新的重要任务
1965 年	《城乡空间发展规划》	按照"城乡等值化"理念,以城乡居民享有相同的生活、工作、交通、公共服务等为目标,规范乡村建设活动
1969 年	《"改善农业结构和海岸保护"共同任务法》	通过补贴、贷款、担保等方式,支持乡村基础设施建设,保护乡村景观和自然环境
1976 年	《土地整治法》	突出保护和塑造乡村特色
1977 年	《未来投资计划》	将乡村的更新建设与社会文化工作广泛结合起来,各地区制定了相应的具体章程,以保护和塑造乡村地区的特色形象
1977 年	《村庄更新计划》	在保留原有特色基础上,整修房屋和强化基础设施,使乡村更加美丽宜居
1991 年	《欧盟 LEADER 项目》	采取"自下而上"的方法让当地群众参与乡村发展的决策和管理
1999 年	《电子欧洲:所有人的信息社会》	实现公民、家庭、学校、企业和行政机构的数字接入,强调青少年数字素养教育
2007 年	《面向 21 世纪的电子技能:促进竞争力、成长与就业》	建立统一的欧盟数字化技能策略,促进年轻人和女性在数字化领域的就业,重点关注失业者、老年人及低教育程度群体的数字扫盲
2010 年	《欧盟 2020 战略》	强调欧洲公民数字素养和技能提高,尤其是数字化贫困群体
2015 年	联邦乡村发展计划	包含五大类政策措施:模式和示范项目、示范区、竞赛、对话、研究支持与知识转化
2016 年	《数字战略 2025》	设立 100 亿欧元的农村千兆光纤网络建设专项基金,推动 700 兆赫频谱用于农村移动通信网络连接
2017 年	《"智慧乡村"行动》	重点开展数字化与智能化建设,让乡村生活更便利、农业生产更智能,为乡村振兴带来新动力
2020 年	《欧洲数据战略》	更好地利用数据造福社会,其中包括提升生产效率、改善公民的健康状况、加强环境保护、提升治理的透明度,并为公民提供更加便利的公共服务

二、典型做法与实践

1. 加速农村地区宽带网络建设

德国虽然是世界领先的制造业强国，但也曾经存在高速宽带网络部署及信息通信技术应用等方面相对落后的问题，尤其在乡村网络基础设施发展方面存在较大短板。2018 年，德国光纤网络接入仅覆盖了 1.4% 的乡村地区家庭，乡村地区 45% 的家庭尚没有超过 30 兆的高速互联网接入。为解决上述问题，2016 年，德国联邦政府发布了《数字战略 2025》，将建设全覆盖的千兆光纤网络作为首要任务，从资金、技术、政策等角度提出了一系列措施，推进乡村地区网络设施升级演进。此外，德国政府还投资 100 亿欧元设立了乡村地区千兆光纤网络建设专项基金，并积极鼓励和引导社会资本参与农村宽带网络基础设施建设，有效解决了农村地区网络基础设施建设资金不足的难题，让乡村居民生活更加便利。根据《2019 全球数字经济发展报告》，德国的数字经济规模已上升至世界第三位，仅次于美国和中国。

2. 突出"城乡等值化"发展理念

"城乡等值化"的发展理念源于德国巴伐利亚州制定的《联邦德国空间规划》，旨在通过土地整理、产业升级等方式，保证土地资源的合理利用，使城乡居民具有同等的生活、工作及交通条件，实现乡村与城市生活的等值化。主要措施包括：在规划和行政体制方面，推行平行管理制度，促使乡村与城市规划建设管理自成体系，职权相互独立；制定乡村土地、税收等优惠政策，引导鼓励企业、高校、科研机构和个人投资建设乡村，增加乡村就业机会；着力提升乡村公共服务和基础设施水平；加强生态环境保护、建设优美宜居生活空间，创造与城市等值化的乡村生活和就业条件。

3. 以"村庄更新"为抓手提升居民生活品质

1977 年，德国联邦土地整治管理局正式启动村庄更新计划，该计划以"农业—结构更新"为重点，包括基础设施的改善、农业和就业发展、生态和环境优化、社会和文化保护等四方面的目标。在基础设施方面，主要是改善乡村街道、外联道路，改造房屋和市政设施，为乡村居民提供便利、舒适的生活条件。在农业和就业方面，主要是通过提高农业生产率、推进农产品直销、建设产业设施等方式，促进农业高质量发展；同时，以土地资产入股的方式更好地保障乡村居民生计。在生态环境方面，通过建立生态化的废物和废水处理机制，重新恢复乡村内陆水系自然生态循环。在社会文化方面，通过改造各类纪念碑和历史遗迹、建设乡村社区中心、修复或重建乡村花园等，保护和传承乡村文化历史，增强居民的文化认同感。

4. 强化资金保障政策

为促进乡村地区发展，德国政府建立了完善的资金保障措施。如村庄更新计划主要由政府出资支持和推进，其资金 50％来自欧盟、25％来自联邦政府，剩余 25％由市级政府筹集。2014 年，联邦政府开展的乡村提升项目，为 13 个结构劣势区域提供了共计 19 500 万欧元，用于支持"活力村庄"和"我们的村庄有未来"竞赛活动，帮助其应对人口结构变化、增加区域价值和保障乡村就业。此外，德国将欧盟农村发展项目向农村社会发展领域大幅倾斜，在 2014—2020 年欧盟农村发展项目计划中，萨克森州获得的支持资金为 113 877.67 万欧元，其中用于支持社会与当地发展的比例达到了 40.4％，主要用于"农村地区发展联合行动"。

第四节 日 本

自 20 世纪 50 年代开始，随着日本城市化进程加快，农业人口大量流入城市，非农就业总人数在 20 年间从 61％提高到 85％，农业劳动力减少 1/2，农村地区发展逐渐失去活力。面对乡村逐渐凋敝的情况，1961 年前后，日本政府相继制定了《低开发地区工业开发优惠法》与"全国综合开发计划"等政策，通过减免税收，推动城市工业反哺农业、振兴乡村经济。20 世纪 70 年代末，日本政府开始发起"造村运动"，旨在通过自下而上的基层自治恢复乡村经济、社会、文化与生态建设。到 1985 年，日本乡村第三产业和第二产业的从业人数分别达到了 43.5％和 33.6％，均高于第一产业，涌入城市的人口大幅度减少。21 世纪初，日本开始通过《u-Japan 推进计划 2006》与《社会 5.0 战略》推广智慧乡村建设，通过利用物联网与现代化信息技术增强农村社会活力，极大地推动了农村社会现代化发展。

一、主要政策梳理

日本以政府发布的乡村治理相关战略为主导，通过"自下而上"的乡村自治体系建设，实现了乡村经济与人居环境的全面提升。如 1947 年，日本颁布实施《农协法》，建立"中央—都道府县—市町村"三级组织架构，成功建立了农村基层自治的雏形。1987 年，制定了《村落地域建设法》，鼓励自然村落打破原有的村落界限，规划建设新农村社区。到 21 世纪初，日本开始全面推进信息化革命，《e-Japan 战略》《u-Japan 推进计划》《i-Japan 战略》等一系列数字化建设战略的实施，加速了电子政府及电子自治体建设。2016 年，日本开始施行《社会 5.0 战略》，通过智慧化集成，推动城乡社会公共服务治理进一步发展。日本乡村治理现代化相关战略见表 6-4。

表 6-4　日本乡村治理现代化相关战略

时间	政策	主要内容
1947 年	农协法	将农协这一民间组织转变成为正式的组织机构，使得广大农民的权利得到法律保障
1962 年	农村地区引进工业促进法	优先扶持修建机场、铁路、高速公路、港口等公共基础设施，改善乡村投资环境和生活条件
1987 年	村落地域建设法	地方政府制定村庄建设计划，促使村庄兼具现代农业生产和良好居住环境两大功能
2001 年	e-Japan 战略	建设网络基础设施、电子政府，提高政府治理效率，使任何企业和个人能随时随地联通政府网络
2006 年	u-Japan 推进计划 2006	通过建立全国性宽带基础设施，消除城市和偏远地区的数字化差距
2015 年	i-Japan 战略 2015	加速电子政府及电子自治体建设，借助远程医疗、远程教育技术，促进教育医疗服务更加便利
2016 年	社会 5.0 战略	建立一个以人为本、各种需求均能得以满足的"超智能社会"形态，积极应对少子化、老龄化对社会治理带来的严峻挑战，明确利用科技创新与发展，解决乡村公共服务治理成本高的问题

二、典型做法与实践

1. 完善的乡村公共基础设施

日本乡村公共基础设施建设以政府制定政策为主导，早在 20 世纪 60 年代，日本政府提出了"经济社会发展计划"，通过采取中央补贴 50%、县级财政补贴 25% 的措施，对乡村公共基础设施和水利建设进行补贴，加快乡村公共基础设施建设。同期，日本政府制定了《农村地区引进工业促进法》和《工业重新布局促进法》，优先扶持修建机场、铁路、高速公路、港口等乡村公共基础设施及通信系统，引导城市工业进入农村，在农村地区形成了完整的工业体系。到 20 世纪末，日本 3 000 多个市町村在通水、通电的基础上，还完善了污水、固废处理设施的建设。21 世纪初，在《u-Japan 推进计划》支持下，日本政府主导建立了涵盖全国范围的电子标签、传感器网络、机器人网络、ITS（智能交通系统）、GIS（地理信息系统）等内容的信息化体系，为乡村居民提供更加便利的服务设施，并在网络基础设施的全面覆盖下，积极开展自动驾驶汽车研发，以满足乡村及偏远地区的交通需求。

2. 协同共治的乡村公共事务治理体系

日本乡村社区治理框架初期由农协的"市—町—村"三级组织构成。其中，农村社区自治会主要开展与农村社区发展相关的公共事务与社会治安治理活动。"造村运动"之后，促使大量资金投入农村社区软文化建设，乡村公共事务治理主体更加多元，除农协、农村社会自治组织、农村居民外，在农村地区成立的各类社会组织、地方企业等，也都参与到农村社区管理与服务当中。21 世纪以来，从《e-Japan 战略》开始，日本便利用现代信息技术全力推进电子政务下沉到乡村基层。通过《官民数据活用推进基本计划》，选取电子行政、健康医疗护理、观光、金融、农林水产、制造业、基础设施与防灾减灾、移动等 8 个重点领域，推动乡村事务治理的电子化、开源化、行政 IT 化和业务流程再造。同时，还以《开放数据基本指针》为指导，打造开放共享治理平台，进一步推进城乡社会治理水平的提升。

3. 便捷高效与精细化的乡村公共服务

在医疗方面，在《i-Japan 战略 2015》支持下，日本借助远程医疗技术，进一步完善医疗信息化基础设施，促进城市与乡村医疗机构之间的交流与合作，解决医疗资源分布不均衡等问题。除此之外，日本政府大力推行国民电子病历，实现国民医疗信息获取与管理电子化。在养老方面，加强农村社区养老服务体系建设，通过农业协作组织管理农村社会养老保险，使农民获得与城镇职工均等的退休保障。在乡村教育方面，1954年通过了《偏僻地区教育振兴法》，确立了城乡一致的学校教育设施配置原则，使日本公立小学设施设备的配置标准实现了全国统一。2016年，日本又提出"社会5.0"概念，开始大力普及和推广STEAM课程和"慕课"（Massive Open Online Courses，MOOCs，大规模公开在线讲座）。在农村社区文化治理方面，通过造村运动，向每个行政村拨付资金建设美术馆或剧场，颁布施行《市民农园整备促进法》等政策文件，对"市民农园"的开发主体、土地利用、项目开发等进行规范，鼓励城市居民利用乡村土地建立属于自己的"市民农园"，在促进了城乡文化交流的同时，也促进了乡村旅游发展。

4. 多方参与的乡村环境治理

通过政府主导、居民配合、第三方负责的模式，日本制定了有别于城市的法规和政策，形成了一套高效的乡村环境治理方案。1983年，日本颁布了《净化槽法》，通过科技手段分级处理农村污水，以法律手段约束乡村建设中污水处理方式，同时强调市场机制的介入，推动乡村环境治理的专业化。截至2016年，日本已有65家指定检查机构、12435家维护检修企业、5291家净化槽清理企业，实现了净化槽技术服务的专业化、市场化改造，减轻了日本政府在净化槽日常管理技术指导方面的压力。同时，通过实施《推进形成回收型社会基本法》等7部具体法律法规，为乡村垃圾分类处理提供法治保障。除此之外，将乡村的生态、景观和文化建设水平的综合提升作为乡村人居建设的核心内容，通过对森林、水系、建筑等乡村景观的打造，推动各种形式的乡村旅游，促进乡村经济发展。

5. 信息化支撑的乡村公共安全治理

日本多发地质灾害，信息技术在乡村的应用可以及时将灾害信息传递给公众。日本设立防灾中心，在信息技术应用方面，建立了"凤凰防灾系统"，及时为村民提供灾害预报预警信息。防灾中心还与消防、警察、内阁府等部门设立了防灾专线，确保灾害发生时通信联络畅通。2016年，日本《社会5.0战略》提出在灾难预警方面借助卫星系统，并配合地上气象雷达等检测系统，再综合人工智能大数据分析，大幅提高重大突发自然灾害事件的应急处理能力。同时，针对交通基础设施受损、救援人员短时间内不易到达的地区，通过无人配送车和无人机等，实现快速地物资运送和物资补给。对于受伤人员，通过智能医疗检测系统，为医护和救援人员的紧急处置提供重要的参考数据，实现更好的救治效果。

第五节　韩　国

韩国乡村治理始终由政府主导。20世纪70年代，为了改善城乡关系、推动农村发展并增加农民收入，韩国政府开始对乡村建设与发展进行积极干预，在全国开展以"勤勉、自助、协同"为精神的新村运动，通过改善农村基础设施、加强农民技能、成立民间组织等方式，推动农业农村的现代化建设与治理水平的提高。2001年，韩国又启动了"信息化村"计划，致力于以信息化手段推动乡村治理现代化。在实施过程中，注重信息化基础设施建设、村民信息技能培训及基层信息化骨干和管理人员培养。经过多年发展，韩国乡村信息化基础设施已处于世界领先水平，2010年农村居民家庭计算机普及率已达100%，农村非对称数字用户环路（ADSL）普及率达到90%以上。截至2016年，韩国共建成"信息化村"357个，约占韩国自然村总数的1%。

一、主要政策梳理

20世纪70年代，韩国开展了"新村运动"，通过加强乡村基础设施建设、改善教育环境与医疗环境等，在乡村治理方面取得了巨大的成就。此后，韩国相继颁布一系列乡村发展政策，包括《农渔业振兴计划和农业政策改革计划》《"归农·归村"综合对策》《农村振兴综合计划》等，推动了乡村社会经济的整体发展。1999年，韩国信息通信部出台了《2000年国家社会信息化推进计划》，这标志着韩国信息化基础建设已基本完成，并由此提出"网络韩国21世纪"核心计划，开始推进信息网络建设，并通过"信息化村"计划的实施，加速了乡村治理现代化进程。韩国乡村治理现代化相关战略见表6-5。

表6-5　韩国乡村治理现代化相关战略

时间	政策	主要内容
1970年	新村运动	改善农村生活环境，发展农业，提高农渔民的生活水平
1985年	关于实施初中义务教育的规定	率先在岛屿、僻地实施免费的初中义务教育
1993年	信息产业育成计划	致力于发展计算机软件等信息软件，促进全国信息基础设施建设
1994年	农渔业振兴计划和农业政策改革计划	将信息化作为推动农村农业发展的重要方向
1994年	农村振兴综合计划	调整农业产业结构，培养农村工业，解决农村生活条件和福利等问题
1995年	促进信息化基本计划	实现全社会最普遍需要的信息服务
1998年	Saemaeul运动组织法	以市民意识先进化、建造互助的福祉社会、激发地域发展活力、营造绿色健康环境及推进国际统一协调事务为目标，有序地推进新一轮的农村开发事务
1999年	2000年国家社会信息化推进计划	提出"网络韩国21世纪"核心计划，开始推进信息网络建设
2001年	"信息化村"计划	注重农村互联网、计算机等基础设施建设与普及，提升农村自治水平
2004年	U-Korea计划	注重智慧城市建设，搭建城乡公共信息通信网络
2019年	数据与人工智能经济激活计划	促进数据与人工智能的深度融合，制定了"3大战略9项任务"，通过实施激活数据价值链，构建世界水平人工智能创新生态系统，促进人工智能医疗进程

二、典型做法与实践

1. 注重乡村基础设施建设，缩小城乡差距

20世纪70年代，韩国80%的人口居住在农村，国民生产总值的40%来源于农业，国民经济主要依赖农业生产。而农村基础设施极为落后，严重阻碍了韩国经济社会的发展。1971—1982年，韩国政府通过新村运动，进行了大规模的农村基础设施建设，颁布了一系列政策，提出包括草屋顶改造、道路硬化、卫生间改造、供水设施建设，如集中建水池或给水井加盖、架桥、

盖村活动室等 20 种工程项目，可由村民民主讨论、自主选择。基础设施的提升和农村环境的改善，极大地缓和了由大城市和重工业开发导致的城乡差距。在信息化基础建设方面，2001 年，韩国政府开始实行"信息化村"计划，以政府为主导来推动农村高速互联网基础建设，共投资数十亿美元进行乡村信息高速公路建设，全国 144 个通信圈的市、郡、邑由大容量光缆和超高速交换机连接，形成了覆盖全国的国家骨干高速网络。到 2013 年，韩国完成了城乡网络技术设施提升，率先开始进行 LTE-A 网络的商用，进入 4.5G 时代。在教育基础设施方面，韩国于 1996 年着手进行教育信息基础设施建设，经历了国家教育骨干网络建立、校园网和硬件设施建设、E-Learning 支撑环境建设、U-Learning 支撑环境建设和 SMART 教育支撑环境建设 5 个发展阶段，在全部小学、初中、高中开通了双向 256 千比特/秒以上的光缆服务，为网络教育体系建设奠定了基础。

2. 多元主体协同治理

在"信息化村"建设过程中，采取"政府＋电信运营商＋地方公司"的公私合作模式。其中，信息传播主干网和硬件设施由政府负责，主干网到中心局的管道及农村施工建设等则在政府经费补贴的基础上，由韩国三星电信运营商与 12 家地方公司组成的联合体负责。在运营环节，通过建立由信息中心的管理人员、指导人员及村民组成的运营委员会，共同参与信息中心的运营；此外，还对村民进行数字化素养培训，将有数字化素养的村民培养成技术骨干积极参与村民自治。在就业培训服务方面，韩国政府充分调动院校教育资源，进行校企联合，在信息化基础设施完备的村庄开展农村电子商务等方面的教育培训。在村民自治方面，通过实施奖优罚劣的政策来引导农民积极参与农村各项建设，鼓励农村成立"邻里会议"等民间组织，凝聚农民共识，调动农民参与的积极性，形成农民、社会精英与政府组织的良性互动，确保农村社会秩序井然。

3. 以信息技术为支撑，实现乡村治理现代化和公共服务均等化

韩国以互联网为基础设施和创新要素，创新乡村治理组织模式和服务模式，实现治理的现代化和服务的均等化。在乡村公共服务方面，韩国较早地开展了基于网络的公共教育，以减轻个人教育负担和缩小教育差距。1996 年，建成了覆盖全国的教育信息服务系统 EDUNET，为全国教师、学生、家长提供综合性的教育服务。2004 年，建立了覆盖全国的 E-Learning 服务系统——家庭网络学习系统，旨在缩小教育鸿沟，提高公共教育质量。在农村医疗方面，自 2005 年起，采用多用户在线模式建立了放射远程读片中心和便携式医疗系统，为偏远地区提供包括可实现在线处方在内的多项新医疗服务。在农民教育方面，通过建立多媒体远程咨询系统，利用先进的便携式摄像机、无线通信设备、网络会议系统等载体，对农民进行田间演示教学和农村夜校教育。在乡村管理方面，韩国开展了以"信息共享、数据公开"为核心的数字化政府建设，通过构建系统平台以强化政府跨部门之间的互动、民众与政府之间的互动，使得电子政务在教育、行政、卫生、文化和经济等各个领域都为乡村治理提供服务。

第六节　经验启示

一、采取城乡一体的治理理念

典型发达国家在规划体系、基础设施、公共服务、行政体制等方面普遍采取城乡一体化的治理模式，以实现农村社会的全面发展。统筹开展城乡基础设施建设，要求高速公路贯穿乡村，且在整体建设过程中要保证"七通一平"，通过乡村主街计划和小城镇建设，对乡村和小城镇进行整体设计，确保城乡基础设施协同。将城市和乡村纳入统一的规划体系中，在立法、规划与实施层面予以同等的保障，在公共服务方面也坚持城乡统筹一体化的发展战略，保证乡村居民与城镇居民享有相同的公共服务供给。实行"城乡等值化"发展，通过土地整理、产业升级等方式，保证土地资源的合理利用，使城乡居民具有同等的生活、工作及交通条件。

二、健全的政策制度体系保障

通过颁布系列行政法令、出台相关法律和发布相关发展战略来规范和推动乡村治理，为乡村治理现代化提供制度保障，确保乡村治理的规范化、法治化。在乡村发展的整体战略和规划方面，出台《乡村建设法案》《乡村发展战略计划》《村庄更新计划》等，强调从整体上推动乡村产业和各项事业的发展。在公共服务治理方面，通过《英格兰乡村发展计划》《美国医疗信息化战略规划（2015—2020）》《社会 5.0 战略》及"信息化村"计划等，从国家层面对乡村公共服务供给等进行统筹规划，实现从国家全局的高度开展顶层设计，全面指导乡村治理现代化的纵深推进。

三、完善的基础设施支撑

注重交通、通信、公共服务及信息化基础设施在乡村的普及，尤其重视信息化基础设施的建设，通过弥补城乡信息鸿沟，为乡村治理现代化夯实基础。重视乡村的道路、排灌、水电、网络等基础设施及公共服务设施建设，乡村地区公共交通达到村村通，教育设施均匀分布，商业网点遍布，门类齐全，在多个乡村地区进行 5G 技术方案应用。通过实施村庄更新计划，农村基础设施、农业和就业、生态环境等方面均得到提升和优化，发布"数字战略 2025"，推进乡村地区网络设施升级演进。通过全国网络建设计划或是针对乡村的复兴计划，实现信息化基础设施在农村地区的逐步完善和全面覆盖。

四、应用先进的数字治理手段

注重利用物联网、移动网络、大数据等先进数字技术，提升政府管理与服务的智慧性、便利性，加速推动医疗、教育、就业培训等基本公共服务的数字化和均等化。依托国家政务处理系统进行自主的社区事务管理，保证机构内部和跨机构合作，有效提升乡村公共服务效率。采用全国覆盖的行政网络开展乡村管理，以互联网为基础设施和创新要素，创新乡村公共服务模式，从而实现服务的均等化。建立覆盖全国的教育信息服务系统，为全国教师、学生、家长提供综合性的教育服务；通过多媒体远程咨询系统对农民进行田间演示教学和农村夜校教育，实现教育服务的均等化。

五、鼓励多元主体共同参与

在乡村治理现代化进程中，普遍注重激发各类主体参与治理的主观能动性，形成政府主导及各类市场主体、社会组织、乡村居民共同参与的多元合作治理模式。构建以政府为主导，私有企业、农民组织及其他社会团体等多元化主体共同参与的公共服务体系，私有企业与农民合作社主动开展农场道路修建、病虫害防治、农业新技术与新品种推广等，同时提供小型灌溉工程与仓储设备，成为社会服务中不可或缺的供给主体。在以农协为主导的基层治理框架基础上，鼓励各类社会组织、地方企业等参与到农村社区管理与服务中，有效提升乡村公共服务质量。通过建立跨部门的信息网络，推进公共服务绩效评估和日程管理整合，村民可以对公共服务效果进行反馈，有效提升公共服务的效率和质量。

· 第七章 ·

推进我国乡村治理现代化的战略构想

中国是一个具有丰富治国理政经验的国家，有着悠久的历史文化传统。乡村作为最基本的治理单元，是国家治理体系的有机组成部分，"乡村治则百姓安，乡村稳则国家稳"，乡村治理的好坏不仅决定着乡村经济社会的稳定发展，也体现着国家治理现代化的整体水平。面向 2035 年、2050 年，随着我国经济社会发展和工业化、信息化、城镇化的加快推进，以及乡村经济社会结构的深刻变动，农村居民诉求日趋多样，迫切需要加强乡村治理现代化建设，在乡村治理的理念、主体、方式、范围、重点等方面进一步创新，走中国特色社会主义乡村善治之路。

第一节　战略思路

未来 15～30 年，中国乡村治理现代化建设应瞄准乡村组织振兴的重大需求，对标 2035 年基本实现乡村治理现代化的目标任务，以习近平新时代中国特色社会主义思想为指导，紧紧围绕统筹推进"五位一体"总体布局和协调推进"四个全面"战略布局，按照实施乡村振兴战略的总体部署，贯彻落实新发展理念，坚持加强党对乡村治理的全面领导，以乡村治理能力现代化为主攻方向，以增进农民群众的获得感、幸福感、安全感为基本前提，以健全党组织领导的自治、法治、德治、智治"五位一体"的乡村治理体系为根本目标，按照"抓重点、补短板、强弱项"的总体思路，加快完善党委领导、政府负责、社会协同、公众参与、法治保障的乡村治理体制，在乡村公共服务、公共管理、公共安全、环境治理等重要领域和关键环节，创新探索工程科技驱动乡村治理能力现代化的建设模式，重点突破乡村全要素多维感知技术、乡村治理大数据与智能服务技术、乡村重大安全防控与应急技术装备、乡村环境治理关键技术与装备等，积极构建"政策环境支撑、现代科技支撑、工程项目支撑、高素质人才支撑"的乡村治理现代化支撑体系，走中国特色社会主义乡村善治之路，为全面推进乡村振兴提供有力支撑，实现共同富裕。

第二节　战略重点

未来15～30年，要实现党组织领导的自治、法治、德治、智治"五位一体"的乡村治理现代化目标，亟须面向全面完善乡村宜居宜业功能、全面实现农民富裕富足、全面提升乡村事务治理效率、全面筑牢乡村公共安全屏障等战略需求，突出党建引领，积极把握"三治融合"战略、乡村智治战略、城乡一体化治理战略等三个重点。

一、党建引领的"三治融合"战略

党建引领是一个政治性、根本性问题。习近平总书记曾指出："要把加强基层党的建设、巩固党的执政基础作为贯穿社会治理和基层建设的一条红线。"面向2035年、2050年，在全面推动中国特色社会主义现代化国家建设进程中，坚持党的全面领导依然是我国经济社会发展必须遵循的首要原则。重点在于：坚持党建与乡村治理、乡村发展相融合，坚持以农民群众为中心，以"少一点管控、多一点善治"为目标，积极发挥党员干部"领头雁"作用，通过"党建＋意识形态""党建＋政治建设""党建＋组织建设""党建＋群众工作""党建＋文化建设"，全面建强农村基层党组织战斗堡垒，全面筑牢乡村治理"地基"，全面建成党组织领导的自治、法治、德治相结合的乡村治理体系，最终构建党建引领强村善治的乡村治理新格局，不断增强广大农民的获得感、幸福感和安全感。

二、乡村智治战略

"智治"意为智慧治理，是指包括但不限于地方政府的治理主体，广泛运用信息技术（如互联网、云计算、大数据、人工智能等）实现精准、协同、高效、有序的公共治理方式。面向 2035 年、2050 年，在信息技术革命的影响下，数字化治理将成为社会治理的主要方式和常态化模式，亟须积极把握数字化治理的优势与趋势，在乡村治理全过程加速推进智治模式，加快形成以农民群众需求为导向的多中心、跨层级、跨区域、跨系统的治理格局。重点在于：以新基建为契机，以数字乡村建设为切入点，以数字赋能乡村治理为路径，加快启动覆盖"县—乡（镇）—村"的乡村治理大数据平台建设，全面推进数字化治理方式在乡村公共管理、公共服务、公共安全、环境等乡村治理领域的创新应用，打造更加多样化、精细化、高效化、现代化的乡村数字治理新场景，推动实现乡村治理数字化、智能化。

三、城乡一体化治理战略

从"城乡统筹"到"城乡一体化"，再到"城乡融合"，我国城乡关系已进入融合发展的转折期。面向 2035 年、2050 年，要实现农村居民对美好生活的向往与共同富裕，亟须部署以县域为基本单元的城乡一体化治理战略，助力形成工农互促、城乡互补、协调发展、共同繁荣的新型工农城乡关系。重点在于：围绕城乡社会治理的实际需求，坚持城市社区治理和农村社区治理一起研究、同时部署、同步落实，以数字化助推城乡发展和治理模式创新为主线，以县域为基本单元，通过城市大脑延伸落地到城乡社区、乡村基层，建立起集综合治理、市场监管、综合执法、公共服务等于一体的城乡社区治理统一平台，构建起县乡联动、功能集成、反应灵敏、扁平高效的综合指挥体系，引导公共服务向农村基层延伸，加速形成城乡间信息资源共享、要素均衡配置的新格局，实现城乡社区治理一体化、现代化。

第三节　战略目标

党的十九届四中全会明确指出"到 2035 年，各方面制度更加完善，基本实现国家治理体系和治理能力现代化；到新中国成立 100 年时，全面实现国家治理体系和治理能力现代化。"《关于加强和改进乡村治理的指导意见》指出：到 2035 年，乡村治理体系和治理能力基本实现现代化。乡村治理是国家治理的基石，没有乡村治理的现代化就没有国家治理体系与治理能力的现代化，没有乡村的有效治理就没有乡村的全面振兴。2020 年以后，国家的"三农"工作重点已转移到全面推进乡村振兴上，乡村治理需要在遵循乡村演变规律与把握现代治理方式转变趋势的基础上，积极应对国家与农民关系失衡、乡村治理内卷化等挑战，分步分类有序推进乡村治理现代化。

一、 2025 年目标

到 2025 年，乡村治理现代化取得重要进展，乡村治理实现制度化、规范化、法治化转型。以党组织为领导的农村基层组织建设取得重要进展，现代乡村治理的制度体系、政策体系与组织体系更加健全，农民组织化和协作化水平不断提升，村民自治实践进一步深化，基层政权的治理能力进一步提升，乡村治理法治化进程不断加快，乡村治理现代化整体优化、全面提升，分工合作的治理格局基本形成，生态宜居乡村建设取得新进步。到 2025 年，村民参与村镇重大事项听证和协商的积极性不断提高，基本实现村村有村规民约，预计村党组织书记兼任村委会主任比例达 55％以上，村庄规划管理覆盖率达95％，建有综合服务站的村占比达 75％，乡村综合文化中心覆盖率达 85％，应用信息技术实现行政村"三务"综合公开水平达 75％，集体经济强村（集体经济收入达 300 万元以上的行政村）比重达 15％以上，"雪亮工程"行政村覆盖率达 75％以上，乡村环境污染物常规监测指标全部达标，创建一批民主法治示范村，发展一批治理理念新、领导能力与执行能力强的村干部，培育一批农村学法用法示范户。

二、 2035 年目标

到 2035 年，乡村治理实现数字化、智能化、透明化与绿色化，乡村治理基本实现现代化。乡村公共服务、公共管理、公共安全保障水平与环境治理能力显著提高，党组织领导的自治、法治、德治相结合的乡村治理体系更加完善，多元主体协同共治格局基本形成，城乡基本公共服务均等化与宜居乡村建设目标基本实现，乡村社会治理有效、充满活力、和谐有序，乡村治理体系和治理能力基本实现现代化，人民获得感、幸福感、安全感更加充实、更有保障、更可持续。到 2035 年，数字化治理理念与方式在乡村治理中得到深化应用，基本实现乡村治理的数字化、智能化、透明化与绿色化，村党组织书记"一肩挑"比例达 80％以上，"互联网＋政务服务"全面向乡村延伸，县域政务服务在线办事率达 80％以上，应用信息技术实现行政村"三务"综合公开水平达 85％以上，"雪亮工程"行政村覆盖率达 85％以上，建有综合服务站的村占比达 80％以上，集体经济强村比重达 50％以上。

三、 2050 年目标

到 2050 年，形成党治、法治、德治、自治、智治"五治融合"的治理机制，乡村治理全面实现现代化，农业强、农村美、农民富的治理目标全面实现。乡村治理现代化主要指标预测见表 7－1。

表 7－1　乡村治理现代化主要指标预测

	主要指标	2019 年	2025 年	2035 年	2050 年
制度化	村庄规划管理覆盖率（％）	80	95	98	100
	有村规民约的村占比（％）	98	100	100	100
组织化	村党组织书记兼任村委会主任的村占比（％）	45	55	80	100
	村集体经济组织覆盖率（％）	50.29（2018）	60	80	98
	集体经济强村比重（％）	8	15	50	80
领导力	村干部平均受教育年限（年）	—	10	12	14
	高素质农民队伍中高中及以上文化程度的占比（％）	31.1	35	50	70
	村民平均受教育年限（年）	7.92	9	12	13
信息化	县域政务服务在线办事率	25.4	80	≥98	
	应用信息技术实现行政村"三务"综合公开水平	65.3	75	85	≥98
	"雪亮工程"行政村覆盖率	66.7	75	85	100
	"一站式"综合服务平台建成率（％）	59.3	75	80	100
绿色化	农村生活污水处理率	30	40	70	100
	农村生活垃圾处理率	67.2	70	80	100
	环境污染物常规监测指标达标率	—	100	100	100

第四节　重点任务

一、加强乡村公共服务制度化与数字化建设，着力提升乡村基本公共服务水平

1. 着力健全乡村公共服务治理现代化制度框架

紧扣以人为本，以县域城镇化为抓手，建立健全城乡公共资源均衡配置机制，强化乡村基本公共服务供给县乡村统筹，逐步实现标准统一、制度并轨。加快推进乡村公共服务法治体系建设，为各参与主体提供强制性和权威性保障。加速建立乡村全员全程全方位教育服务、城乡多层次医疗养老服务、乡村公共文化服务、城乡一体化社会保障、全民终身就业培训等制度体系，促进城乡基本公共服务均等化。完善乡村公共服务治理体系顶层设计和推进政策制定，建立包括补贴、投资、金融、信贷、税收、重大项目建设等在内的全方位政策支撑体系，推动实现乡村公共服务治理现代化。

2. 加快制定乡村公共服务供给清单与标准规范

聚焦公共教育、就业创业、医疗卫生、社会保障、社会服务、公共文化等领域，构建我国乡村公共服务标准体系与供给清单，细化国家及地方公共服务事项、资源配置、机构与设施设备、人员配备、服务管理流程、预算与支出、服务质量等软硬件方面的具体标准规范。统筹建设乡村公共服务绩效评估与监督监管体系，形成对各级政府在乡村公共服务供给中创新性、参与性、效果性、公平性、推广性的有效评估与常态化监管。对标国家基本公共服务标准体系，不断强化乡村公共服务的资源布局与体系建设，补齐乡村公共服务的短板弱项，推动公共服务供给稳定与治理提升。

3. 构建政府主导、社会参与的乡村公共服务供给体系

以增进民生福祉为目标，加快推进乡村社会事业改革，建立健全政府购买乡村公共服务制度，加快构建乡村公共服务政府购买的范围清单、责任清单制度、程序清单制度等清单体系，引入市场竞争性、商业化公共服务资源配置机制，积极培育乡村公共服务多元化供给主体，扩大乡村公共服务有效供给。探索采用政府投资补助、第三方企业管理等新模式，推动政府与社会

资本合作，共同参与乡村公共服务基础设施建设、服务产品供给、数字化开发与运维等实践。不断完善乡村多元化公共服务的内在自律机制，明确企业、社会组织等主体的服务标准、职业操守、违规惩戒，杜绝因"小金库"、乱收费等问题而引发的公信力危机。

4. 加强乡村公共服务基础设施建设与维护

把握乡村振兴战略实施机遇期和"十四五"规划建设基础设施提升关键期，继续将公共基础设施建设的重点放在农村，持续加大投入力度，着力推动养老服务设施、公共文化设施、体育设施的合理布局与运行维护，加快补齐乡村公共基础设施短板。加快5G、人工智能、物联网等新型基础设施建设和应用，进一步拓宽农村地区宽带网络和4G覆盖，深入推进农村电网改造升级和信息进村入户工程建设，完善乡村交通、水利、能源等工程建设，提升公共基础设施服务能力与水平。

5. 推动乡村公共服务数字化、智能化广泛应用

加快我国公共服务数据标准体系建设，明确乡村公共服务数据资源建设中的基础设施标准、数据标准、技术标准、安全防护标准等，为数据资源整合与共享奠定基础。探索建立跨部门、跨城乡的区域性公共服务数据共享机制，积极打造渠道畅通、互联共享的乡村公共服务数字化服务平台，推动公共服务治理重心向多元治理主体转移，不断提升乡村公共服务治理能力。深化5G、大数据、人工智能、融媒体等技术在乡村公共服务中的应用，推动乡村远程教育、远程医疗、智慧养老、网络培训、在线社保、文化资源"一张图"等场景的实现，提升乡村公共服务可及性与均等化水平。

二、不断提升乡村公共事务治理能力，建立"三治融合"的乡村公共事务治理体系

1. 构建乡村公共事务治理现代化制度体系

基于经验总结与发展预期，完善乡村公共事务相关国家法律法规建设，建立长期稳定的乡村法治制度，在法律层面上确保乡村公共事务的有序运行。逐步完善乡村公共事务治理的过渡性制度，建立健全村民自治制度、"三务"公开制度、小微权力规范运行制度、新时代村规民约、民主协商共治制度等，构建符合公共事务治理需求的行动准则。鼓励各省份建立地方性乡村公共事

务治理标准或指南，围绕党建、法治、德治、自治等领域科学设置一系列乡村公共事务可量化的考核指标，开展各镇村公共事务治理水平评价，有的放矢指导村镇补齐公共事务治理短板。

2. 建立"一核多元"的乡村公共事务治理体系

依法明确乡村基层党组织、村委会、村集体的职能权属，完善村党支部书记实现"一肩挑"的法定选举程序，加强乡村党员干部的管理考核及村党支部书记权力的制约和监督。充分发挥基层党组织的战斗堡垒作用，强化乡村基层党组织对自治组织、集体经济组织、各理事会等组织的统一领导，促进各类组织有序参与乡村公共事务治理。突出村民主体地位，落实村民的选举权与监督权，赋予村民申诉权、质询权，以及对村干部的民主考核权与罢免提议权，激活村民参与乡村自治的能动性，对涉及村民切身利益的重大决策事项，建立规范的村民意见征求流程，不断拓宽村民意见表达渠道。

3. 不断夯实乡村公共事务治理人才队伍

大力开展乡村"头雁工程"，建立"第一书记"激励机制，鼓励机关企事业单位干部担任乡村党支部书记，创新实践"乡编村用""乡招村用"等考聘方式，将优秀人员下沉至乡村开展工作。建立健全乡村干部"金种子"培养选拔机制，从乡村经济能人、群团组织负责人、优秀村民组长、青年党员中选拔优秀人才，建立村级后备干部人才资源库，及时提供相应岗位，开展工作业务培训，引导各类人才"干中学""学中干"，着力提升工作技能。大力开展新乡贤回归工程、农民工回引工程，创立乡情驿站、乡贤会、域外农民工支部等，以乡情乡愁为纽带，鼓励大学生、退休干部、企业家、农民工等返乡，为乡村精英提供参与乡村自治的平台。

4. 积极构建乡村公共事务数字化应用场景

支持试点市县打造面向乡村公共事务，涵盖航空影像、村庄资产资源、事务管理信息等数据在内的大数据基础平台，鼓励县辖区内各村利用大数据平台开展党建、"三资"管理、"三务"公开、村民自治、移风易俗、法治服务、小微权力监督等工作。在全国范围内推广应用"为村"平台、"网上村委会"等微信公众号或手机 App，完善乡村居民在线交流、议事、投票、监督等应用功能，为乡风文明宣传教育提供平台，为村民参与乡村自治提供便捷渠道。支持建立乡村舆情大数据平台，加强民情民意搜集整理，及时发现、分析、解决村民切身问题，维护乡村社会和谐稳定。

三、建立健全乡村公共安全保障体系，构筑群防群治的乡村公共安全防控网络

1. 建立乡村公共安全治理新理念与新机制

将新时期国家安全观嵌入乡村，在乡村地区积极传播安全发展的新理念，通过向镇村干部、乡村居民开展卫生、治安、消防、生产等安全宣传教育，着力引导村镇干部、居民树立新型公共安全意识。鼓励各省份针对乡村公共安全进行统筹部署与整体规划，形成系统性、法治性治理的战略布局，以统一规划强化对乡村社会治安、卫生安全、食品安全等领域的综合管理。在国家层面继续完善社会安全领域立法的同时，重视乡规民约、习俗规范等"民间法"在乡村公共安全秩序构建中的作用，形成乡村公共安全"国家法"与"民间法"优势互补的良好局面。

2. 打造网格化的乡村公共安全治理体系

积极推动党建引领下的乡村公共安全治理共同体建设，探索建立涵盖村"两委"、乡村社会组织、乡村精英、村民的多元协同公共安全治理体系，着力开展群防群治工作。以乡村治安要素为基本单元，在镇村范围内建立网格化公共安全治理体系，组建专职专业的网格员队伍，明确各个网格的责任人与管理职责，及时解决治安、消防、维稳等方面的安全问题，构建环镇村治安防控圈。在网格化治理体系下，试点开展乡村平安医院、平安厂企、平安校园、平安电力、平安出租屋等多领域平安建设，逐步建成多部门联动的平安乡村。

3. 提升乡村突发性重大公共安全事件应急管理能力

加快建设一整套乡村突发性重大公共安全事件应急管理预案，完善乡村应急保障资金投入机制、应急物资储备制度、干部应急管理工作责任机制、互动反馈机制，夯实乡村公共安全应急管理的机制保障。不断健全乡村突发性重大公共安全事件应急管理机构，探索建立"区县应急管理委员会—镇村应急管理工作组—专家应急咨询委员会"的应急管理体系。充分发挥村干部、乡村党员等模范带头作用，集合村民、企业、民间组织等多种力量，打造乡村突发性重大公共安全事件应急管理队伍，开展常态化应急管理能力培训。

4. 利用信息化手段强化乡村公共安全综合防治

依托"雪亮工程"建设、加强乡村视频监控设备布点，并探索将符合条件的乡村视频监控设备联入"天网工程"，形成"全域覆盖、全网共享、全时可用、全程可控"的视频监控网。综合应用物联网、大数据、智慧云广播等新技术，探索建立乡村区域治安大数据防控平台、突发性重大安全事件大数据防控平台等，提升对公共安全事件的事前预判概率与事后追踪定位精准率。利用微信群、手机 App 等开展"掌上警务"，提供"随手拍"公共安全线索上报、出租房屋登记、车辆违法查询、治安防范宣传等服务，鼓励有条件的农户安装"一键报警器""烟感报警器""安全手环"等安全设备，搭建起乡村微型防控体系。

四、继续深入推进乡村环境综合整治，构建新时代多元互动的乡村环境治理新格局

1. 加快构建乡村环境综合治理长效体制机制

全面推行乡村环境网格化管理机制，实行"乡镇干部包村、村干部包片、清扫人员包路段、监督人员包户"的管理模式，深入实施乡村河（湖）长制、林长制、路长制。建立乡村环境保护奖励机制、违法违规行为处罚机制与信息公开机制，逐步推广乡村垃圾分类、定时收集、清运管理制度。建立健全乡村环境治理投入保障机制，将乡村环境重大设施建设项目纳入财政年度计划，设立专门的乡村生态与人居环境整治支持资金，按照"污染者付费"的原则，积极探索推行乡村"村民付费、村集体补贴、财政补助"的污水垃圾处理收费制度。整合环保、民政、妇联、共青团及基金会等多部门资金，多渠道推进乡村公益类环境治理与服务项目。

2. 构建以村民为主体的乡村环境多元治理体系

重视乡村环境治理中乡村居民的主体性，将乡村居民参与环境治理的考评体系纳入村规民约，结合积分奖励机制、荣誉称号授予、环保宣传教育等措施，激发村民参与环境治理的主观能动性。探索通过特许经营等方式，基于"政府＋村集体＋社会资本"的运作模式，鼓励环保企业参与乡村环境基础设施建设和乡村垃圾、污水处理等经营性项目，推动形成政府行政功能和社会自治功能互补的乡村环境治理新格局，促使乡村环境综合整治专业化、

高效化。培育或引入乡村环境协会、志愿者团体等环保类社会组织，扎根乡村深入了解村民的环境诉求，组织各种环保公益活动，维护村民的环境权益。

3. "由点及面"开展乡村环境综合整治

继续加大力度补齐乡村人居环境基础设施短板，以乡村生活垃圾、河涌、污水治理和村容村貌提升为主攻方向，推动垃圾无害化处理，实现无害化卫生户厕全覆盖。深入开展乡村黑臭水体、河湖"四乱"整治，拆除违章建筑、危旧房屋。在有条件的乡村试点推进生活垃圾分类处理，建设乡村废弃物集中处理中心，着力提升生活垃圾、畜禽养殖粪污、厕所粪污就地资源化利用水平。以本地树种为主，开展环村、庭院、空闲地、沟渠坑塘植树增绿，对乡村房屋住宅进行整体设计，使其兼具实用性与美感。

4. 试点开展乡村环境数字化治理集成示范

建设乡村环境监测大数据平台，对废弃物、污染源、生活垃圾、生活污水、大气环境质量、饮用水水源等主要环境数据开展动态监测，推行乡村环境"一张图"展示。持续加大对乡村智能化污水处理设备、智能化分类垃圾桶等设备及其移动终端的投入力度，夯实乡村环境数字化治理的基础。构建"互联网＋"乡村环境治理平台，积极引导村民通过手机 App 拍照上传、在线留言等方式，参与乡村环境治理与监督。

第五节　发展路线图

立足乡村全面振兴战略需求，基于我国乡村治理现代化长远发展目标，按照不同阶段乡村治理现代化的发展特征与建设要求，将 2050 年以前我国乡村治理现代化建设分为三个阶段，着重对各阶段的任务进行了分析，并绘制出总体发展路线图，以描述未来 15～30 年我国乡村治理现代化总体发展路径（图 7 - 1）。

一、第一阶段（2025 年前）

在国家推进脱贫攻坚成果与乡村振兴有效衔接的导向下，至 2025 年乡村治理的制度化、规范化、法治化将取得重要进展。对准此目标开展相关工作，在关键技术层面，不断熟化乡村基层"智慧党建"关键技术；在工程与科技

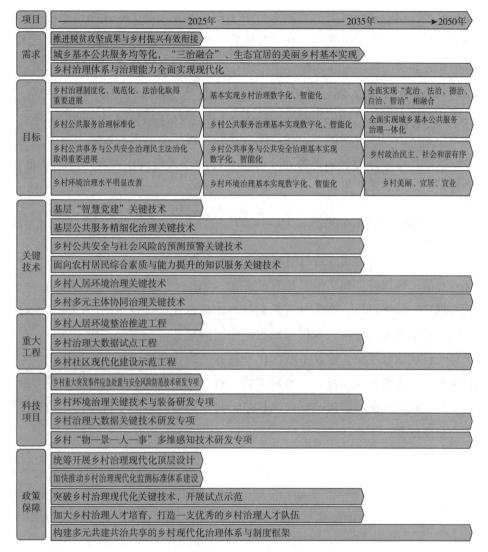

图 7-1　未来 15～30 年中国乡村治理现代化发展路线图

项目层面，建议广泛开展乡村人居环境整治推进工程，设立乡村重大突发事件应急处置与安全风险防范技术研发专项；在政策保障层面，要统筹开展乡村治理现代化顶层设计，加快推动乡村治理现代化监测标准体系建设。

二、第二阶段（2026—2035 年）

面向我国城乡基本公共服务实现均等化，"三治融合"、生态宜居的美丽乡村基本实现的战略需求，至 2035 年在乡村治理制度框架、体制机制等不断完善的基础上，基本实现数字化、智能化治理。这一阶段主要瞄准前瞻技术发展趋势和应用需求，在关键技术层面，着力突破基层公共服务精细化治理关键技术、乡村公共安全与社会风险的预测预警关键技术，以及面向村民综合素质与能力提升的知识服务关键技术等；在工程与科技项目层面，建议持续推动乡村治理大数据试点工程，深入开展乡村环境治理关键技术与装备研发专项；在政策保障层面，要建立健全乡村治理关键技术突破与应用示范、培育乡村治理人才队伍的政策支撑体系。

三、第三阶段（2036—2050 年）

立足我国乡村治理体系与治理能力全面实现现代化的总体要求，至 2050 年乡村治理领域将全面实现"党治、法治、德治、自治、智治"的有机融合。为实现这一最终目标，全面补齐关键技术短板，在关键技术层面，推动乡村人居环境整治关键技术、乡村多元主体协同治理关键技术等的研发创新；在工程与科技项目层面，建议不断深化乡村社区现代化建设示范工程建设，实现乡村治理大数据关键技术、乡村"物—景—人—事"多维感知技术等方面的突破；在政策保障层面，要构建起多元共建共治共享的乡村现代化治理体系与制度框架。

· 第八章 ·

重大工程与科技项目建议

面向 2035 年，实施乡村治理现代化战略，需顺应我国乡村发展态势，把握好新一轮科技革命与产业革命，突出"需求导向、问题导向"，充分发挥重大工程牵引作用，不断激发市场主体活力，支撑乡村治理现代化目标如期实现。

第一节　重大工程建议

一、乡村人居环境整治推进工程

实现乡村生态宜居是乡村振兴战略的关键内容与五个总要求之一。自 2018 年中央 1 号文件明确要求"实施农村人居环境整治三年行动计划"以来，各地基层政府均将乡村人居环境整治作为工作重点，乡村环境治理水平得到明显提高。至 2020 年，我国乡村卫生厕所普及率达到 60%，村庄清洁行动开展比例达到 90%以上，行政村生活垃圾收运处置体系覆盖比例达到 84%，乡村水、电、路、气、房等基础设施建设水平显著提升。但由于乡村人居环境整体基础差、底子薄，现阶段我国乡村人居环境整治仍面临治理政策难以有效落实、技术适应性不足、整治模式不当、居民参与积极性不高、环境监督缺位等问题。因此，迫切需要在绿色发展理念指引下，继续深化乡村人居环境整治，以此提升乡村人居环境整治能力、增进广大乡村居民生态福祉。

建议在巩固农村人居环境整治三年行动工作成效基础上，深入学习浙江"千村示范、万村整治"工程经验，率先在美丽乡村重点推进省份开展乡村人居环境整治推进试点工程，鼓励试点省份利用房屋建造技术、废弃物处理技术、信息化技术手段，提升乡村人居环境整治能力与治理水平，促进乡村绿色生态、宜居宜业。主要建设内容包括：在区县层面，接续推进农村人居环境整治提升行动，因地制宜制定详细的村庄人居环境整治实施方案，并在规划方案中对乡村生产、生活、生态"三生空间"进行协同设计，统筹安排、合理布局适应于乡村绿色发展需求的三生空间结构。探索构建差异化的公共基础与服务设施的级配体系，鼓励有条件的村镇率先建设一批符合村庄地域资源特点、采用绿色环保建材的生态住宅。逐步推广"乡村垃圾分类驿站—镇垃圾转运站—县无害化处理场/资源化利用场"的乡村垃圾处理系统，继续完善乡村污水管网建设，实现废弃物的无害化处理与资源化利用。试点建设区域性乡村人居环境数字化监管平台，鼓励乡村居民积极参与人居环境数据收集与监督，提升村民参与环境治理的积极性。

二、乡村治理大数据试点工程

大数据作为基础性资源和战略性资源，为辅助科学决策和社会治理提供了重要参考。习近平总书记强调，要运用大数据提升国家治理现代化水平，建立健全大数据辅助科学决策和社会治理的机制。乡村治理是国家治理的基石，积极发挥大数据的资源配置优化作用，将有助于实现基层政府决策科学化、乡村社会治理精准化、乡村公共服务高效化。自 2015 年《促进大数据发展行动纲要》（国发〔2015〕50 号）实施以来，各地多个部门积极发挥大数据辅助科学决策的作用，推进乡村治理数字化、智能化建设，在解决数据共享、诉求表达、风险研判、应急管理等方面取得明显成效。如浙江省德清县依托乡村治理数字化平台的预警监测数据，实现村级应急效率提高 30％以上。尤其 2020 年新冠疫情防控期间，各地积极推行"健康码"大数据动态管理，为农村疫情防控、社区管理、农民工复工复产等提供坚强保障。但由于缺乏顶层设计与标准规范，大数据技术嵌入乡村治理现代化面临着"信息孤岛""数据壁垒""数据安全"等问题，乡村治理大数据的应用与推广尚处于起步探索阶段。因此，迫切需要补齐乡村数字治理短板，由点及面加快推动乡村治理大数据建设，让"数据多跑路，群众少跑腿"，更好地提升政府治理能力和乡村自我管理能力。

建议由农业农村部、中央网信办等部门牵头，率先在国家数字乡村试点县遴选一批数字化基础较好的县（市）开展县域乡村治理大数据试点工程建设。主要建设内容包括：由中央统筹规划、各省级政府主要负责，在区县层面推动政府数据管理机构改革，统一增设"大数据管理局"，赋予其部门数据资源整合、区县数据服务供给的基本职责，实现数据资源的有效管理与整合共享。在县域层面探索建立数据联邦生态，秉持"联邦数据、联邦控制、联邦管理、联邦服务"的理念，综合应用区块链技术、分布式机器学习技术，缔结联邦数据合约，建立共享、安全、激励机制，统筹推动城乡治理数据可持续发展。建立涵盖县—乡—村三级乡村治理大数据平台，鼓励试点县各行政村利用大数据平台开展党建工作、政务服务、村民自治、治安防控、小微权力监督等乡村治理工作，提升乡村治理效率。

三、乡村社区现代化建设示范工程

乡村社区是社会治理的基本单元，是乡村振兴的重要着力点。推进乡村社区现代化建设在缩小城乡公共服务差距、优化乡村发展空间、提升乡村治理效能、实现共同富裕等方面具有重要作用。党的十八大以来，党中央、国务院高度重视现代乡村社区建设，已开展实施了社区治理和服务创新实验区、农村社区治理实验区、城乡社区便民服务"互联网＋社区"等试验示范工程，北京、山东及东南沿海等地均开展了大量乡村社区建设实践，尤其浙江省率先出台了全国首个"乡村未来社区创建标准"，为其他地区开展乡村未来社区建设提供典范。但目前，我国乡村社区现代化建设水平整体偏低，普遍存在基础设施不足、服务资源配置不完善、优质公共服务供需不匹配、现代服务手段应用滞后、多元主体参与较少等问题，难以切实提升乡村居民的生活品质。据统计，截至 2019 年底，乡村社区综合服务设施覆盖率仅为 59.3％，较城市社区低 33.6 个百分点，社区养老、社区服务指导中心等现代公共服务设施与资源严重不足。因此，亟须树立现代乡村社区建设理念，以城乡融合发展的思路推动乡村社区现代化建设进程，通过补齐乡村基础设施与公共服务短板，不断增强乡村居民的获得感、幸福感和安全感。

建议率先在国家城乡融合发展试验区，聚焦乡村社区基础设施现代化升级、多元化管理服务体系打造、智慧社区建设、乡镇/村为农服务能力建设等领域，开展乡村社区现代化建设先行试验示范。通过试点示范打造一批中国特色社会主义现代乡村社区发展样板，形成一批可复制可推广的经验，引领带动全国乡村社区健康发展。主要建设内容包括：加快制定现代乡村社区的建设标准，统一规划建设便民服务大厅、综治调解中心、休闲康养中心、群众活动中心、农民培训中心等公共基础设施，为乡村居民提供"一门式办理""一站式服务"。推进乡村社区社会组织孵化中心建设，为初创期的社区组织提供办公场地、设施设备、骨干培训教室、活动策划平台等，同时通过孵化中心党支部帮助社会组织培养发展党员，推动构建集党群组织、社会组织、社区居民为一体的社区多元共治体系。开展乡村智慧社区试点建设，配套建设智能照明、智慧安防、智能云停车、智能垃圾分类回收等基础设施与智慧社区管理服务综合平台，为居委会（村委会）、乡村居民等主体提供基层党建、行政审批、政务服务等"事务一网通办"服务，同时配置"村庄管理服务""村民互动交流"等模块，为乡村居民提供"三务"信息公开、村务决策监督、民意诉求反映、学习沟通交流等平台，提升村民自我管理与自我服务能力。

第二节　科技项目建议

一、乡村重大突发事件应急处置与安全风险防范技术研发专项

乡村自然灾害、食/药品安全、突发公共卫生事件等重大安全问题历来是我国政府重点关注的领域，已成为建设平安中国的重要一环。2021 年中央发布的 1 号文件强调"加强县乡村应急管理和消防安全体系建设，做好对自然灾害、公共卫生、安全隐患等重大事件的风险评估、监测预警、应急处置。"然而，目前乡村地区仍然是防灾减灾救灾的最薄弱环节，而贫困地区又是灾害多发易发区域（我国的贫困县有 2/3 的地区经常遭受洪涝、干旱），自然灾害防治能力较差。此外，乡村地区在卫生防疫、社会安全等方面的风险评估、监测预警及应急处理效率也相对较低。因此，在疫情防控常态化背景下，亟须开展乡村重大突发事件应急处置与安全风险防范技术和装备研发，提升乡村地区的应急保障能力与重大系统性风险防范化解能力，有效保障乡村社会稳定运行，为乡村治理现代化发展提供基础保障。

本专项建议围绕"平安乡村"的战略目标，落实《关于加强科技创新支撑平安中国建设的意见》，聚焦乡村防灾减灾救灾、公共卫生防疫、矛盾纠纷化解等重大突发事件，稳步推进事关社会安全的监测预警、风险防控、事故

防控、处置救援等方面的基础研究、技术攻关及装备研制，重点研究乡村社会风险源头多参数精准探测与动态智能识别技术，研发乡村重大安全事件风险评价及分级预警系统，构建乡村重大安全事件"监—管—控"云平台。突破灾害疫情早期特征感知识别技术，开发疫情灾情监测技术与无损探测智慧诊断技术装备，构建可实现突发事件救援现场监测、预警和指挥的一体化平台，研究医疗资源智能调度和远程救治指导技术，构建乡村疫情防控常态化机制。研究乡村矛盾纠纷生成因素、演变进程、规律辅助分析与智能预测模型，攻克乡村舆情实时监测预警、态势分级评价及即时调控技术，建立涵盖乡村基层社会治理矛盾纠纷、问题隐患、群众诉求、行政执法、公共服务等类别事件的采集、分拨、处置技术体系与考核标准，为提升乡村矛盾纠纷化解能力提供科技支撑。

二、乡村环境治理关键技术与装备研发专项

建设生态宜居的美丽乡村是乡村治理的重点任务，也是实施乡村振兴战略的重要举措。近年来，各地区各部门认真贯彻党中央、国务院决策部署，把改善乡村人居环境作为乡村振兴的重要内容。目前，由于环境设施装备投入不足、现代治理技术滞后及乡村居民环保意识薄弱，城乡之间的环境治理效率存在较大差距，乡村污水处理率不到城市的20％，生活垃圾处理率不到城市的75％，乡村环境整体治理水平与广大农民群众的期盼还有较大差距。与发达国家相比，我国针对乡村多源环境精准识别、高效治理、综合优化的关键技术研发与应用水平存在较大差距，尤其在乡村污水处理、垃圾处理等方面尚未形成成熟技术体系。由此，突破乡村环境治理关键技术，研制一批自主可控、低成本、高效的设施装备，有助于提升乡村环境治理整体效率，显著改善乡村人居环境，推动建成生态宜居乡村。

针对乡村生活环境痛点，重点优化改厕适用技术，研发垃圾分散收运技术与大数据智能监管平台、有机垃圾生化处理技术与移动式小型化快速发酵设备，攻克乡村生活垃圾源头深度分类及就地资源化处理技术、低成本易维护型农户生活污水处理技术；针对乡村多源环境感知与实时监控技术落后问题，研究基于"5G＋北斗＋地面卫星系统"与移动视觉深度融合的乡村资源环境多源感知技术，开发乡村环境质量监测与污染防控指挥平台，研发水源

水质安全监测预警技术，研制面向污染溯源、未知风险物检测等的关键传感器、仪器仪表；针对乡村清洁能源开发利用不足问题，研究基于柔性直流电网的多能互补型清洁能源组网技术；针对乡村生活污水处理效率低下问题，攻克污水循环回用技术与装备，形成村镇水环境质量改善技术途径。到2035年，形成一整套乡村环境综合治理与优化技术体系，提升乡村环境治理水平，助力生态宜居的美丽乡村基本实现。

三、乡村治理大数据关键技术研发专项

大数据作为新型生产要素，已成为国家重要的基础性战略性资源。农业农村是大数据产生和应用的重要领域之一，是我国大数据发展的基础和重要组成部分，近年来受到国家高度重视。借助大数据开展乡村治理是指通过大数据技术，对乡村治理领域中的公共服务、公共事务、公共安全及环境等海量数据进行收集、处理、挖掘，进而实现科学预测的治理手段。通过数据共享可实现多元主体共治，有效满足乡村居民多样化需求。目前，基于大数据进行乡村治理已成为提升乡村治理能力的重要手段，在国内外乡村治理体系中得到广泛应用。然而，由于乡村治理数据采集复杂，知识库、模型库不健全，以及数据处理分析不科学等问题，造成乡村治理大数据技术应用水平总体上处于起步探索阶段。

建议加快设立乡村治理大数据关键技术研发专项，重点围绕数据库、数据标准、数据模型、数据安全四个方面，开展科技攻关。具体建议为：一是针对政务服务、网格化管理、综合治理信息、文明创建、航空影像、村庄住宅等数据多元多类问题，对不同领域大数据知识库、模型库进行优化整合，以降低多模型组合、多参数分析误差的累积效应；二是针对已有治理平台数据获取不全面、数据处理分析水平不高等问题，建立完善数据采集处理、数据交换共享等标准体系，重点突破以数据采集、数据提取、数据清洗为代表的大数据底层技术；三是针对乡村治理大数据分析挖掘能力不足问题，引入人工智能、神经网络、区块链等现代化智能技术，开展监测预警、需求分析等大数据模型研发；四是针对乡村治理大数据安全，重点开展漏洞管理、入侵防范、信息加密等数据安全保护关键技术研发，建立乡村治理大数据环境动态监测系统，并结合不同层级、不同主体需求，打造多层级乡村治理大数据平台。

四、乡村"物—景—人—事"多维感知技术研发专项

乡村作为农业生产、农民生活的载体，具有持续更新的海量结构化和非结构化数据。通过应用新一代传感器、物联网、人工智能等信息技术，对乡村信息进行全面收集分析，是建设数字乡村的前提。然而，由于我国乡村环境复杂多变，涉及农业生产、农村生活多个领域，尚未实现乡村信息全面感知。尽管国内外学者针对多维信息感知技术开展了系列研究，但已有研究普遍集中于农业农村生态环境领域，对于乡村"物—景—人—事"多维信息感知技术的研究较少，尤其针对乡村基础设施、景观、民意诉求、舆情预判等方面的信息获取技术仍待攻克。因此，亟须开展乡村"物—景—人—事"多维感知技术攻关，为提升乡村治理能力与村镇为农服务能力提供科学响应，为推进乡村治理体系与治理能力现代化提供科技支撑。

针对乡村"物—景—人—事"信息获取能力低下问题，研发基于人工智能、大数据分析、计算机视觉处理、数字孪生的乡村"物—景—人—事"全面感知、精准测算、实时捕捉技术，研究感知传输接口标准化、能力全开放、业务可定义等关键技术。围绕道路交通、桥梁、村庄景观、生态环境、人员流动等众多领域，综合地理信息、遥感影像处理、远程视频监控、微传感器网络及无人监测技术，建立基于"天—临—空—地"① 和"物—景"模式的多数据平台。针对农村物理环境变化迅速，研究复杂实况下的终端自适应感知、融合与控制技术，以及数据分布式聚合、挖掘与协同共享技术；同时，进一步优化配套数据传输渠道，研发适用于农村地区的具有广域、自组织、高可靠性和节能的网络部署技术、协议优化技术及数据传输机制。针对乡村居民多样化治理需求，开发乡村居民多维度、多场景需求及预测大数据分析模型，研发面向乡村居民公共服务需求的多维人机互动移动终端设备，为乡村居民提供更加便捷、更加高效的公共服务，切实增强村民的安全感、获得感和幸福感。

---

① "天—临—空—地"是指以卫星、临近空间飞行器、无人机、地面传感网为载体，实时获取、传输、处理空间大数据信息的智能监测与服务体系。

· 第九章 ·

分类推进策略

我国乡村治理现代化在取得显著成就的同时，也面临不少挑战。经过对集聚提升类、城郊融合类、特色保护类、搬迁撤并类 4 类村庄深入剖析发现，4 类村庄的资源禀赋、治理情况各具特点，不同类型村庄的治理思路存在较大差异，乡村治理现代化的需求与发展侧重点也各不相同。因此，亟须根据不同问题与需求，有针对性地分类制定推进策略。

第一节　集聚提升类村庄

一、问题与需求分析

集聚提升类村庄是我国当前规模较大的中心村，也是仍将持续存在的一般村庄，在我国村庄类型中占大多数。该类村庄具有人口规模相对较大、区位交通条件相对较好、基础设施相对完备、具备一定产业基础、对周围村庄能有一定辐射带动作用等特点。该类村庄面临如下问题与需求：一是村庄数量庞大，但精细化管理服务不足。至少 80％的农民居住在集聚提升类村庄中，村民对于优质服务、科学管理、宜居环境需求较大，但目前该类村庄在教育、医疗、就业、文化等公共服务领域存在明显不足，多元化、网格化的乡村管理体系尚不完善，难以满足村民多样化的服务需求。二是具备一定的产业基础，但产业发展与有效治理融合不够。主要表现为村庄资源禀赋的挖掘不深入，兼具乡村特色与市场竞争力的产业建立与发展存在制约，乡村集体经济亟待提档升级，产业治理与村庄治理相辅相成的格局有待完善。三是治理人才缺乏。该类村庄在治理过程中，特别是在推进产业升级中需要大量人才投入，对人才的需求最为迫切，但由于多数村庄"两委"班子文化素质不高，党员、新乡贤、返乡创业人员、高素质农民等乡村精英培育引进力度不够，使得该类村庄难以形成新的人口聚集与资源要素聚集，制约了村庄治理现代化进程。因此，亟须完善乡村多元化、网格化治理体系，充分挖掘本土资源优势，突破现有发展瓶颈，不断夯实人才队伍支撑，激活产业、提振人气、增添活力，依托村庄有效治理助力乡村振兴。

二、推进策略

1. 扩大乡村居民公共服务供给

改善乡村义务教育办学条件，完善图书、计算机、体育活动设施等教学设施装备，加快推进乡村普惠性学前教育建设，逐步普及乡村公办幼儿园，鼓励和扶持民办幼儿园提供普惠服务。加强县、乡、村医疗机构和卫生站卫生技术人员培训，开展乡村老年服务机构建设，通过配备专业的服务团队，定期向居家老年人提供生活照料、医疗护理、精神慰藉等服务。改造升级乡村公共文化设施，合理利用闲置空地、闲置民宅、闲置厂房，建立休闲广场、文化演出区、休闲活动中心、文化展示中心、居民健身区等，积极推动具有当地特色与底蕴的群众文化活动进乡村，满足乡村居民多层次文化需求。在有条件的乡村推动村民职业技能培训实操基地建设，通过与村庄内企业、合作社等合作，向村民提供培训和见习机会，不断提升农民的实践操作能力。

2. 建立乡村网格化、多元化治理体系

强化乡村党支部的"头雁"引领作用，逐步完善村民代表会议、村民议事会、村民理事会、村民监事会等各种自治组织，建立健全班子队伍、党员队伍、志愿者队伍、群众队伍等多方联动工作机制。发扬新时期"枫桥经验"，针对乡村综合治安、人居环境等层面划分为不同的治理责任区域，实现乡村治理工作的网格化。积极推广"网上村委会"等微信公众号或手机 App，完善乡村居民在线交流、议事、投票、监督等应用功能，并建立起村民参与乡村自治的"积分制"，鼓励村民在线参事议事、意见表达。选取信息化基础条件较好的地区，探索建立乡村治理大数据平台，鼓励各村利用大数据平台开展党建工作、村民自治、移风易俗、法治服务、治安防控、小微权力监督等治理工作，推动实现多元主体协同治理格局。

3. 发展壮大乡村集体经济

有效整合各方资金、人才、土地、数据等要素，推动村"两委"班子、乡镇政府、地方乡镇银行、民营企业代表等主体共同构成集体经济组织领导层，将乡村集体经济年度目标完成情况与领导层绩效工资挂钩，形成乡村集体经济新的治理结构与机制。支持村集体经济组织充分挖掘内部资产、资源，积极盘活乡村闲置房产、办公场所、荒山林地等资源，利用符合条件的政策资金、集体土地经营权，依法入股参股农民专业合作社、农业产业化龙头企业，开展乡村特色产业股份合作经营。支持村集体经济组织围绕特色农产品兴办交易市场、市场中介组织，探索创办物业公司、综合服务中心，为村民、合作社、企业提供生产性服务、劳务服务、社区服务、便民服务等有偿服务，助推集体经济发展。

4. 着力打造乡村治理人才队伍

积极探索适合当地的"头雁"模式，通过派遣市管干部下沉到村里担任驻村干部，选派农村青年致富带头人或管理经验丰富的村党支部书记担任村第一书记，建立健全村干部工作报酬管理等制度，推动村带头人队伍整体优化提升。推动实施新乡贤培育与成长工程，建立完善新乡贤吸纳机制，成立新乡贤引进联络服务中心，研究出台各类新乡贤引入标准，向新乡贤提供优惠政策、精简审批、精细服务，鼓励新乡贤回乡工作。建立常态化的精英吸纳机制，吸引大学生、进城务工人员、退伍军人等群体返乡下乡创业就业，畅通退伍军人、知识分子、工商界人士等贤人能人回村任职渠道，不断推动乡村精英回流。着力开展乡村引才引智工作，建立乡村治理专家智库，加强与科研院所、企业深度合作，探索"推荐制"人才引进机制，积极引导乡村规划设计、市场营销、旅游管理、文化创意、电子商务、信息服务等领域的专业人才投身乡村、服务乡村。

第二节　城郊融合类村庄

一、问题与需求分析

城郊融合类村庄主要指市县中心城区（含开发区、工矿区，以下同）建成区以外、城镇开发边界以内的村庄，主要位于城市近郊区、县城城关镇所在地。该类村庄是伴随我国工业化和城镇化水平提高而形成，具有"亦农亦居"过渡特征。鉴于该类村庄地理位置优越、居住建筑基本呈现城市聚落形态、村民共享使用城镇基础设施可及性较高等特点，这类村庄往往可以作为承接城镇外溢的功能区，具备向城镇地区转型的潜力条件。但同时面临如下问题：一是人居环境整治难度大。该类村庄位于城市与乡村的过渡地带，受体制惯性制约，一般缺乏对村庄人居环境的整体规划，土地利用方式混乱、"乱搭乱建"问题较为严重，生活污水、垃圾随意倾倒堆放现象普遍，整体生活环境较差，是在城镇化进程中最难管理、环境污染最严重的区域。二是公共安全问题突出。由于交通便利、居住成本低，村庄流动人口占比较大，而外来流动人口大多构成复杂、文化素质偏低、流动性较强，在消防、治安等公共安全领域管理难度大、安全隐患较为突出。三是管理服务能力薄弱。该类村庄往往面临"城市"与"乡村"两种管理体制，管理服务单位"各自为政"、标准不一、职责混淆，同时因人口构成复杂，进一步增加了基层政府、村"两委"对各类居民的管理服务难度，使其形成管理服务上的"三不管地带"。因此，亟须以县域城镇化为抓手，综合考虑工业化、城镇化和村庄自身发展需要，以乡村精细化管理、环境综合整治、城乡基础设施互联互通与公共服务共建共享等为着力点，加快补齐人居环境整治与公共服务短板，加快提升该类村庄服务城市发展、承接城市功能外溢的能力，实现城乡设施一体、风貌互补、融合发展，让外来人员收获更多"归属感、家园感"，让本村村民有更多"幸福感、安全感"。

二、推进策略

1. 大力推进乡村人居环境绿化美化

将城郊融合村人居环境基础设施建设纳入城区统一规划，对城区与城郊融合村的道路交通、绿色空间、生态廊道进行统建统管，对村庄垃圾污水处理、村庄绿化、庭院美化等人居环境整治给予资金、项目等倾斜。加快建立乡村人居环境网格化管理体系，在村庄层面针对生活垃圾处理、黑臭水体整治、厕所改造、乱搭乱建治理等突出问题成立专门的网格化管理工作领导小组，并将环境治理成效纳入区县人居环境整治考核绩效当中，对村庄环境整治成效进行督查评比。持续增加污水处理设备、垃圾智能化分类设施的投入力度，率先支持有条件的村镇建立人居环境智能监测平台，开展覆盖水质、土壤、空气、噪声、污染、人居环境等要素的乡村环境智能化监测网络建设。

2. 提升对外来人员管理服务能力

由村党委牵头，以外来人员党员、群众代表为主体，成立"新居民"管理小组与外来人员志愿服务队，建立外来人员台账与管理服务微信群，推动外来人员代表积极参与村委中心工作。鼓励外来人员积极参与"出租房屋安全隐患大整治""平安乡村夜间治安巡逻"等安全知识宣传活动，支持外来人员同等享受村庄幼儿园、医疗卫生室、文化体育设施、养老中心等设施设备，做好外来人员随迁子女九年义务教育工作。强化突发公共卫生事件防治体系建设，依托热线电话、微信公众号、微信群等手段建立卫生防疫信息交流反馈渠道，动态掌握外来人员流动情况、健康状况、生活诉求，做好人员物资及时调配、人员居家隔离监管等。针对村庄外来人员的房屋租赁，在先进地区创新推广第三方"旅馆式"管理模式，在村委会设立"旅馆总台"、配备专职服务队伍，统一负责房源信息发布、租户身份核验、人口流动信息掌握、租户日常管理与便民服务等工作。

3. 构筑乡村立体化治安防控网

深化落实乡村"雪亮工程"，加强乡村视频监控设备布点，实现公共安全视频监控"全域覆盖、全网共享、全时可用、全程可控"。全面推行乡村治安网格化、精准化管理，在每个网格配备网格长、专职网格员、义务网格员、网格督导员，根据房屋区域分布、重点人员区域分布进行定期网格巡查。同时，建设"掌上警务"等微平台，配置"随手拍""事故快处"模块，实现治安信息实时采集、安全问题及时处理。积极推动"一村一警""一村一法律顾问"建设，形成以法律顾问、人民调解员、干警、律师等为主的多元矛盾化解体系。加强乡村报警服务平台及手机终端建设，通过有线、无线宽带等多种方式实现乡村居民联网报警，引导乡村居民通过实时监控、一键报警等技术措施实现村庄治安防范。

4. 试点推动乡村智慧社区建设

立足智慧城市发展框架，在有条件的城郊融合类村庄推动智慧社区建设试点工程，配套安装智能电表、水表、燃气表等设施，逐步扩大智能照明、智慧安防、智能垃圾分类回收等基础设施设备的覆盖范围，向居民推广家庭视频监控、智慧家居、智能穿戴等新型技术装备，构建居民数字化生活体系。依托城市大脑平台建设架构，探索建设乡村智慧社区综合服务平台，推进服务平台与教育、医疗、文化、商超等相关部门端口互联互通，方便乡村居民能够获取线上商品交易、网络教育培训、智慧医养服务、数字文化传播、在线心理辅导等"一站式"、全方位的公共服务、便民服务。做好典型案例征集、经验交流与示范推广，由点及面推进乡村智慧社区示范建设。

第三节　特色保护类村庄

一、问题与需求分析

特色保护类村庄，主要是指具有历史文化底蕴、传统乡风特色、少数民族集聚、特色景观集中的乡村。该类村庄一般具有所处地域独特、生态文化生活习俗特色突出、物质资源和非物质资源丰富等特点。因此，这类村庄往往地处偏远、人口稀少，再者考虑这类村庄的人文生态环境需要保护，其开发的空间和力度有限，使其在治理中面临诸多困境：一是村内青壮年大量外流，特色资源保护主体缺失严重；二是现有特色资源未能有效利用，村庄风貌与周边村庄同质化严重，无法形成特色吸引力；三是乡村产业布局不协调，产业发展不平衡，产品经营方式粗放；四是信息化、数字化、智慧化等现代科技在乡村治理中的应用普遍不足。因此，亟须突出党组织的领导作用，加强对特色空间环境的多维度保育，注重村庄发展的可适应性与特色延续性协同，增强信息化等数字技术赋能优秀传统文化，着力培育乡村文化自信，协同推进乡村公共服务和环境治理，焕发特色保护类村庄的新活力。

二、推进策略

1. 加强人居环境整治力度，推进公共服务治理

坚持把农民群众生活宜居作为首要任务，实施好农村人居环境整治行动，以垃圾污水治理、改厕和村容村貌提升为重点，着力补齐农村路、水、电、气、房、厕、垃圾污水处理等基础设施短板。通过对环境的改善，一是对内增加村内居民的幸福感和安全感，增强村民自治的积极性和主观能动性；二是对外吸引外埠资金、人才、项目入驻，为当地青壮年提供就业机会和就业平台，提升对青壮年认同感和吸聚力，切实发挥其乡村自治的主人翁作用。实施道路通村组、道路入户工程，解决村内道路泥泞、村民出行不便等问题，让村内的特色产品、风俗文化"走出去"，把村外的资金、人才、游客"运进来"。此外，加速乡村信息通信基础设施改造升级，同步规划城乡光网、5G、物联网等建设，建立城乡均等的信息通信网络公共服务体系，提升服务能力。

2. 培育本土特色文化符号，增强文化自信

加强农村文化引领，大力挖掘村庄特色文化，培育文明乡风、淳朴民风、良好家风，加快形成乡村文明新风尚。综合运用市场比较法、成本收益法、假设开发法、计量经济法等方法评估其历史文化、社会人文、自然生态、经济产业等特色价值，探索各村庄优秀传统文化的传承与发展。对于包含民俗文化、民族文化、历史文化等非物质资源的特色保护类村庄，要保持对其乡土民俗、乡土民居的尊重，注重非物质资源开发展示区域与村民生活区域的功能性区分，让其既吸引外来游人体会感悟当地乡土文化，又唤醒村民对于村庄特色人文底蕴的认同。对于包含特色历史人文建筑、特色空间风貌、特色田园景观等物质资源的特色保护类村庄，需要配套足够的旅游体验场所和配套设施，深入挖掘文化内涵，丰富村庄的空间功能，并注重物质资源与文明乡风、淳朴民风、良好家风的融合渗透，提升村庄特色魅力。

3. 集约化发展乡村特色文化产业

立足得天独厚的生态资源和特色产业基础，以稳定农业生产、促进乡村产业提质增效为出发点，将数字农业、智慧农业融入乡村旅游业发展中，谋划具有特色保护类村庄特色、与相邻区域互补共融的经济结构和产业类型，集约化发展村庄特色文化产业，促进农文旅融合型产业高质量发展。基于村庄产业基础，发展乡村新型服务业，加快数字技术工具与乡村生产性服务业、生活性服务业、农村商贸业的深度融合，培育农业服务新业态、创新农业服务新模式，带动村庄可持续发展。

第四节　搬迁撤并类村庄

一、问题与需求分析

搬迁撤并类村庄，主要是指位于生存条件恶劣、生态环境脆弱、自然灾害频发等地区，或因重大项目建设需要搬迁，以及人口流失特别严重的村庄。该类村庄大多地理位置偏远、规模小、人口少、资源缺乏，在治理中存在以下问题：一是缺乏特色主导产业，集体经济发展落后，村庄底子薄，基础支撑弱，贫困基数大，治理"缺钱"；二是人口流失严重、"空心化"现象普遍，劳动力素质较弱，基层党组织力量薄弱，治理"缺人"与"缺阵地"；三是水电、教育、医疗、环境等公共配套服务有待提升，村民整体归属感、获得感、幸福感、安全感不强，治理"缺技术"。因此，亟须坚持从此类村庄的发展实际出发，加强基层组织建设，充分发挥其自主性、积极性，依据各地发展阶段与条件逐步推进、有序建设。

二、推进策略

1. 推动基层党组织先进性、合法性、有效性建设

坚持党建引领，加大党组织建设力度，加强搬迁撤并类村庄党组织的先进性、合法性、有效性建设，健全完善"三治融合"的现代化乡村治理体系。加强党员干部观念意识先进性培育和学习，整改村中党员干部的不端行为，通过强化思想和行动的先进性建设整顿党组织软弱涣散面貌，着力解决"缺阵地"问题。明晰村庄党组织的职责权限、运行机制等具体工作要求和责任划分，强化党组织的民意基础和权威性，积极增强党组织的群众基础和民主认同，确保在村庄搬、迁、撤、并等重大问题上，争取群众对党组织的服从度、认可度、配合度。以促进村庄社会发展、推动乡村善治为目标，强化干部的选拔、考核、晋升程序，设立专门的财政经费，用于激励奖励优秀干部，为有能力、有责任、有成绩的干部提供施展平台，逐步培养基本素质过硬、有觉悟、有担当的好干部。

2. 推动搬迁安置问题解决与基本公共服务可及

及时总结经营效益好的扶贫项目并示范推广，壮大扶贫产业发展规模和经济效益，稳步提高村民收入水平，推动巩固脱贫攻坚成果与乡村振兴的有效衔接。针对村庄搬、迁、撤、并过程中出现的搬迁安置、异地安置、过渡期限、补偿标准等问题制定统一标准与规范，避免搬迁过程中的"挑肥拣瘦"行为，减少搬迁过程中针对地段、级别等方面产生的攀比和纠纷。以农村人居环境整治与公共服务体系建设为重点，加强环卫设施和环境治理，加大农

村基础教育和特殊教育、医疗卫生和文化体育等资源投入，提升农村兜底性社会保障和农村社区服务水平，提升农村基本公共服务的可及性。

3. 完善共建共治共享的乡村治理体系

加强高素质农民教育培训与农民职业技能培训，因地制宜调整当地的产业结构、增加就业机会，留住本地青壮年参与乡村治理。完善人才吸引、培养、使用等方面的配套政策措施，营造良好环境促进人才向农村集聚，吸引社会各界人才、项目、资金参与乡村建设，打造共建共治共享的乡村治理框架。积极应对村庄的"空心化"问题，重点关怀老弱病残群体。尤其要加强对留守儿童的身体健康、心理健康、学习生活等方面的关心，降低留守儿童发生危险的可能性；建立针对留守老人特殊困难的专项救助经费，保障村庄老年人的晚年生活质量。

·第十章·

政策措施建议

当前，我国正向全面开启第二个百年奋斗目标新征程迈进，其重点难点在农村，基础保障在于治理有效。我国乡村社会正在由传统的"熟人社会"向"半熟人半陌生"或"陌生"社会转变，治理的主体与客体也将面临重大变革。如何将改革进行到底，实现乡村治理现代化，亟须加强政策保障体系、科技支撑体系、多元共治体系、监测评估体系、人才培养体系等五大体系建设，支撑乡村振兴与共同富裕战略目标如期实现。

第一节　政策保障体系

一、统筹开展乡村治理现代化顶层设计

以习近平新时代中国特色社会主义思想为指导，按照实施乡村振兴战略的总体要求，坚持和加强党对乡村治理工作的全面和集中统一领导，以中共中央办公厅、国务院办公厅印发《关于加强和改进乡村治理的指导意见》为指引，从法律法规、制度规划、部门协同等多个维度统筹开展乡村治理现代化的顶层设计，建立健全乡村治理现代化的法律和制度框架。一是坚持法治为本，将《中华人民共和国乡村振兴促进法》作为推进乡村治理现代化的法治基石。梳理和完善涉及乡村治理现代化的法律和法规体系，从法律层面确认多元治理主体的权利、责任与义务，形成权责清晰的乡村治理运行体系。对标 2035 年基本实现乡村治理现代化的目标任务，紧前修订现行的《中华人民共和国村民委员会组织法》，细化乡镇政府、村委会、基层党组织、村民等主体在基层自治中的相互联系和权责范围，提升基层自治法律的可操作性。二是坚持问题导向，编制乡村治理现代化专项发展规划。围绕乡村治理的人

才、技术、资金、数据、土地等要素供给，规划部署乡村公共服务、公共管理、公共安全等多方面的总体任务，明确牵头和责任部门及其具体分工，细化具体目标与关键任务，鼓励各省市、各地区因地制宜编制专项发展规划。三是加强部门协同。建议在国家层面，由国家乡村振兴局主导，建立跨部门、跨领域的乡村治理现代化协调机制。在地方层面，以各地省市级乡村振兴局为主导，协调各有关部门建立省市县乡四级协调工作机制，确保乡村治理工作平稳有序高效推进。

二、完善乡村治理现代化发展一揽子政策体系

围绕基层党组织领导、规范村务管理、提升村民自治能力、培育乡风文明、建设美丽乡村与平安法治乡村等方面，出台一揽子政策与实施细则，从自治、德治、法治三个层面整体推进乡村治理现代化。一是对照《中国共产党农村基层组织工作条例》的主要目标和重点任务，加强基层党组织队伍、基本活动、基本阵地等方面的建设，大力整顿软弱涣散村党组织，落实县乡党委抓农村基层党组织建设和乡村治理的主体责任。二是围绕乡村治理建设的重点领域，出台涵盖工程项目、补贴政策、税收政策、金融信贷、以奖代补、专项基金等方面的一揽子鼓励政策及细则。三是建立健全保障机制，强化政策落地。健全党组织领导的自治、法治、德治相结合的乡村治理体系，督促各级党委切实担起责任、加强领导、强化保障，建立健全部门协同、上下联动的乡村治理工作机制，形成多部门共建的乡村治理工作联席会议，全面有序地推进自治、德治和法治的有机结合，形成一整套乡村治理现代化的政策体系，全面提升乡村治理能力和治理水平。

三、建立乡村治理现代化发展专项基金

突出问题导向，从乡村治理现代化的重难点问题和农民群众最关心、最现实、最迫切的问题入手，统筹安排工程项目和资金投入，因地制宜、循序渐进地开展乡村治理现代化建设。重点聚焦乡村公共服务均等化、公共事务治理现代化、公共安全治理现代化、环境治理现代化等领域，设立乡村治理现代化发展专项基金，多部门统筹开展资金和项目布局，形成工作合力。利用专项基金，积极开展乡村治理大数据试点工程、乡村社区现代化建设示范

工程、乡村人居环境整治推进工程等重大工程试点推广工作，形成一批可复制、易推广的乡村治理现代化建设路径和模式。

第二节　科技支撑体系

一、突破一批乡村治理现代化关键核心技术

强化科技创新驱动发展，实施乡村治理现代化关键核心技术攻关，重点推动建设乡村治理大数据中心、技术创新中心、前沿技术重点实验室，重点突破基层公共服务精细化治理、基层智慧党建、乡村多元主体协同治理、面向村民综合素质与能力提升的知识服务、乡村公共安全与社会风险的预测预警、乡村人居环境整治等领域涉及的关键技术，研发具有乡村特色的低成本、便捷化、用得上、用得起的技术产品。分类有序推进数字技术在乡村治理公共服务、公共安全、公共管理、环境等多领域的高效应用，整体提升乡村治理数字化和智能化水平。

二、打造乡村治理现代数字技术创新应用场景

强化高新技术对乡村治理现代化的内在机制优化和外在手段创新的作用，通过技术创新倒逼乡村治理机制、手段和模式变革，引导乡村治理动力前置，将乡村治理的主导动力模式由被动"管控"向主动"预防"转变，以此优化乡村治理流程，让政策更具靶向性。推动和拓宽大数据、人工智能、物联网、区块链等现代信息技术在乡村治理中的创新应用，打造更多数据驱动乡村治理现代化的应用场景，尤其聚力打造党建引领下的乡村智慧自治、智慧德治、智慧法治应用场景。突出数字化服务平台在村级事务管理、村务议事协商与民主监督、人居环境整治、平安法治乡村、便民服务等场景的应用拓展，实现数字技术赋能乡村治理现代化。

三、加大乡村治理现代化技术的示范与推广

聚焦乡村治理的重点地区和重点领域，开展智能感知、模型模拟、环境治理、安全防控、精细服务等技术及软硬件产品的集成应用和示范，熟化推广一批乡村治理技术模式和典型范例。在乡村治理成效较为突出的区域探索

开展技术示范区建设，通过示范引领，带动技术应用与推广。协同发挥科研机构、高校、企业等各方作用，尤其是要充分发挥企业优势，集中孵化一批高新技术企业，优先提炼一批紧缺、紧要且适用性较强的乡村治理现代化技术，率先在国家级、省级乡村治理试点开展技术应用与推广。培养造就一批乡村治理领域科技领军人才和高水平管理团队，并在基层开展实用性技术培训，扩大人才队伍，形成一套良性的技术推广体系。

第三节　多元共治体系

一、完善多元主体参与体制机制

立足现行制度规范和法治体系，按照党委领导、政府负责、社会协同、公众参与、法治保障的现代社会治理体系要求，建立多元主体参与的乡村治理制度体系、法律法规体系，促进主权责权划分、运行机制、保障机制等关键内容建立。通过引入市场作用，将政府与村集体所承担的经营性事务推向市场，以项目发包、公开招标等形式向市场组织购买服务，使政府、村集体、村民与市场组织形成互惠关系。激发社会组织与基层群众参与乡村治理的积极性与主动性，推进主体选择机制建立，不断增强治理客体在主体选择上的主导权，优化服务主体结构。按照"把知情权、协商权、监督权交给群众"思路，充分发挥民主监督作用，通过建设"乡镇政协联络组"、搭建"网络参政议政平台"、建立政协特约民主监督员队伍等方式，积极推进基层民主协商机制及民主化、公开化的议事和决策机制的建立，着力解决"协商难，议事荒"等问题，让基层民主协商与村级事务决策更具广泛性和群众性。

二、建立多元化主体共治服务渠道

以党建为引领，以移动互联网为载体，以村党组织为核心，以城乡居民为主体，以线上线下多维立体网格治理为主要手段，加快建立多元主体协同共治的信息化管理服务平台，实现基层治理需求与主体服务内容的精准对接，推动乡村治理做细做精、做优做强。加快梳理乡村治理清单，明确乡村重大事项决策、资产资源管理处置、资产项目建设招投标管理等村级公共权力事项，以及村民宅基地审批、困难补助申请、土地征用款分配、村级印章使用等便民服务事项，明确村干部责权"界限"，细化治理内容，推动乡村治理由"大水漫灌"向"精准服务"转变。

三、激发村民集体行动能力

突出农民在乡村治理中的主体地位，因地制宜推广积分制乡村治理模式，对农民日常行为和参与乡村重要事务情况进行量化积分考核，根据积分结果给予激励或约束。同时，尊重并发挥农民的首创精神，在发展乡村产业、建设乡村、推动城乡融合等领域，全方位鼓励和引导农民参与村级公共事务的政策制定、活动实施、过程监督和成果分享，做到问需于民、问计于民。强调党建引领，发挥组织优势，拉近干群关系，推动实施党员干部服务群众的网格化建设，促进党员群众凝聚，以党风促民风，带动村民积极投身于乡村治理的各个领域。强化乡村治理法治化建设，增强村民的法治意识和法律素养，在现行法律制度的范围内指导和规范村民自治，正确处理利益冲突和村民纠纷，培育一批法治典型治理示范村，进一步促进乡村治理体系和治理能力现代化。

第四节　梯次推进体系

一、梯次推进落实乡村治理现代化顶层设计

乡村治理现代化体系构建具有综合性、整体性、渐进性和持久性的特点，在推进工作中要把握工作重点，允许不同发展水平、不同区位条件的地区采取差异性、过渡性的制度和政策，合理设定阶段性目标任务和工作重点，分步实施，形成因地制宜、统筹推进的工作机制。各省市、地区应立足自身实际发展阶段，加强多元主体、资源要素、政策和城乡协同发力，科学评估财政承受能力、集体经济实力和社会资本动力，依法合规谋划乡村治理现代化目标和实施计划，制定符合自身发展水平的梯次推进实施方案，合理确定乡村基础设施、公共服务、公共事务、公共安全、政策保障资金等供给水平，形成可持续发展的乡村治理现代化建设长效机制。

二、合理制定乡村治理现代化分区分类推进措施

科学把握不同地域、不同类型乡村的发展现状与趋势，因村制宜，精准

施策，构建乡村治理现代化分区分类推进体系，加快推进乡村治理体系和治理能力现代化。从聚焦阶段任务、把握节奏力度等方面，科学制定分区分类乡村治理的原则、方向、目标和任务，既强调尽力而为，又强调量力而行，有序实现乡村治理现代化任务与目标。推动东部沿海发达地区、人口净流入城市的郊区、集体经济实力强及其他具备条件的乡村，至 2025 年率先实现乡村治理现代化；中小城市和小城镇周边及广大平原、丘陵地区的乡村作为乡村治理现代化重点区域，至 2035 年实现乡村治理现代化；革命老区、民族地区、边疆地区、集中连片特困地区的乡村，至 2050 年如期实现乡村治理现代化。

三、明确乡村治理现代化分区分类发展方向与重点

按照乡村治理现代化梯次推进实施规划和分区分类推进体系，合理提出和落实现阶段分区分类推进乡村治理现代化的重点。东部沿海等经济实力较强的乡村，应重点深化数字化治理方式与理念在乡村治理中的应用，拓展和延伸数字化治理应用场景，推动乡村治理向"智治"转变；中部广大平原及丘陵地区等经济实力一般的乡村，应重点加大城乡融合推进力度，壮大乡村集体经济，建立网格化、多元化治理体系；西部偏远山区等经济实力较弱的乡村，应重点发挥党建引领作用，夯实基层党组织建设，补齐乡村基础设施短板，完善基本公共服务体系，扶持产业发展，壮大多元治理主体，实现乡村治理多元协同。

第五节　监测评估体系

一、完善监测评估制度体系

各级乡镇党政部门和农业农村部门要充分认识乡村治理监管评估在乡村治理中的重要性，有序推进相关部门建立健全工作机制，强化工作措施。建立乡村治理全过程监督与问责机制，将参与主体全部纳入监督管理范围，确保监督机制和问责机制贯穿治理全过程，形成对参与主体的责任约束。充分发挥以微信、微博等社交媒体，抖音、快手等短视频平台，以及各类手机App 为代表的新媒体在乡村治理中的社会监督作用，以新媒体为主要监督方

式，加快建立乡村治理线上监督平台，完善公众参与监督与评价的相关机制体制，增加村民知情权和参与权，凸显农民群众在乡村治理中的地位，激活乡村治理内生动力。

二、建设监测评价标准体系

一是围绕公共事务、公共服务、公共安全、环境等治理重点领域，加快建立乡村治理现代化监测评估体系与评估标准，并对重点乡村治理实践进行动态监测评估。二是加强部门统筹和协调，着眼于乡村振兴的整体布局，区分国家和地方两个层面，按照不同治理领域和范畴、不同特点和规律，分类推进标准规范的制定和推行。三是总结、提炼和推广全国乡村治理现代化的典型经验，如"枫桥经验""宝山模式""余村经验""鄞州模式""安吉模式"等，突出党建引领、"三治融合"、智慧治理理念等多重内涵，提炼乡村治理现代化的共性路径，并结合各省市自身地域经济社会发展特点，形成一套因地制宜、操作性强的乡村治理现代化动态监测评估标准。

三、构建监测评估数字系统

加快推进城乡数字化基础设施建设，扩大传感器、自动化终端在乡村治理的应用范围，构建泛在感知、终端联网、智能上报的乡村治理数据监测体系，提升监测数据获取的便捷性与丰富性。建立覆盖乡村公共事务、环境、公共安全、公共服务等领域的乡村治理评估预警信息库，加快推进治理智能化模型研发创新，提升乡村治理数字化、智能化水平。坚持基础共建、资源共享的原则，加快乡村治理政务云、数据共享交换中心等建设，构建完善的监管闭环数字化平台，推进监管数据有效整合和共享交换，推动监测评估共享实践协同发展。

第六节　人才培养体系

一、加大乡村治理高素质人才培育

一是建立健全与全面创新改革相适应的人才制度体系，将人才引进与自主培育相结合，建立导向鲜明、激励有效、系统规范的人才培养、引进和使用模式，形成多主体参与、兴趣导向、长链条衔接、多资源供给的人才自主培育格局。二是完善涉农学科专业高等教育人才培养体系，以培养乡村治理现代化优秀人才为抓手，以乡村振兴为目标，加快培养针对乡村公共服务、公共管理与公共安全等乡村治理领域的拔尖创新型、复合应用型、实用技能型人才。三是继续深入实施"一村一名大学生"培育计划，持续支持村干部、新型农业经营主体、退役军人、返乡创业农民工等，继续参与涉农专业的学历教育，创新和扩展学习方式，将在校学习、弹性学制、农学交替、送教下乡等学习方式有机集合，同时继续依托"选调生""大学生村官"等渠道招录大学生进村工作。四是加强乡村法律人才队伍建设，推动公共法律服务下沉，通过政府购买服务、社会组织积极参与等手段，完善和落实"一村一法律顾问"制度。

二、加强乡村基层治理干部队伍建设

在干部队伍建设环境方面，夯实干部队伍建设基础，从经济环境、教育科研环境、服务环境、硬件配套等多个方面着手，形成与乡村重点产业发展需求、乡村治理服务发展需求相匹配的高水平干部队伍建设环境。建立本土人才动态管理制度，克服论资排辈的不良现象，真正落实不唯身份、不唯学历、不唯职称、不唯资历的用人准则，大力推进本土干部人才培养。建立健全鼓励人才回流农村的政策措施，出台相关激励政策、完善保障措施，充分发挥市场在人才资源配置中的决定性作用，打破阻碍人才回流的体制机制障碍，形成乡村后备干部复合型人才队伍。在乡镇干部培养方面，加大乡镇干部教育培训力度，注重实践锻炼，选派乡镇干部开展有关乡村治理的涉农政策和知识的培训，组织发达地区和欠发达地区互派乡镇干部挂职锻炼，不断提高乡镇干部的能力素质。在本土治理人才培育方面，通过农民夜校、专家讲座、远程教育等方式强化培训成果，着力培养"领头雁"型村干部、农民专业合作社负责人等农村发展带头人，发挥新乡贤在乡村治理中的重要作用。

三、建立健全人才报酬兑现机制

构建乡村治理人才绩效评估指标体系，形成符合基层实际工作特点的评价标准和方法，建立科学的考核周期，强化聘期考核，将薪资报酬与绩效考核挂钩。引入第三方专业机构参与人才评价，建立健全重要技术人才和管理人才遴选、评价、考核与退出机制。加大对干部的正向约束和激励力度，抓好干部激励机制与配套措施落实，让能干事、会干事、干成事的干部在政治上有提升、精神上受鼓舞、物质上得奖励，增强干事创业的动力。

上篇（第一至十章）主要执笔人：

李　瑾　冯　献　马　晨　郭美荣　曹冰雪　张　骞　康晓洁　孙　宁
揭晓婧　张怀波　周孟创　范贝贝

下 篇

· 第十一章 ·

乡村公共服务治理现代化
发展战略研究

构建完善的现代化乡村公共服务供给体系，补齐农村基本公共服务短板，提高公共服务质量，既是保障和改善民生的要求，也是实现乡村振兴的重要基础。随着全面建成小康社会的实现，着眼于我国乡村公共服务治理的成效、短板与需求，对标《中华人民共和国国民经济和社会发展第十四个五年规划和2035年远景目标纲要》中关于乡村公共服务治理的最新要求，提出面向2025年、2035年我国乡村公共服务治理现代化战略目标与战略路线，谋划乡村公共服务治理现代化重点任务，规划乡村公共服务治理现代化重大工程，创新乡村公共服务治理模式，对于全面提升乡村公共服务保障水平，不断增强农村居民获得感、幸福感、安全感意义重大。

第一节 研究背景

纵观新中国成立70多年来我国乡村公共服务治理工作，在经历了集体供给阶段、基层政府推进阶段、公共服务体系建立阶段、公共服务制度建立阶段后，逐步向公共服务标准化、均等化方向发展。现阶段，摸清我国乡村公共服务治理相关政策导向、乡村社会发展基础及新一代信息技术装备等发展背景，明确发展乡村公共服务治理的重要性与必要性，对于构建完善的乡村公共服务体系、促进乡村公共服务治理现代化意义重大。

一、乡村公共服务治理现代化发展背景

1. 国家高度重视乡村公共服务治理

完善的乡村公共服务供给体系是现代乡村治理体系的重要内容，也是实现乡村振兴的重要基础。加快推进乡村公共服务治理现代化有利于逐步实现乡风文明与村容整洁，维护农民的基本权利和各项权益，调动广大乡村群众参与国家和社会事务治理的积极性，更好地发展乡村民主政治，更好地体现我国社会主义制度的优势。我国政府一贯重视乡村公共服务治理工作，2003 年以来政府出台了一系列政策促进乡村公共服务体系建设，特别是党的十九大以来，中央在乡村振兴领域作出了一系列重大战略部署，要求以加快推进农业农村现代化为目标，推进乡村公共服务治理体系的建设现代化。2019 年颁布的《关于加强和改进乡村治理的指导意见》对乡村公共服务治理现代化发展作出了顶层设计，提出"到 2035 年，乡村公共服务、公共管理、公共安全保障水平显著提高，党组织领导的自治、法治、德治相结合的乡村治理体系更加完善，乡村社会治理有效、充满活力、和谐有序，乡村治理体系和治理能力基本实现现代化"，并对乡村义务教育、医疗卫生、社会保险、劳动就业、文化体育等基本公共服务的不断完善提供了具体指导，明晰了加速乡村公共服务治理效率、提升乡村公共服务治理现代化水平的发展重点方向。近 10 年我国乡村公共服务治理相关政策文件见表 11-1。

表 11-1　我国乡村公共服务治理相关政策文件

发布时间	政策名称	相关内容
2020.1	关于抓好"三农"领域重点工作确保如期实现全面小康的意见	加快补上农村基础设施和公共服务短板；提高农村教育质量；加强农村基层医疗卫生服务；加强农村社会保障；改善乡村公共文化服务；治理农村生态环境突出问题
2019.11	关于坚持和完善中国特色社会主义制度 推进国家治理体系和治理能力现代化若干重大问题的决定	实施乡村振兴战略，健全城乡融合发展体制机制；运用互联网、大数据、人工智能等技术手段推进数字政府建设；建立健全网络综合治理体系

（续）

发布时间	政策名称	相关内容
2019.9	关于服务乡村振兴促进家庭健康行动的实施意见	加强疾病防治、医疗救助、健康教育和咨询、生产生活帮扶、信息采集、强制报告等工作；搭建帮扶关爱平台
2019.6	关于加强和改进乡村治理的指导意见	发挥信息化支撑作用，探索建立"互联网＋网格管理"服务管理模式，提升乡村治理智能化、精细化、专业化水平
2019.5	数字乡村发展战略纲要	着力发挥信息化在推进乡村治理体系和治理能力现代化中的基础支撑作用，繁荣发展乡村网络文化，构建乡村数字治理新体系
2018.12	关于建立健全基本公共服务标准体系的指导意见	建立健全基本公共服务标准体系，规范中央与地方支出责任分担方式，推进城乡区域基本公共服务制度统一，促进各地区各部门基本公共服务质量水平有效衔接
2018.9	乡村振兴战略规划（2018—2022年）	深化农业农村大数据创新应用，推广远程教育、远程医疗、金融服务进村等信息服务；推动社会服务管理大数据一口径汇集，不断提高乡村治理智能化水平
2018.2	关于实施乡村振兴战略的意见	推进乡村治理体系和治理能力现代化，打造"一门式办理""一站式服务"综合服务平台；探索以信息技术为支撑的管理精细化精准化；推动远程医疗、远程教育等应用普及
2017.1	关于印发"十三五"推进基本公共服务均等化规划的通知	到2020年，基本公共服务体系更加完善，体制机制更加健全，在学有所教、劳有所得、病有所医、老有所养、住有所居等方面持续取得新进展，基本公共服务均等化总体实现
2016.7	国家信息化发展战略纲要	以信息化推进国家治理体系和治理能力现代化，分类推进农村网络覆盖
2016.7	关于统筹推进县域内城乡义务教育一体化改革发展的若干意见	以县为单位，努力办好乡村教育，科学推进学校标准化建设，实施消除大班额计划，统筹城乡师资配置，改革乡村教师待遇保障机制，改革教育治理体系，改革控辍保学机制，改革随迁子女就学机制，加强留守儿童的关爱和保护
2016.1	关于整合城乡居民基本医疗保险制度的意见	要求各省份将现有的城镇居民基本医疗保险和新型农村合作医疗合并为城乡居民基本医疗保险

（续）

发布时间	政策名称	相关内容
2015.11	关于进一步完善城乡义务教育经费保障机制的通知	建立城乡统一、重在农村的义务教育经费保障机制；统一城乡义务教育"两免一补"政策；统一城乡义务教育学校生均公用经费基准定额；巩固完善农村地区义务教育学校校舍安全保障长效机制；巩固落实城乡义务教育教师工资政策
2014.2	关于建立统一的城乡居民基本养老保险制度的意见	将新型农村社会养老保险和城镇居民社会养老保险两项制度合并实施，在全国范围内建立统一的城乡居民基本养老保险

2. 城乡社会的高质量发展为乡村公共服务治理现代化奠定基础

近年来，在世界经济增长动力减弱、中美贸易摩擦不断、全球大宗商品价格普遍下降的经济发展背景下，《中华人民共和国 2019 年国民经济和社会发展统计公报》显示，我国 2019 年国内生产总值仍达 990 865 亿元，保持了6.1%的增长率，为乡村公共服务治理现代化的发展奠定了坚实经济基础。在"三农"支出方面，我国政府对"三农"问题日益重视，"三农"发展战略发生了重大变化。国家统计局发布的最新国民经济运行情况数据显示，2019 年我国一般公共预算支出达 238 858.37 亿元，同比增长 8.1%，在其预算支出结构中排前五名的分别是教育支出，占比 14.62%；社会保障和就业支出，占比 12.38%；城乡社区支出，占比 10.75%；农业林业水利支出，占比9.39%；医疗健康支出，占比 7.03%。这些均与农民生产生活息息相关，"三农"支出的落实到位为乡村公共服务治理现代化提供了支撑保障。此外，改革开放以来，我国城镇化率已由 1978 年的 17.92%提高到 2020 年的 63.89%，且现阶段我国的城镇化已由过去的高速城镇化转向高质量城镇化，不仅加速了农民市民化进程，也为乡村公共服务均等化发展提供了空间载体，推动了城乡各类信息资源与公共服务的相互渗透和深度融合。

3. 科技进步为乡村公共服务治理现代化提供技术手段

信息技术具有跨时空连接、大容量存储、信息互动等特点，具备协助不同地域、不同基础架构的成员实现过程、应用、数据等资源共享的优势，有助于消除传统公共服务供给主体和客体之间的信息不对称，弥合城乡之间的信息鸿沟，为促进城乡公共服务均等化提供了前所未有的机遇。特别是近年来，随着移动互联、物联网、大数据、5G、人工智能、区块链等信息技术逐渐向乡村公共服务领域进行渗透，加速推动了乡村社保、就业、治安、医疗、教育等公共服务不同领域的信息化融合，信息科技成了提高公共服务供给的"倍增器"，为解决乡村公共服务"最后一公里"问题提供了技术条件。此外，面对乡村公共服务治理涉及范围较广、管理部门众多、各体系间责任"条块分割"严重等问题，数字化综合平台能够提供涵盖乡村社保、就业、治安、医疗、教育等众领域的综合集成服务，并在此基础上构建乡村自然资源和地理空间基础信息库、乡村人口基础信息库、城乡社会保障资源数据库、乡村教育资源数据库、乡村医疗管理和服务信息数据库、城乡公共就业信息数据库等基础性、公益性数据库，开展综合决策与智能分析，丰富乡村公共服务应用体验，提升乡村公共服务效能，为乡村公共服务治理统一布局提供重要支撑。

二、推进乡村公共服务治理现代化的战略意义

1. 推进乡村公共服务治理现代化是建设国家治理体系和治理能力现代化的重要内容

党的十八届三中全会中首次提出要推进国家治理体系和治理能力现代化，2019年《关于加强和改进乡村治理的指导意见》中又强调"到2035年，乡村公共服务、公共管理、公共安全保障水平显著提高，党组织领导的自治、法治、德治相结合的乡村治理体系更加完善，乡村社会治理有效、充满活力、和谐有序，乡村治理体系和治理能力基本实现现代化"的具体目标。党的十九届四中全会继而提出坚持和完善中国特色社会主义制度、推进国家治理体系和治理能力现代化，是全党的一项重大战略任务。乡村作为社会的毛细血管，推进乡村公共服务治理现代化是推进国家治理体系和治理能力现代化的基础与重要内容。伴随着新一代信息技术快速向农村地区延伸，信息技术创新的扩散效应、信息和知识的溢出效应、数字技术释放的普惠效应，有效提升了乡村公共服务治理现代化水平，助推国家治理体系和治理能力现代化目标的实现。

2. 推进乡村公共服务治理现代化是落实乡村振兴战略与新型城镇化战略的重要举措

我国长期坚持把解决好"三农"问题作为全党工作重中之重,特别是党的十八大以来,强农惠农富农政策力度持续加大,农业现代化和新农村建设扎实推进,农村改革全面深化。党的十九大从经济社会发展全局的高度创造性地提出了乡村振兴战略,要求坚持农业农村优先发展,按照产业兴旺、生态宜居、乡风文明、治理有效、生活富裕的总要求,建立健全城乡融合发展体制机制和政策体系,加快推进农业农村现代化。从五大方面的实现路径来看,公共服务是乡村振兴总体任务的强力支撑,是实现农业强、农村美、农民富目标的重要抓手,将贯穿农业农村现代化的全过程。为深入落实党的十九大精神,中共中央、国务院发布了《乡村振兴战略规划(2018—2022年)》(以下简称《规划》),《规划》提出到2022年,农村基本公共服务水平进一步提升,增加农村公共服务供给。推进乡村公共服务治理现代化,是落实乡村振兴战略的基本要求。建立健全城乡融合发展体制机制和政策体系,以先进的治理理念为导向、以良好的乡村社会秩序为基础、以乡村经济发展为引领、以乡村治理能力提升为引擎,为乡村振兴提供坚强后盾和保障。

3. 推进乡村公共服务治理现代化是实现城乡基本公共服务均等化和提升人民获得感的必然选择

《关于实施乡村振兴战略的意见》提出到2035年城乡基本公共服务均等化基本实现的发展目标。提升农村公共服务质量,满足农民对公共产品的需求,是实施乡村全面振兴的任务所在。当前,我国农村基础设施和公共服务的数量和质量都远低于城市,农村地区的基础设施和公共服务既有总量不足的问题,也有质量不高的问题。面对公共服务治理现代化目标和亟待弥补的短板,需要加快建立健全全民覆盖、普惠共享、城乡一体的公共服务体系,利用现代信息技术创新治理方式与治理模式,推进"互联网+"向农村延伸,推进教育、医疗、社保、养老等服务资源共享互联,提高公共教育、医疗卫生、社会保障、养老等公共服务供给水平,实现乡村公共服务标准化、精细化、均等化、普惠化、便捷化,补齐农村基础设施短板,提升乡村公共服务治理现代化水平,不断增强人民群众的获得感、幸福感、安全感。

第二节　乡村公共服务治理现代化发展现状

在政策的大力支持和推动下，我国乡村公共服务制度体系不断健全，标准化、制度化水平不断提升，"互联网＋"政务服务、线上教育、远程医疗、线上培训、数字文化等新模式不断涌现。但总体而言，据课题组基于问卷调查数据评估，乡村公共服务治理现代化实现程度仅为50.96％，我国仍处于乡村公共服务治理现代化初级探索阶段，且各省份之间差异显著，迫切需要在降低乡村公共服务供给成本的同时，提高供给效能与保障水平，加强区域间、城乡间公共服务资源优化共享，让农村居民享有更加公平普惠的公共服务。

一、我国乡村公共服务治理现代化现状与成效

1. 乡村公共教育服务治理现状

教育是基本公共服务均等化的核心内容，乡村教育治理现代化是关系到2035年能否实现基本公共服务均等化目标的重要因素。新中国成立70多年以来，党和政府高度重视发展基础教育，高等教育逐步加强，相继实施的中小学"校校通"工程、"农远"工程等，极大地丰富了数字化教育资源，国民受教育程度不断提高，已构建起基本完善的中国特色社会主义现代化教育体系。新中国成立初期，我国教育水平低下、人口文化素质差，学龄儿童入学率只有20％左右，全国80％以上人口是文盲。经过70多年的不断发展，2018年我国九年义务教育巩固率达94.2％，高等教育毛入学率达48.1％，高于中高收入国家平均水平；中等职业教育学校达到10 340所。教育事业发展极大提高了国民的思想道德素质、科学文化素质和健康素质，为社会主义现代化建设培养了大量人才。2018年，教育部发布《教育信息化2.0行动计划》，强调以信息化为引领构建以学习者为中心全新的教育生态，实现公平而有质量的教育。

一是乡村教育设施不断完善，农村办学条件得到全面改善。党的十八大以来，国家着力全面改善农村义务教育薄弱学校基本办学条件。2013年，经国务院同意，教育部、国家发展改革委、财政部共同启动全面改善贫困地区义务教育薄弱学校基本办学条件工作，党的十八大期间中央财政共投入专项

补助资金 1 699 亿元，带动地方投入 3 727 亿元，合计 5 426 亿元，贫困地区学校基本教学条件得到显著改善，有效促进了学校标准化建设。2014 年至 2019 年底，全国自"全面改薄"以来，共新建改扩建校舍 2.24 亿米²、室外运动场 2.22 亿米²，购置学生课桌椅 3 503 万套、图书 6.36 亿册、教学仪器设备 3.03 亿台件套，义务教育学校布局进一步得到优化，农村学校教学条件得到整体提升。除了升级教学设施，学校配套生活设施也得到全面改善，其间，全国新建改扩建学生宿舍 2 936 万米²、学生食堂 1 316 万米²、厕所 677 万米²，购置学生用床、食堂、饮水、洗浴等生活设施设备 1 704 万台件套，基本消除了农村寄宿制学校"睡通铺、站着吃饭、洗不上澡"等现象。农村学前教育在园生比例达到 62.90%，义务教育阶段在校生比例达到 65.40%，普通高中教育比例达到 52.35%，高中阶段毛入学率为 88.3%。

二是基础教育信息化取得明显成效，在线化教育模式不断成熟。全国教育信息化基础设施逐步完善，农村学校数字教育资源覆盖面不断扩大，优质资源共建共享机制正在逐步形成。截至 2019 年底，全国 98.6% 中小学实现网络接入，90% 以上学校拥有多媒体教室，6.4 万个教学点全面完成"教学点数字教育资源全覆盖"项目建设，国家教育资源公共服务平台实现了 23 个省级平台互联互通，师生网络学习空间开通数量增加到 7 900 万个，"农村中小学数字教育资源全覆盖"项目有效解决了 400 多万边远贫困地区师生上课问题，教育资源公共服务体系框架基本形成。全国每百名学生拥有计算机 14.03 台，比 2013 年底增长 51.7%。其中，"三区三州①"每百名学生拥有计算机 11.5 台，比 2013 年底增长 33.8%。课题组调研数据显示，农村 93.94% 的中小学有计算机，92.30% 有多媒体教室，87.88% 有投影仪，84.85% 有计算机室，66.67% 使用过远程教育系统（图 11-1）。人工智能、大数据、5G 等新兴数字技术在教育领域得到应用，直播互动的教学形式更加成熟。2020 年新冠疫情防控期间，教育部推出 22 个线上课程平台，开设 2.4 万门在线课程，有效保障了广大师生的教育教学任务。快手大数据研究院发布的《2019 快手教育生态报告》数据显示，2019 年快手平台教育类短视频生产量达 2 亿；此外，

---

① 三区三州的"三区"是指西藏自治区，青海、四川、甘肃、云南四省藏区，以及南疆的和田地区、阿克苏地区、喀什地区、克孜勒苏柯尔克孜自治州四地区；"三州"是指四川凉山彝族自治州、云南怒江傈僳族自治州、甘肃临夏回族自治州。三区三州是国家层面的深度贫困地区。

钉钉、腾讯会议等办公应用也成为在线教育平台；华为、京东等企业集团也相继推出在线教育课堂或教学系统。

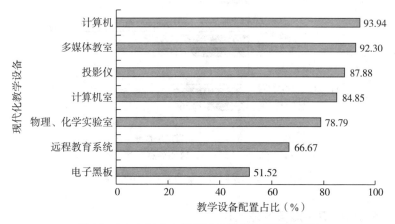

图 11-1 农村中小学现代化教学设备配置情况

三是乡村教育服务资源更加丰富。中国教育公益事业的深入发展和教育信息化进程的不断推动，使得乡村学校的基础教学设施建设和信息化教学水平得到了较大提升。乡村教育投入力度不断加大，乡村学校软硬件配置更加完善，教育资源配置更加优化，教学方式更加丰富，乡村教师队伍不断壮大，教师教育水平得到不断提高，乡村学校教学质量不断优化。2015 年 6 月，国务院办公厅印发《乡村教师支持计划（2015—2020 年）》。2017 年，"两免一补"政策实现全面覆盖。2018 年，中共中央、国务院出台《关于全面深化新时代教师队伍建设改革的意见》，教育部等部门印发《教师教育振兴行动计划（2018—2022年）》，着力培养乡村教师，教师队伍素质得到整体提升。《中国农村社会事业发展报告（2019）》数据显示，2019 年，我国有乡村教师 290 多万人，其中中小学近 250 万人，幼儿园 42 万多人；40 岁以下的青年教师近 170 万人，占58.35％。全国 30.96 万所义务教育学校（含教学点）办学条件达到有关要求，占义务教育学校总数的 99.76％，农村义务教育学校特别是贫困地区农村学校办学条件得到显著改善。课题组调研数据显示，71.91％的村民表示最近的公立小学在 3 千米以内，50.12％的村民最近的公立中学的距离在 3 千米以内；57.41％的村民认为义务教育资源满足需求，50.82％认为中小学教师资源充足，44.38％的村民对于义务教育表示满意，整体满意度较高（图 11-2）。

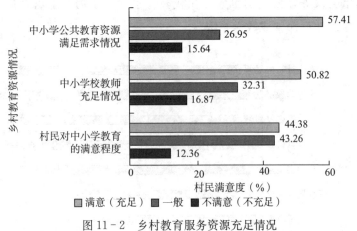

图 11-2 乡村教育服务资源充足情况

2. 乡村医疗卫生服务治理现状

近年来，国家对健康卫生事业的投入稳步增长，医药卫生体制改革持续深化。2009 年新医改开始推行，中共中央、国务院出台了《关于深化医药卫生体制改革的意见》，提出积极推进农村医疗卫生基础设施和能力建设，建设覆盖城乡居民的基本医疗卫生制度；党的十九大又提出实施健康中国战略，加强基层医疗卫生服务体系和全科医生队伍建设。在一系列政策支持和推动下，我国农村的医疗卫生事业取得了阶段性成果，医疗卫生服务体系不断健全，疾病防控和医疗服务效能持续增强，妇幼卫生工作稳步推进，城乡居民健康水平持续提高。

一是乡村医疗卫生服务体系不断健全，服务能力大幅提升。我国已经构建了完善的以县级医院为龙头、乡镇卫生院为骨干、村卫生室为基础的"县—乡—村"三级医疗卫生服务体系。县级医院主要承担基本医疗和危重病救治，以及对下级机构的业务指导和人员培训；乡镇卫生院主要承担公共卫生服务和常见病、多发病的诊疗，同时对村卫生室进行管理和人员培训；乡镇卫生院和村卫生室是直接为农民提供医疗卫生服务的主要机构。在此完善的医疗卫生服务体系下，乡村医疗卫生服务机构覆盖率逐年增加，医疗设施不断完善，基层医疗人才队伍不断壮大，医疗卫生服务的公平性与可及性进一步提高。2018 年底，农村基层医疗卫生机构达到 77.3 万个，其中，乡镇卫生院 3.6 万个，门诊部（所）10 万个，村卫生室 62.2 万个，覆盖 54.2 万个行政村。《2019 中国卫生健康统计年鉴》数据显示，通过对 1990 年以来村卫生室数量与设卫生室行政村占比的统计发现，受到行政村数量明显减少的影响，我国村卫生室数量逐年下降，但设卫生室村数占行政村数比例依然呈上升趋势，2018 年底设卫生室村数占行政村数比例达到 94%，较 1990 年提高 7.8 个百分点，其中中部和西部地区已实现 100% 覆盖。在卫生人员方面，2018 年乡村医生和卫生员人数达到 90.7 万，农村每千人口卫生技术人员、执业（助理）医师和注册护士分别为 4.63 人、1.82 人和 1.80 人，比 2008 年分别增加 1.83 人、0.56 人和 1.04 人；乡镇卫生院全科医生达到 13.5 万人，比 2016 年增加 4.2 万人。在卫生设施方面，2018 年，乡镇卫生院床位数达到 133.39 万张，比 2008 年增加 48.7 万张；农村每千人口医疗卫生机构床位 4.56 张，比 2010 年增长 1.96 张。2018 年，乡镇卫生院诊疗人数达 11.16 亿人次，比 2008 年增长 2.89 亿人次，入院人数总体呈增长趋势，住院病人人均医药费中药费所占比重为 39.8%，比 2010 年降低 13.1 个百分点。根据课题组调研数据，86% 以上的村民对于当地医疗卫生服务的满意度评价为"一般"以上。

二是政策措施持续优化，全力保障乡村医疗卫生服务供给。2020 年 6 月 1 日，我国卫生与健康领域第一部基础性、综合性的法律《中华人民共和国基本医疗卫生与健康促进法》正式颁布实施，在法律层面为人民的健康权利提供了保障。医疗卫生领域政策措施不断优化，并不断加大医疗卫生投入。《中国统计年鉴 2019》数据显示，1978 年，我国卫生总费用为 110.2 亿元，人均卫生费用 11.5 元；2018 年，卫生总费用为 59 121.9 亿元，人均卫生费用 4 206.74 元；卫生总费用与 GDP 之比由 1978 年的 3.00% 增长至 2018 年的 6.57%（图 11-3）。为促进基本公共卫生服务逐步均等化，我国于 2009 年开始实施国家基本公共卫生服务项目，以儿童、孕产妇、老年人、慢性疾病患者为重点人群，面向全体居民免费提供的基本公共卫生服务，所需资金主要由政府承担，城乡居民可直接受益。到 2019 年，项目内容由 9 类增长至 14 类，并将原重大公共卫生服务和计划生育项目中的妇幼卫生、老年健康服务、医养结合、卫生应急、孕前检查等内容纳入基本公共卫生服务，人均基本公共卫生服务经费补助标准由 15 元逐步增长至 69 元，其中，2019 年新增 5 元经费全部用于村和社区。同时，国家对农村医疗卫生服务基础设施建设和人员配备也日趋加强，乡镇卫生院的基本建设经费、设备购置经费、人员经费和其承担公共卫生服务的业务经费全部由政府出资，对乡村医生承担的公共卫生服务等任务给予合理补助，如上海市补助标准为每常住人口每年 12 元；并推出一系列针对农村卫生人才的激励政策，如高等医学院校在高中毕业生中招录 3 年制医学生，毕业后到贫困地区工作 5 年，培养期免除学费，工作后第一年和第五年给予一次性奖励。上海市通过制定相关优惠政策，将取得执业助理医师资格的新乡医纳入社区卫生服务中心的编制；北京市自 2016 年起，乡村医生岗位政府补助标准由每人每月 1 600 元提高到 3 500 元，并实行动态增长机制，乡村医生岗位补助和财政保障明显改善。

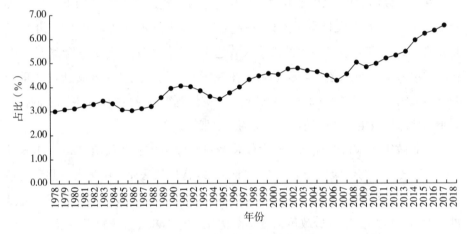

图 11-3 1978—2018 年我国卫生总费用占 GDP 比重

数据来源：《中国统计年鉴 2019》。

三是创新服务模式和管理模式，提升乡村医疗卫生服务可及性和便利性。我国通过不断深化医疗改革，创新服务模式和运作机制，极大优化了医疗资源配置，促进优质医疗资源下沉到乡村，提高了服务效率和质量，提升了农民的就医体验感、健康获得感和幸福感。在服务模式方面，最主要的创新是借助互联网、大数据、云计算等技术，大力发展远程医疗服务，充分发挥远程诊疗在整合医疗资源、促进城市优质医疗机构和基层医疗机构的协同等方面的优势。国务院于 2018 年 4 月下发《关于促进"互联网＋医疗健康"发展的意见》，鼓励中西部地区、农村贫困地区、偏远边疆地区因地制宜，积极发展"互联网＋医疗健康"，应用互联网等信息技术加快实现医疗资源上下贯通、信息互通共享。同年 7 月，国家卫生健康委员会和国家中医药管理局发布的《远程医疗服务管理规范（试行）》中对远程医疗服务的管理范围、流程体系作出了更加详细的规定。目前，我国的远程医疗试点覆盖云南、广西、广东部分地区、宁夏、河南、四川、黑龙江等地。如四川省从 2011 年起，通过支撑、服务、监管"三大体系"建设，全面构建起"一二四九"远程会诊格局，远程医疗系统已覆盖全省 1 800 多家医疗机构，三级医疗机构和 88 个贫困县覆盖率达 100%。在运作机制方面，自 2010 年起，我国各相关部门陆续发布了一系列鼓励社会资本参与医疗卫生服务的政策文件，大力推动 PPP 模式在医疗卫生领域的发展，通过与社会资本加强合作，不断增加医疗卫生服务供给量，满足人民群众日益增长的健康需求。例如重庆市黔江区在农村医疗卫生服务引入 PPP 模式，采用"民投公补"形式，由村医出资开展村卫生室建设，黔江区政府财政对每个规范化村卫生室补助 5 000 元，村卫生室建成后，所有权归属于公立的乡镇卫生院。通过对村卫生室进行 PPP 模式改造，既强化了政府责任，又维护了农村基本卫生服务的公益性；同时，引导私人资本服务村民健康，并通过合作机制维护村医正当利益，有效促进了农村基本卫生服务发展。

四是乡村居民健康水平不断提高，城乡差距显著缩小。在国际上，一般用期望寿命、婴儿死亡率、孕产妇死亡率来衡量一个国家和地区的国民是否健康。近年来，我国卫生与健康事业获得长足发展，人民健康水平持续提高。从期望寿命看，新中国成立前我国人民预期寿命仅 35 岁，到 2018 年我国居民预期寿命增长至 77 岁，农村孕产妇、新生儿、婴儿、5 岁以下儿童死亡率显著下降，城乡差距显著缩小。农村孕产妇死亡率从 2008 年的 36.1/10 万下降至 2018 年的 19.9/10 万，新生儿死亡率从 2008 年的 12.3‰下降至 2018 年的 4.7‰，婴儿死亡率从 2008 年的 18.4‰下降至 2018 年的 7.3‰，5 岁以下儿童死亡率从 2008 年的 22.7‰下降至 2018 年的 10.2‰，城乡差距由 2008 年的 6.9/10 万、7.3‰、11.9‰、14.8‰分别缩小到 2018 年的 4.4/10 万、2.5‰、3.7‰、5.8‰。综上所述，我国乡村居民健康水平得到明显改善，这主要得益于医疗卫生设施、医疗卫生环境的改善，医疗卫生技术的提高，以及国家对于疾病预防工作的重视。

3. 乡村社会保障服务治理现状

一是农村社会保障服务机制不断完善。新中国成立以来，我国逐步形成了以经济参与、民生保障、社会建设、国家治理为核心的新时代社会保障责任体系，建立并完善了涵盖农村社会养老保险、医疗保险和最低生活保障等在内的具有中国特色的农村社会保障机制，为农业农村现代化发展奠定了基础。乡村社会保障服务主要通过政府、村组干部、村民及社会组织等多元主体，借助社会保障政策、社会保障计划和社会保障资源，在农村地区实现协作治理，逐步完善乡村社会保障服务体系。结合当前我国农村实际来看，社会救助、社会养老保险、医疗保险和社会福利是农村社会保障服务的四项基本内容。社会救助方面，我国于2014年开始实施《社会救助暂行办法》，建立了统一的特困人员供养体系，为农村五保供养和城市"三无"人员建立了相对完善的保障制度。社会养老保险方面，我国于2009年正式启动新型农村社会养老保险试点工作，并于2012年7月基本实现全国县级行政区全覆盖。2014年，国务院又出台了《关于建立统一的城乡居民基本养老保险制度的意见》，进一步将新型农村社会养老保险与城镇居民社会养老保险制度合并，形成了全国统一的城乡居民基本养老保险制度。医疗保险方面，2003年我国正式出台《关于进一步加强农村卫生工作的决定》，明确了新型农村合作医疗的目标、基本原则、筹资渠道、统筹层次，并于2016年将城镇居民基本医疗保险和新型农村合作医疗两项制度进行整合，建立起一整套规范的城乡居民基本医疗保险制度。社会福利方面，在农村人口老龄化和劳动力减少的大背景下，农村养老服务逐渐成为农村社会福利的主要内容，我国推行现金给付和社会服务给付两种方式的农村老年社会福利供给，如给予老年人高龄补贴、探索建立幸福院等，不断提升农村社会养老服务水平。

二是多元主体共同参与格局逐渐形成。现阶段我国乡村社会保障服务治理现代化最显著的特征是多元主体共同参与，这些主体包括政府、村组干部、社会组织及村民。参与主体之间各司其职，通过政府规划、资金支持、监督保障、落实执行等方式，实现乡村社会保障服务治理。各参与主体的职责如下：政府机构主要是供给和监管主体，主要负责相关政策的制定、监督，以及提供必要的财力和物力支持。政策制定方面，当前我国农村社会救助、社会保险和社会福利的保障政策、主体权限、责任划分和完成标准等，均根据政府出台的相关文件施行，具有统一性和权威性，是我国农村社会保障服务的主要力量；资金支持方面，补贴救助、农村基本公共养老设施的建设维护及大部分农村社会保险的资金，都来自政府财政拨款或其他相关财政支持，是农村社会保障服务的主要资金来源；监督保障方面，政府负责监督参与农村社会保障服务治理中各主体的行为是否规范有效，并对各主体起到约束作用，确保社会保障服务系统的良性运行。在参与主体方面，村组干部既是社会保障服务的实际执行者，也承担着向村民宣传国家政策、向国家反映村民需求的任务。其中还包括基层经办服务人员，其是政府在基层落实乡村社会保障服务的具体执行人员，主要负责对农村申请接受社会救助人员资格进行审核、上报和复核，对新农合和新农保的相关政策进行宣传，开展参保动员和保费收缴工作，并对村民应享受到的社会福利待遇进行具体落实。社会组织则是连接村民和政府的桥梁，凸显了民间自我管理、自我服务的能力，起到了优化治理方式、丰富社会福利内容、提供社会保障的积极作用，以促进资源交换和优势互补的方式保障村民权力、提高社会保障服务治理水平；通过探索引入企业到乡村社会保障服务体系的建设中，为乡村社会保障服务注入新鲜血液和活力，对乡村社会保障体系建设起到示范和指引作用。村民享有接受社会保障资源的权利，是乡村社会保障服务的直接参与者和受益者。

三是乡村社会保障服务水平不断提升。从当前我国乡村社会保障服务治理覆盖范围看，我国农村社会保障服务体系已经基本形成了对农村居民全覆盖，在辅助农村社会治理、保障农村社会和谐稳定、提升农村居民幸福感和获得感方面起到了不可替代的支撑作用。

社会救助方面，主要包括农村最低生活保障和特困人员救助供养。2019年，我国全年支出低保资金1 056.9亿元，平均每人每年保障标准为4 833.4元，农村特困人员救助供养资金306.9亿元，分别较2010年增长了137.5%、244.3%和212.8%，极大地保障了农村低收入群体的基本生活水平，维持了社会公平稳定。随着国家精准扶贫政策的持续推进，农村低保对象和农村特困人员不断减少，2019年分别为3 455.4万人和439.1万人，较2010年分别降低了32.5%和33.73%，表明农村居民生活水平显著提高。

养老保险方面，在经历"老农保""新农保"和"城乡居民社会养老保险制度"等不同阶段后，我国于2012年基本实现了县级行政区社会养老保险的全覆盖，农村参保人数逐年增加。人力资源和社会保障部发布的《2018年度人力资源和社会保障事业发展统计公报》显示，2018年我国城乡居民社会养老保险参保人数达 52 392 万人，城乡居民社会养老保险基金支出 2 906 亿元，较 2012 年分别增长 8.3％和 152.7％，农村养老服务能力和保障水平进一步提高。根据课题组调研数据，66.0％的受访者表示自己参加了城乡居民养老保险，其中，对养老保险表示"非常满意"和"比较满意"的占比达到 41％，表示"一般"的占比达到 49％，大部分农村居民对城乡居民基本养老保险的认可程度较高，说明城乡居民基本养老保险对农村老人养老福利具有一定的提升作用。

医疗保险方面，从 1955 年初步建立中国农村合作医疗制度之后，逐渐创造了一条有中国特色的农村医疗卫生事业发展道路。为更好解决农民的医疗保障问题，2003 年国务院印发的《关于建立新型农村合作医疗制度的意见》提出试点推行新型农村合作医疗制度，到 2010 年覆盖了全国 96％的农村居民，到 2013 年几乎达到 100％。2016 年国务院发布《关于整合城乡居民基本医疗保险制度的意见》，将城镇居民基本医疗保险和新型农村合作医疗保险进行整合，形成了当前的全民医保体系，覆盖城乡居民超 13 亿人。根据课题组调研数据，89.4％的受访者参与了医疗保险，其中，对医疗保险"非常满意"和"比较满意"的占 45％，"一般"的占 45％。城乡居民基本医疗保险制度的平稳运行使得我国农村居民的医疗保障能力逐步增强，村民的医疗负担也得到减轻。

社会福利方面，面向老年人、残疾人、儿童等弱势群体的农村福利制度在党的十八大以来迅速发展，目前我国大部分省（自治区、直辖市）均依据当地情况建立了高龄补贴政策，并针对空巢老人、孤寡老人的非经济养老支持问题进行了大量研究和实践探索，如建立社会养老服务机构和幸福院等。例如河北省邯郸市肥乡区 2008 年建立了以"离家不离村、离亲不离情，抱团养老，就地享福"为特征的低成本互助养老模式，开辟了一条具有当地特色的农村养老之路。残疾人救助和福利政策主要包括发放困难残疾人生活补贴和重度残疾人护理补贴、为残疾人就业创造便利、完善特殊教育体系、保障残疾人康复工作等；儿童福利政策主要包括免去义务教育阶段贫困家庭学生学杂费、书本费，补助寄宿生生活费，完善各级各类教育资助体系，避免因贫失学、辍学问题；同时，提高孤儿保障水平，建立事实无人抚养儿童保障制度等。

4. 乡村就业培训服务治理现状

一是开展相关配套工程和培训平台的建设，日益重视对农民的培养。早在 20 世纪 80 年代，中央和地方各级政府就通过了系列政策、工程、计划，鼓励开展农民工职业培训，如由政府公共财政支持的"阳光工程"、国家乡村振兴局在贫困地区实施的"雨露计划"，以及第一个依靠科学技术促进农村经济发展的"星火计划"等。2003 年，农业部等六部门联合发布了《2003—2010 年全国农民工培训规划》，明确提出："2003—2005 年，对 1 000 万农村剩余劳动力进行转移培训，对其中 500 万人实施职业技能培训"，有效推动了农民职业培训的发展；2012 年，中央 1 号文件《关于加快推进农业科技创新持续增强农产品供给保障能力的若干意见》首次提出"新型职业农民"概念后，农业部在全国 100 个县启动了新型职业农民培育试点工作；2014 年，新型职业农民培训工程在全国遴选了 2 个示范省、4 个示范市和 300 个示范县，开展重点示范培育，建立健全培训体系，示范带动全国培育工作。我国又相继发布了《全国农业现代化规划（2016—2020 年）》《"十三五"全国新型职业农民培育发展规划》《农民工稳就业职业技能培训计划》《关于做好 2020 年高素质农民培育工作的通知》等系列政策文件，深入推进农民教育培训提质增效。经过近 10 年的努力，我国已初步形成了政府推动、部门联动、产业带动、农民主动的高素质农民培育工作格局，生产经营型、专业技能型、社会服务型的高素质农民规模在不断扩大，从根本上推动了脱贫攻坚成果与乡村振兴的有效衔接，促进了传统农业向现代农业的转型升级。

二是加大资金补助力度，提高农民培育质量与培育规模。2008 年，国务院发布的《关于解决农民工问题的若干意见》着重强调了农民工培训规模和质量，主张培训经费由政府、用人单位和个人共同承担，为农民工培训提供资金支持。在政策和资金的双向推动下，整个"十一五"期间，全国落实农民教育培训资金 150 亿元以上，每年开展各类农民培训 1 亿人次以上，为现代农业发展、农业农村经济建设、国家整体经济社会发展作出了重要贡献。2017 年《"十三五"全国新型职业农民培育发展规划》颁布以来，农业农村部累计在国家级贫困县投入农民培训资金 18.3 亿元，累计培训脱贫带头人和贫困户 83.3 万人。2018 年，中央财政安排 20 亿元补助资金支持新型职业农民培育工作，分层分类培育新型职业农民 100 万人以上，最高补助金额为 2 000

元/人。2020年为加快打赢脱贫攻坚战，农业农村部进一步强化技能培训，服务扶贫产业发展，面向贫困村培养"一村一名产业脱贫带头人"，帮助有劳动能力的贫困农民掌握1～2项脱贫技能；同时，聚焦"三区三州"等深度贫困地区，实现52个未摘帽贫困县和5个定点扶贫县扶贫培训全覆盖，通过开设产业小班、加大实地案例教学、带领农民"走出去"，促进脱贫攻坚成果与乡村振兴有机有效衔接。

三是不断完善培训体系，拓宽高素质农民就业学习渠道。为保障培育工作有序推进，各级政府加强了顶层设计，统筹不同类型教育培训资源，如针对农业广播电视学校、涉农职业院校、科研院所、推广机构等教育培训资源，依托协会、联盟等组织协助其良性发展，拓宽农民就业培训路径。同时，对于返乡农民工，通过加大宣传力度，促进其转变择业观念，认准市场形势和创业环境，带动努力学习并掌握种植、养殖、厨师、家政、电工、电商等创业知识和技能，主动适应经济发展新常态，增强依托本地资源实现转岗就业的能力，拓宽就业渠道。课题组问卷调查数据显示，88.9%的村干部向村民提供过就业咨询、技能培训等服务，79.4%的乡镇以现场咨询的方式开展过就业培训，69.7%的乡镇设有创业就业服务机构。

四是围绕产业需求，探索多样化培训模式。近年来，全国多地将推动"互联网＋职业技能培训计划"作为帮助企业稳生产、帮助群众稳就业的重要举措，将线上培训作为促进就业的"加速器"，线上就业培训信息内容不断丰富，实现了农民培训模式创新。2020年4月，人力资源和社会保障部印发了《百日免费线上技能培训行动方案》，大规模开展免费线上职业技能培训，遴选50家以上线上技能培训平台，推出覆盖100个以上职业（工种）的数字培训资源，实现线上培训实名注册500万人次以上。在新冠疫情暴发期间，农业农村部为应对疫情影响，于2020年6月发布了《关于做好2020年高素质农民培育工作的通知》，提出要推行灵活有效的培训方式，优化组合集中学习、线上学习、实习实训、案例观摩交流，提高培训质量和效率。同时，为确保培训工作高效有序，农业农村部提出"名师名课名教材"一体化推进，加大工作监管与绩效管理，实施农民满意度在线评价，依托农民教育培训信息管理系统和"云上智农"平台，对培训教师、培训基地、培训班组织和培训效果进行线上评价，逐步形成以农民满意度为导向的评价体系，实现培训班次和学员信息 100% 上网，确保培训过程全程可追溯。在多项政策和措施的不断推动下，农民网上就业技能培训可及化水平不断升高，调查数据显示，已经有 44.8% 的农民可自行网上查询就业信息、41.3% 的农民可通过网络获得就业培训信息，普遍高于线下获取方式。

5. 乡村公共文化服务治理现状

一是乡村公共文化服务治理制度体系不断完善。早在 2002 年，我国就在《关于进一步加强基层文化建设指导意见的通知》中明确了农村公共文化设施建设的重点。2005 年，我国出台了 21 世纪以来首个关于农村公共文化的政策——《关于进一步加强农村文化建设的意见》，明确了乡村公共文化服务治理的目标任务。党的十八大以来，党中央从统筹推进"五位一体"总体布局、坚定文化自信的全局和战略高度，对公共文化服务工作作出了一系列重大战略部署，为农村居民享有更加充实、更加丰富、更高质量的精神文化生活奠定了制度基础。尤其 2017 年《中华人民共和国公共文化服务保障法》的实施，不仅从基本标准化制度、主体责任制度、设施管理运行制度、保障措施制度四个方面健全了公共文化服务的制度架构，开启了公共文化服务法治新时代，更为促进城乡公共文化服务均等化水平提升、推动构建覆盖城乡的现代公共文化服务体系提供了有力的法治保障。此外，《关于推动公共文化服务高质量发展的意见》《关于加快构建现代公共文化服务体系的意见》《国家基本公共文化服务指导标准（2015—2020 年）》《关于做好政府向社会力量购买公共文化服务工作的意见》《关于推进县级文化馆图书馆总分馆制建设的指导意见》《农家书屋深化改革创新 提升服务效能实施方案》等一系列配套规章和规范性文件的颁布，以及广东、江苏、浙江、天津、湖北、陕西、贵州、重庆、安徽、湖南、上海等省份先后出台的地方性法规，为乡村公共文化服务现代化发展提供了有力支撑。

二是覆盖城乡的公共文化设施网络已基本建成。首先，乡村现代传输覆盖体系不断完善，乡村公共文化现代传播能力不断提升。早在 1998 年，为解决广大农民群众听广播、看电视难的问题，党中央、国务院启动了广播电视村村通工程，到 2010 年我国基本实现 20 户以上已通电自然村广播电视村村通。2011 年为进一步提升服务质量，国家广播电视总局开始实施直播卫星户户通工程，2016 年针对广播电视服务供给不足、服务能力和服务手段低下等问题，国务院进一步出台《关于加快推进广播电视村村通向户户通升级工作的通知》，旨在通过统筹无线、有线、卫星三种技术覆盖方式，实现广播电视精细化入户服务。截至 2020 年底，全国农村广播节目综合人口覆盖率达 99.17%，农村电视节目综合人口覆盖率达 99.45%，分别比 2006 年增加 5.39 个百分点和 4.03 个百分点；农村有线广播电视实际用户为 0.71 亿户（在有线网络未通达的农村地区直播卫星用户 1.47 亿户），比 2006 年增长 29.31%；截至 2020 年 6 月，我国县级应急广播平台覆盖行政村 20.6 万个，行政村应急广播建设覆盖率近 40%。其次，乡村公共文化设施建设不断完善，服务供给效能不断提升。《中国农村社会事业发展报告（2020）》数据显示，截至 2019 年底，494 747 个行政村（社区）建成了综合性文化服务中心，全国 2 325 个县（市、区）结合当地农民文化需求特点出台了具有普适性的公共文化服务目录；90%左右的行政村完成"一场两台"等体育设施，六成以上的村建有体育健身场所，基本实现县县有文化馆、图书馆，乡乡有文化站，"扶智、扶志"作用愈发显现，实践中涌现出浙江"农村文化礼堂"、甘肃"乡村舞台"、安徽"农民文化乐园"、重庆"学习强国＋农家书屋"等创新典型。调查数据显示，72.94%的样本村配置有文化活动中心、72.73%有体育健身场所、72.16%有图书室或农家书屋、60.98%有广场，另外有 21.96%行政村建设了村史馆；40.87%的受访村民表示看过免费电影、31.45%看过免费文艺演出。同时，我国还深入实施了"三馆一站"工程，自 2013 年中央财政补助地方美术馆、公共图书馆、文化馆（站）免费开放专项资金制度建立以来，美术馆、公共图书馆、文化馆及乡镇综合文化站"三馆一站"等公益性文化设施向农村免费开放力度不断加大，为农民群众提供了文化演出、读书看报、展览展示等多种免费服务，丰富了农民群众精神文化生活。截至 2020 年 6 月，全国 2 443 个县（市、区）建成文化馆总分馆制，2 320 个县（市、区）建成图书馆总分馆制，基本实现城乡公共文化资源共享，进一步提升了农村居民公共文化服务的可及性。

三是"三送"工程助推农民群众文化活动多元化。自 1996 年中央宣传部等 10 部委出台《关于开展文化科技卫生"三下乡"活动的通知》以来，送文化下乡、送电影下乡、送戏曲下乡等活动的开展，有效地提升了农村地区优秀公共文化服务供给能力，活跃了广大农民群众文体生活，截至目前，全国农村电影放映已实现行政村全覆盖。为进一步增强乡村文化产品服务供给，中央宣传部等部门组织了 120 支中央级文艺小分队，全国 31 个省（自治区、直辖市）也积极开展文化进万家活动。截至 2019 年底，全国共成立的文化文艺小分队总量达 1.2 万支，累计为基层农村放映公益电影 500 万场次，为 1.3 万个贫困乡镇配送约 8 万场戏曲，招募近 2 万名志愿者为 16 个边疆民族地区开展文化志愿服务（春雨工程——全国文化志愿者边疆行），服务人次 1 000 多万，全国乡村春晚百县万村网络联动，227 个县 49 607 个村开展了相关活动，共吸引观众 3 078.7 万人次，为农村地区提供更多更好的公共文化产品和服务。与此同时，农民群众自发举办乡村春晚、农民歌会等文化活动，大大丰富了农村文化文艺活动。调查数据显示，通过乡村公共文化服务设施建设与资源共建，大幅提升了乡风文明程度，58.04% 的村干部认为当地乡村社会风气明显改善，54.31% 认为当地农民文化素养大幅提升，49.61% 认为村民精神文化生活更丰富。从效果来看，通过丰富的乡村公共文化服务设施供给与文体活动开展，60.67% 的村民认为基层文化治理大大推进了先进思想文化与优秀品德的宣传，53.83% 的村民认为有效提升了村民的个人素养，45.17% 的村民认为提高了村集体的凝聚力。三成以上村民对于本村乡村公共文化服务的供给看法为"比较满意"与"非常满意"。

四是乡村地域传统优秀文化保护水平日益提升。乡村公共文化服务体系治理的根基在于充分挖掘乡村地域特色文化，传承与发展民族民间文化、优秀农耕文化、传统手工艺、优秀戏曲曲艺，通过文旅融合等方式激活乡村文化基因，推动文化传承能力提升。近年来，随着国家对农村一二三产业融合发展的重视，以及对传统村落保护的支持，广大乡村地区结合传统节日、民间特色节庆、农民丰收节等契机，因地制宜地开展了丰富多彩的乡村文化活动。尤其 2018 年我国将农历秋分确定为"中国农民丰收节"以来，各地举办了"迎丰收、晒丰收、庆丰收"系列活动，在县、乡、村共举办 5 000 多场庆祝活动，极大调动了亿万农民的积极性、主动性、创造性，提升亿万农民的荣誉感、幸福感、获得感。同时，重要农业文化遗产挖掘保护工作稳步推进，截至 2019 年底，共认定 118 项中国重要农业文化遗产，其中包括浙江青田稻鱼共生系统、云南哈尼梯田、云南普洱古茶园与茶文化系统、南方山地稻作梯田系统等，这些文化遗产也被 FAO 认定为世界重要农业文化遗产资源，其总数量、覆盖类型均居世界之首。2019 年公布了 4 批共计 1 372 项国家级非遗代表性项目，其中大部分根植于乡村地区。乡村文化资源的挖掘，也激活了乡村文化旅游消费市场，为脱贫攻坚提供了重要抓手。此外，在传统村落保护方面，自 2003 年至 2019 年底，先后公布了 7 批 487 个国家级历史文化名村，5 批 6 819 个中国传统村落（其中少数民族特色村寨 1 057 个），覆盖全国 31 个省、自治区、直辖市，国家财政支持力度不断加强，2020 年中央财政对每个传统村落集中连片保护利用示范市给予 1.5 亿元补助。

五是标准化、数字化等治理手段得到推广应用。当前，全国初步建成了包括国家、省（自治区、直辖市）、市、县（市、区）、镇（街道）、村（社区）在内的六级公共文化服务网络，初步建立起覆盖城乡的以标准化、均等化、社会化、数字化为主要特点的现代公共文化服务体系，尤其注重加快数字化与乡村公共文化服务融合。自 2002 年文化和旅游部、财政部实施文化信息资源共享工程以来，特别是 2017 年国家公共文化云正式开通以来，全国范围内积极开展乡村公共文化数字化建设，通过广泛整合公共图书馆、博物馆、美术馆、艺术院团及广电、教育、科技、农业等部门的优秀数字资源，推动了城乡公共文化优质服务资源的共建共享，初步满足了农民群众"求知识、求富裕、求健康、求快乐"的需求，农村公共文化服务能力和普惠水平不断提高。如浙江省遂昌县智慧文化礼堂通过将电视端、计算机端、手机端互联，整合县城公共文化场所、乡镇文化站和农村文化礼堂，实现了 110 多个场所实时共享文化活动，产生倍增效应。截至 2019 年底，公共数字文化工程资源总量达到 1 274 太字节，涌现了"上海文化云""海淀文化云"等公共文化云平台。同时，农家书屋数字化建设加快，截至 2019 年底，全国各地通过运用宽带互联网、移动互联网、广播电视网、卫星网络等技术手段，建设数字化农家书屋 12.5 万家。2020 年新冠疫情防控期间，各地数字农家书屋充分利用数字化传播优势，把疫情防控宣传引导覆盖到广大农村的千家万户，同时推动书屋数字化与"学习强国"学习平台共建共享，畅通农民群众阅读渠道。调查数据显示，30.06％的村民在网上获取过公共文化服务，其中分别有 20.92％村民使用过数字图书馆、10.92％村民使用过数字博物馆，29.42％的村民"经常会"或"总会"将自己学到的技能、知识等信息通过微信、微博等网络途径共享给其他人。

二、我国乡村公共服务治理现代化存在的问题与需求

1. 乡村公共教育服务存在的问题与治理需求

一是基本教育公共服务发展不均衡、不充分，服务质量有待提升。目前我国基本教育公共服务存在不均衡、不充分问题，不均衡除了体现在区域教育发展不均衡，还体现在学历层次结构和教育改革力度的不均衡。抽样调查数据显示，全国 15 岁及以上文盲人口中乡村占 67%。农村学前教育发展待提升，2018 年农村学前教育覆盖率仅 75%；3～5 岁进城农民工随迁儿童入园率为 85.8%。农村特殊教育、成人教育是基础教育短板中的短板，农村特殊教育覆盖率仅 13.25%，成人教育覆盖率不到 1%。农村小学图书拥有量、计算机拥有量、运动场地面积均远低于城市水平，仍有 27.27% 的村民认为教育教学设施缺乏落后。2018 年底农村中小学多媒体网络教室数量占教室数量比例为 47.52%，较城区低 30.77 个百分点，教育资源与现代设施配置亟须提升。一方面，迫切需要加大农村中小学教育基础设施和优质教师等人力资本的投入力度，均衡义务教育资源配置，多渠道扩充普惠性学前教育资源，着力补齐落后地区在素质教育、职业教育、高等教育上的短板，着力提高农村教育的现代化水平。尤其对于中西部农村地区的软硬件办学水平，补齐西部地区在职业教育、高等教育上的短板，重视人才培养，全面改善中西部地区教师工作生活条件，强化师资力量。另一方面，迫切需要加快推进互联网、人工智能、5G 等新一代信息技术与教育的深度融合，利用互联网的高效传输、无时空限制的优势，推广应用 AI 教学模式。在加强农村地区 AI 教学硬件建设的基础上，充分利用互联网和 AI 教学技术为乡村学校师生提供智能化、个性化教学方案，为教师提供信息化教学培训和考核，全面提升乡村学校的教学能力和水平，提高教育服务质量。

二是乡村网络基础设施薄弱，难以满足在线教育需求。当前，农村地区网络接入水平和宽带等通信基础设施建设日趋完善，但仍与城市存在较大差距。根据中国互联网络信息中心统计，2019 年农村互联网普及率仅 46.2%，比城市低 30.3 个百分点，而使用技能缺乏是非网民不上网的最主要原因。数据显示，因为"不懂计算机/网络"而不上网的非网民占比为 51.6%。与此同时，课题组调研数据显示，53.81% 的村民表示网络信号不好，部分地区依然存在移动通信

网络信号差的情况。在村委会、公共活动中心等人流量较大的重要活动场所仍未实现 Wi-Fi 覆盖。网络基站少、信号差及无线网络覆盖率低、带宽低、网速慢等高质量网络应用环境建设不足的现实状况，导致了在线教育和远程教育在农村地区发展困难，制约了我国教育信息化和现代化的发展。

三是城乡教育资源差异大，优质教育资源共享需求强烈。改革开放以来，人民生活水平有了质的飞跃，人民群众对于优质教育教学资源的需求越来越强烈。随着城市化进程的加快，城乡之间的教育水平差距越来越大，并严重制约了教育公平。在我国城乡二元经济社会结构的框架下，城乡教育严重失衡，城乡教育资源配置差异成为其主要表现形式。《中国教育统计年鉴 2018》数据显示，城乡专任教师学历构成差异大，乡村小学专任教师中 11% 是高中及以下学历，农村本科以上学历教师占比比城市低 15.17 个百分点。特别是优秀老师、优质教学内容及更科学的个性化教学方式等方面，与大中城市相比差距巨大。调研数据显示，56.16% 的村民认为教学设施差、教学手段落后、教学课程不够丰富、缺少兴趣班等，60.61% 的乡镇干部认为师资力量薄弱及英语、音乐等专职教师严重不足，72.92% 的村民希望共享城市优质教育资源，村民对优质教育的获得感和幸福感评价仍然不高。《中国教育现代化 2035》提出了 2035 年实现教育现代化、迈入教育强国行列的总体目标，对城乡教育资源的合理分配作出了具体要求，迫切需要扩大教育有效供给，推进教育资源优化配置。

2. 乡村医疗卫生服务存在的问题与治理需求

一是乡村医疗卫生资源数量不充分，资源配置结构不合理。农村地区在医疗机构床位、设备、卫生技术人员等人力物力资源方面与城市相比存在较大差距，限制了农村地区医疗服务能力，难以满足农村地区患者的就医需求，目前仍有 6% 的行政村没有卫生室。从医疗机构床位数来看，从 2010 年到 2018 年，我国城市医疗卫生机构床位数从 230 万张增长至 414 万张，增加了 184 万张，农村医疗卫生机构床位数从 248 万张增长至 426 万张，增加了 178 万张。尽管从医疗卫生机构床位数总量看我国农村比城市略占优势，但是由于农村人口基数较大，农村每千人口医疗卫生机构床位数要远低于城市，2010 年城市和农村每千人口医疗卫生机构床位数分别为 5.94 张和 2.60 张，2018 年分别为 8.70 张和 4.56 张（图 11-4），城乡差距依然明显。从城乡医疗卫生人员来看，2018 年，城市每千人口卫生技术人员为 10.91 人，而农村仅 4.63 人，城市是农村的 2.36 倍；城市每千人口执业（助理）医师为 4.01 人，农村为 1.82 人，城市是农村的 2.2 倍；城市每千人口注册护士为 5.08 人，农村为 1.80 人，城市是农村的 2.82 倍（图 11-5）；村卫生室人员大学本科以上学历仅占 0.7%。从财政资源投入来看，2018 年，我国卫生总费用占 GDP 的 6.39%，而美国 2015 年卫生总费用占 GDP 的 16.8%，德国、日本和荷兰卫生总费用占 GDP 的比例分别为 11.2%、10.9% 和 10.7%，与发达国家相比仍有很大差距。因此，未来应继续加大医疗卫生投入，尤其是农村地区医疗卫生投入，进一步优化医疗卫生资源配置，提升宏观管理和调控能力。

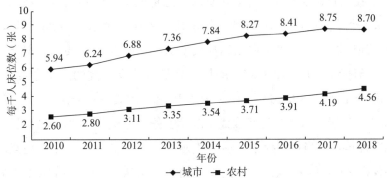

图 11-4　2010—2018 年城乡每千人口医疗卫生机构床位数

数据来源：《中国统计年鉴 2019》。

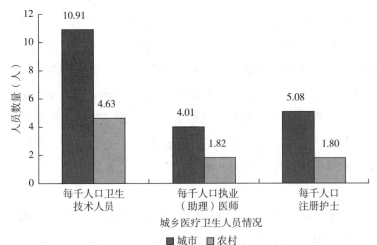

图 11-5　2018 年城乡医疗卫生人员情况

数据来源：《中国卫生健康统计年鉴 2019》。

二是农村医疗保障和服务水平偏低，农村居民健康水平仍待提升。优质高效的医疗卫生资源在市场经济逐利逻辑的引导下具有自发地偏向发达城市、疏远落后农村的倾向；高层次医学人才基于事业发展空间等综合考量，多数会选择条件优越、前景广阔的城市地区；部分村卫生室存在"人去楼空"的现象，医疗设备较为落后，诊疗规范化程度达不到标准，医疗水平有限；村医队伍年龄结构老化，学历层次偏低，专业技术更新缓慢，服务水平较低，以上情况相互叠加导致农村地区医疗保障和服务水平偏低，农村居民对优质医疗卫生服务的合理需求无法得到满足。根据中国卫生健康统计年鉴数据，2018 年，我国农村婴儿死亡率、5 岁以下儿童死亡率分别比城镇高 5.8 个千分点、3.7 个千分点，每 10 万孕产妇中死亡率比城镇水平高 28.39%，这意味着农村地区医疗卫生水平向城镇居民看齐仍有很长的路要走。据课题组调查数据，从距离视角，有 31.6% 的村民到最近公立医院的距离超过 5 千米，其中距离超过 10 千米的占 12.9%；在村民获取优质医疗资源难易程度方面，仅有 23.9% 的居民认为当地获取优质医疗服务"容易"和"非常容易"；在居民满意度视角，对当地医疗卫生服务表示"比较满意"和"非常满意"的村民分别仅占 29.4% 和 6.8%。从问题视角，村民认为当前医疗卫生服务存在问题主要是"医疗费用太高，看病贵""医疗器械等设施设备陈旧"和"医生水平太差"；村干部认为存在主要问题是"村民看大病难""医疗设施落后"和"医护人员不够"；乡镇干部认为存在主要问题是"医生业务水平偏低""医疗设备简陋，设备少"和"医务人员数不足"。综上，对于农村地区，由于基础建设滞后、优质资源缺乏、服务能力较低，导致农民在卫生服务获得上存在地理、经济、技术等多方面的不可及，"低不成、高难就"的看病难问题突出。调查表明，有五成以上村民希望提高医疗卫生服务质量。因此，需进一步深化医改，继续提升基层医疗机构服务能力，出台医疗卫生激励政策，推动优质资源向乡村地区的倾斜和流动，全面提升乡村地区医疗保障和服务水平。

三是乡村地区网络预约、远程医疗等信息化手段应用不足，亟须通过现代化治理手段提升医疗卫生服务便利性。物联网、移动互联网、大数据、云计算等信息技术的快速发展，为优化医疗卫生业务流程、提高服务效率提供了条件，有力推动了医疗卫生服务模式和管理模式的深刻转变。根据 2018 年卫生健康事业发展统计公报，截至 2018 年底，我国二级及以上公立医院中，45.4％开展了预约诊疗，52.9％开展了远程医疗服务。但课题组调查数据显示，在挂号方式的选择上，大部分村民仍然选择"去医院现场挂号"，其比例为 81.3％，选择"用手机 App、微信公众号预约挂号"和"通过网站预约挂号"的分别仅为 26.6％和 19.7％。对乡镇地区调查表明，乡镇医院实行网络预约就诊比例仅为 27.3％，开展远程医疗的仅为 15.2％。可见，在信息化手段应用方面，农村地区要远远落后于城市地区。同时，调研表明，希望"发展远程医疗"和"加快建立乡村治理大数据管理平台"的乡镇占比均为 54.5％。此外，有 45.5％乡镇希望"加快建立公共服务信息平台"，需求度较高。面对短板和需求，亟须采用多元化方式，对信息化医疗服务手段进行宣传，提高其在农村居民中的普及率；加大对基层的资金投入，加强高速网络等信息基础设施和医疗基础设施建设；加快医疗信息和档案的电子化、数据化转型，为发展远程医疗、提高诊疗效率提供支撑；加快发展"互联网＋智慧医疗"，推动穿戴医疗设备、医疗云、移动医疗 App 等研发，深化医疗卫生服务的智能化发展。

3. 乡村社会保障服务存在的问题与治理需求

一是农村社会保障体系仍需进一步完善。虽然我国已经形成了具有明显针对性与整体性互补的农村社会保障制度，但在当前乡村振兴战略的大背景下，我国社会尚未形成对农民职业化的认知，农村社会保障体系仍存在农民退休养老保险制度、农民医疗保险制度、农民工伤保险制度、全国性的农村居民最低生活保障制度、失地农民失业保险制度等社会保障制度规范缺失问题。以城乡居民基本养老保险制度、城乡居民基本医疗保险制度、地方性农村居民最低生活保障制度、农村五保供养制度、灾害救助制度、农村扶贫开发政策（包括脱贫攻坚、精准扶贫、精准脱贫）为主要构成的农村社会保障制度体系，距离丰富化、多层次性的制度体系仍有一定差距。特别是由于城乡间的发展差距，我国农村社会保障逐渐形成了一种以事后保障为特点的"补缺型"保障体系，保障内容有限，农村社会保障体系仍有较大的完善空间。

二是城乡社会保障水平差距明显。尽管目前我国基本建成统一的城乡居民基本养老保险、基本医疗保险、大病保险制度，但对于工伤保险、失业保险、生育保险等险种尚未形成城乡统筹与全面覆盖，农村老龄居民对基本养老基金支付金额远低于城镇职工，农民工市民化进程中尚未完全享受到城镇职工同等待遇的社会保险，工伤保险和失业保险的参保率仅分别为 28.04%、16.83%。根据《中国统计年鉴 2020》数据，2019 年，我国人均城乡基本养老保险基金支出与人均城镇职工养老保险基金支出比高达 1∶17.54。另外，农村兜底性社会保障水平仍需提升，农村低保人员数量仍高达 3 455.4 万人，是城市低保人数的 4 倍，占农村居民常住人口数的 6.26%，农村居民低保标准比城市低 27.4%。同时，在制度建设的时效性方面，农村社会保障制度的建立和落实普遍落后城镇居民，制度施行缺乏规范性和程序性，特别是包括福利型社会保障项目在内的农村保障项目类别相对较少；在制度建设的财政支持力度方面，重城市轻农村的发展局面依旧明显，农村居民的社会保障权益没有得到充分实现；在社会保障人力资源方面，农村从事养老服务的专业人员远不及城市。

三是农村养老保障服务压力较大。我国农村养老服务起步晚、基础差、投入少，发展严重滞后。能否妥善解决农村养老服务问题，尽快补齐农村养老服务这个短板，不仅关乎应对人口老龄化的成败，而且关系农村的发展与稳定。在农村富余劳动力转移的背景下，我国农村家庭规模缩小、空巢家庭比例上升、劳动力老化等问题逐渐显现，削弱了当前以家庭保障为基础的农村养老服务体系，导致农村养老保障服务压力增大。从调研结果来看，55.6% 的农村居民认为当地没有老人活动场所，27.0% 的农村居民表示当地没有养老院，分别有 14.9% 和 16.0% 的农村居民称养老金没有及时发放或没有养老金，还有 55.1% 的农村居民认为养老金发放金额太少无法满足现有农村养老需求。同时，农村家庭人口规模缩小将弱化传统的居家养老体系的作用，并直接降低农村老龄人口的养老服务可获得性。为应对社会人口持续老龄化和家庭养老功能弱化转型的风险，农村老人对养老保险制度和医疗保险制度的需求进一步提升，更加需要完善的、多层次的农村社会保障制度和医养结合的农村养老服务体系的支持。

四是社会保障服务治理模式、治理手段还需要进一步健全。在治理模式方面，随着我国社会组织的不断丰富及经济发展，给农民便利化程度带来的改善不断加深，传统的以政府为主导进行农村社会保障服务治理的行政管理模式，已经无法满足农村地区对社会保障服务日益增长的需求。长期以来，我国农村社会保障主要以保基本、广覆盖、多层次为出发点，忽略了农村居民的个性化需求，致使村民参与制度建设的积极性不高，城乡分割的二元结构导致相关制度落实难等问题，造成农村居民对农村社会治理的主体地位逐渐丧失，无法形成政府规范、社会参与、村民自治的现代化乡村治理秩序。在治理手段方面，目前现代化技术手段应用于社会保障服务治理的比例还很低，需要提高农村社会保障服务的效率和现代化水平。云计算、大数据、信息加密等技术还未完全应用于我国农村社会保障服务体系建设中，需要通过基础信息收集、数据处理整合等方法，逐步推进农村社会保障服务体系与信息技术的有机融合、加强服务需求和供给信息资料库建设，开发简单、方便、快捷的信息服务平台，将农村社区、家庭及个人进行移动绑定互联，改善村民享受社会保障服务的体验感。调研中发现仅有 36.6％的农村居民曾通过网络办理过社保，侧面说明了我国乡村社会保障服务现代化服务水平的提升空间还很大。

4. 乡村就业培训服务存在的问题与治理需求

受内外部条件限制，高素质农民培育难度大。国家出台多项支持政策，加快构建高素质农民队伍，强化人才对现代农业发展和新农村建设的支撑作用。从我国目前高素质农民培育现状来看，取得了可观的成效，但是存在的问题依然明显。

一是基层高素质农民培育机构条件与能力不足，亟待改善培训机构的建设体系。目前，基层农业农村局及扶贫办、科技局、农业类高校等涉农培训机构众多，但是缺乏教育资源整合，存在乡镇农民培训机构职能模糊不清、缺乏资金保障、基础设施不完善、教学配套设备老化等问题，加之高水平师资队伍缺乏、教师知识结构落后，未能充分掌握产业发展趋势和农产品市场信息，极大地制约了高素质农民培育工作深入开展。

二是农村劳动力老龄化严重对于培训内容接受度有限。由于农业生产成本持续上升，而农产品价格提升幅度较小，使得农业效益下降，农民持续增收压力大，越来越多的人不愿意从事农业劳作，农村大量青壮年外出务工、求学，真正从事农业劳作的人群基本是老弱群体，农村劳动力（特别是青壮年劳动力）留农务农的内生动力不足，农业兼业化、农村空心化、农民老龄化的问题越发明显，高素质农民队伍发展面临基础不牢、人员不稳等突出问题，现有留守劳动力文化程度不高，部分为文盲或半文盲，对于新知识和新技术理解能力不足，对于技能培训的内容的接受程度较低。

三是农民参与积极性不高，亟待创新职业培训模式。由于高素质农民大部分是从事种养殖业的大户，是家里的核心劳动力，日常大部分时间均需要参与生产劳作，频繁参与相关理论培训会占用劳作时间，导致部分农户对职业培训的积极性不高、参与度不深，部分已参与的农户也存在逃课、培训时间不够等现象。同时，当前对于职业培训的宣传力度较弱，部分培训内容与日常生产生活结合得不够紧密。调研数据显示，48.2%的农民对就业培训不了解；39.5%的农民认为培训的内容针对性不强。基于此现状，有必要探索新的培训模式增加农民的参与度，如将培训课程"搬到"田间地头，通过理论与实践结合的方式，吸引更多的农户融入课程培训中；同时，探索线上线下教学结合的模式，推出视频课件在线播放，满足农民可以随时随地学习的需求。

5. 乡村公共文化服务存在的问题与治理需求

一是农村公共文化基础设施供给与利用双不足、供需对接不精准，亟须寻求现代化治理手段打通公共文化服务"最后一公里"。近年来，国家财政持续加大对农村公共文化基础设施的投入力度，根据《2019年文化和旅游发展统计公报》，2019年县及县以下文化单位文化事业费548.11亿元，比1995年（8.95亿元）增加60.24倍，占全国文化事业费51.46%，比1995年提高24.66个百分点，城乡公共文化财政支出不断趋于均衡。然而总体看，目前我国农村公共文化设施仍面临着供给不足与利用不足双重困境，供需错配现象依然明显。

首先是农村公共文化与体育设施依然是短板。调查数据显示，51.93%村民认为本地提供的公共文化服务设施与场所缺乏，同时，根据《中国文化文物统计年鉴》，全国乡镇文化站机构数量自20世纪90年代中期以来逐渐下降，减少了5 000多个，2010年以后稳定在3.4万个左右。读书看报服务方面，尽管近年来各地加大力度建设农家书屋，但书屋中图书资料更新率和利用率较低。体育服务方面，根据《中国农村社会事业发展报告（2019）》，全国仅16.6%乡镇有体育馆，群众性体育组织不健全，开展日常锻炼和群体活动的条件十分缺乏。以北京市为例，调查数据显示，平均每天健身 1 小时以上的村民占比仅占 1/3，有 7.17％村民反映因体育健身设施不足及因个人时间问题基本不健身。全国调查数据显示，33.14％村民希望本村增设体育健身设施，37.32％村民期盼增设文化活动场所。

其次是农村公共文化服务供需错配，需求定位存在偏差。主要表现在农村文化和体育设施产品较为单一，57.04％村民认为当地提供的公共文化服务内容少。从实际建设看，目前大多数村庄在文化设施建设中侧重于图书馆、文化室、书店、影院、乒乓球桌等传统设施和产品，地区差异性和个性化需求体现不够。从调研数据看，目前村内农家书屋、文化活动广场、活动室等设施的利用率不到 50％，部分地区的文化设施甚至常年处于闲置状态，由此导致的资源浪费现象普遍存在。与此同时，供给来源以政府投资为主，市场和社会主体参与不足，而基层政府财政压力较大，导致农民多样化需求难以得到满足。

最后是文化设施运营和管理状况不佳。由于投入不足，许多农村文化体育设施简陋、服务功能不全，缺乏后期维护资金，使得设备处于闲置状态，农村公共文化服务设施存在明显的"重配置轻运营""重设施轻内容""重形式轻实效"等问题。有必要对现有的公共文化服务资源进行整合，通过线上线下相结合的方式，为村民提供更加丰富的产品与服务。根据调研数据，五成以上村民反映需要通过网上获取图书馆、博物馆等优质资源，以解决当前到实体设施不便利的问题。

二是农民主体作用未得到有效发挥，亟须引进多种社会力量共同参与文化治理，增强农民主观能动性。广大农村居民既是农村公共文化服务的主要客体，又是公共文化服务治理的主体，乡村公共文化服务治理现代化的根本目标在于满足广大农村居民日益增长的文化需求。但从目前公共文化服务治理现状看，农民在乡村公共文化服务治理中的主体地位尚未得到有效发挥，主要原因在于：

首先是农村公共文化社会化投资建设不足。当前农村公共文化设施与服务更多地表现在国家资源的不断输入，公共文化服务治理主要采取的自上而下的管理模式，导致农民参与积极性不高，部分农村地区文体公共服务效能不高、不接地气，存在不同程度的农民"用不上""不想用"等情况。如课题组对北京市农村公共文化数字化建设调研发现，10.5％村民对本村公共文化服务的丰富性不满意，31.7％村民认为公共文化服务的供给与自身需求不匹配。

其次是文体专业人才队伍建设不足。基层公共文化体育机构专职人员数量不足，学历偏低、队伍不稳定、水平参差不齐、兼职等问题较突出。根据《中国文化文物和旅游统计年鉴 2020》，2019 年，全国共有 3.35 万个乡镇文化站，从业人员为 10.96 万人，专业技术人员仅占 28.51％，专职人员占 57.59％，平均每个文化站从业人员仅 3 人。同时，村文化体育服务队伍管理、激励、保障机制缺失，如基层广播电视服务专职人员和维护人员不足，对于农村公共文化数字化建设更是存在信息化队伍严重不足问题。调查数据显示，34.26％村民认为当地公共文化服务人员明显不足。

最后是农民文体业余组织发展薄弱。根据第三次全国农业普查资料，全国只有 41.3％行政村有农民业余文化组织，东部、中部、西部地区拥有农民业余文化组织的行政村数量占比分别为 44％、40.8％、36.7％，农民业余文化组织的不足，制约了公共文化的自我服务能力。

由此，新时代推进公共文化服务向城乡基层末梢、广大农村地区延伸，除"送文化"外，关键在于基层"种文化"，需要引导和鼓励群众自创自办、自编自演、自娱自乐，自主开展群众性文化活动，增强农民群众在文化方面的造血功能，实现自我发展、自我管理、自我服务。

三是传统文化资源挖掘与传承能力不足，亟须深挖乡村优秀文化资源，宣传与打造乡村特色文化品牌。首先是乡村传统文化资源保护力度较弱。文化是乡村振兴的灵魂，近年来各地加大力度开展对农村优秀传统文化的传承与保护工作，吸引了大批返乡创业人员、农村精英回流发展乡土文化产业。但由于历史文化遗产保护的法律法规不健全，导致乡村建设与文化遗产保护的"新""旧"关系没有处理好，甚至部分古村落在发展经济过程中存在文化遗产毁灭性破坏现象。

其次是乡村文化资源的产品化转型不足，文化产品创新性不够。由于缺乏对我国乡土文化资源长期性、系统性的顶层设计，农村文化产业发展面临产业基础薄弱、产业活力缺失、产业关联性不强、特色文化传承保护力度不够等问题。尤其是部分地区在挖掘传统民俗文化资源市场时，盲目照搬其他地区模式，缺乏地区特色使得市场难以形成规模效应。调查数据显示，18.44％村民认为本村传统美德、文化资源没有得到传承与发展。

最后是乡村特色文化品牌培育不足。随着乡村振兴战略的深入实施，各地结合本地民俗文化、农时农事组织开展丰富多彩的文化活动，相继建设了一些乡村特色文化品牌，但由于各地对于乡村特色文化品牌培育的认识不足、保护与传承意识不强、发展规划不到位等，导致乡村特色文化建设形式化，品牌同质化现象严重。随着各地加快推进乡村优秀文化资源数字化，通过建设"数字文物资源库""数字博物馆"等，利用互联网等平台宣传中华优秀农耕文化，将有助于形成文化品牌，振兴乡村文化，焕发乡风文明新气象。调查数据显示，九成以上村民愿意将本村的历史文化资源与传统美德通过网络展示宣传，以发挥其在凝聚人心、教化群众、淳化民风中的重要作用，进而提升本村的文化软实力。

第三节　战略目标与路线图

推进乡村公共服务治理现代化是实现我国乡村治理现代化、全面建成社会主义现代化强国的重要内容与发展重点，亟须深刻把握我国现代化建设规律，顺应亿万农民对美好生活的需求与向往，瞄准乡村公共服务领域短板，前瞻性地提出至2025年、2035年我国乡村公共服务治理现代化战略目标，加快部署我国乡村公共服务治理现代化的近期供给清单、标准，以及中长期技术发展路线，为加快乡村公共服务治理现代化进程提供目标指引与战略导向。

一、总体目标

补齐农村公共服务短板、加快实现城乡基本公共服务均等化，既是实现巩固拓展脱贫攻坚成果与乡村振兴有效衔接的重要内容，也是实现乡村有效治理的保障。未来15年，在全面推动乡村振兴进程中，加快乡村公共服务治理现代化要围绕国家"高质量发展"与"高品质民生"战略目标的要求，以高效能治理为抓手，以满足农村居民普惠性、基础性、兜底性公共服务基本需求为底线，以大数据、人工智能、超级计算等前沿技术为支撑，以"标准引领、普遍均等、城乡统筹、社会共治"为目标，从产品供给、技术供给、制度供给等多个层面推动乡村公共服务治理创新，推动乡村公共服务从"有"向"优"、从"少"向"多"转变，城乡公共服务由二元供给逐渐向一体化、均等化迈进，全方位提升乡村公共服务治理能力现代化水平，让农民群众获得感、幸福感、安全感更加充实、更有保障、更可持续。具体来看，至2025年，乡村公共服务治理现代化取得明显成效，乡村公共服务治理的制度框架、体制机制、标准体系基本建成；至2035年，基本实现乡村公共服务治理现代化，构筑起城乡融合、普惠共享、数字化支撑的乡村公共服务治理格局；至2050年，全面实现乡村公共服务治理现代化，乡村居民获得感、幸福感、安全感得到极大满足。

二、阶段目标

1. 至 2025 年发展目标

至2025年，乡村公共服务治理现代化的制度框架不断完善，建成乡村公共服务治理标准体系，乡村公共教育、医疗卫生、社会保障、就业培训、公共文化服务能力显著提升、服务水平明显提高，乡村公共服务治理基本实现制度化、标准化、规范化。

（1）至2025年，乡村公共教育服务质量显著提升　不断完善公共教育服务的制度体系，着重补齐普惠性学前教育体制机制短板，建立城乡统一的义务教育服务标准体系，大力推行普通高中和中职高职双轨教育模式。突出乡村公共教育在经济社会发展全局中的战略地位，按照现代化标准对乡村中小学基础设施、师资力量进行底部攻坚，不断完善乡村学校校舍、图书馆、互联网等基础设施，大幅提升乡村教师福利待遇与素质素养。依托宽带卫星联校工程、大教育资源共享计划等，试点建设一批集教学、电子图书阅览等多功能于一体的乡村"云"教室，大力发展乡村远程教育、城乡教育"网络结对"等乡村数字化教学服务体系。至2025年，乡村学前教育覆盖率达85%，乡村中小学多媒体教室占普通教室比例达70%以上，乡村6岁以上人口受教育年限达8.5年，乡村中小学校园网普及率达95%以上。

（2）至2025年，乡村医疗卫生服务水平持续提高　继续深化医疗卫生服务制度框架，多措并举建成城乡分级诊疗制度、急慢分治制度，强化"县级医疗卫生机构—乡镇卫生院—村卫生室"三级乡村医疗卫生服务体系建设，初步实现"首诊在村,大病转院,康复回村"的目标。持续实施医疗卫生大中专毕业生到基层计划、乡村全科医生培养计划等,不断壮大乡村医疗队伍、提升乡村医生医疗水平。开展乡村"一老一小"服务工程建设,依托乡村卫生所(室)、医务室、护理站等医疗机构,建设一批乡村"一老一小"服务机构,为老年人和儿童提供相关生理与心理保健等健康服务。试点推广基于5G的"移动随访"手机App服务,着力完善乡村电子病历系统,在有条件的地区率先推行城乡一体的智慧医疗大数据平台与远程医疗系统,鼓励城市公立医院向乡村居民提供远程健康管理、实时诊断等优质服务。至2025年,乡村每千人卫生技术人员数达6人,乡村婴儿死亡率降至6‰,人均预期寿命为78.3岁,二级及以上公立医院远程医疗服务开展比例达70%。

(3)至2025年,乡村社会保障服务体系进一步完善 推动我国特色社会保障制度基本定型,继续完善全国统一的基本医疗保险制度,改进基本医疗保险个人账户、扩大门诊统筹范围,全面实施城乡居民大病保险制度。着力推进基本养老保险制度改革,实现基本养老保险全国统筹,逐步健全基本养老保险基金投资运营体系。进一步完善乡村最低生活保障制度,建立低保户综合评定标准,不断推进乡村社会救助、社会福利、住房保障等制度发展完善。聚焦农民工群体,积极推进农民工社会工伤、医疗、失业、养老保险改革。加快发展乡村商业保险、慈善事业、民间互助等,着力建成多层次乡村社会保障体系,补齐乡村养老服务、儿童福利、残疾人福利等社保短板。大力推进"互联网+"乡村社会保障服务体系建设,实现城乡居民社会保障服务事项在线化、便捷化办理。至2025年,农村居民城乡基本养老保险参保率达到95%,农民工失业保险参保率达30%,城乡统一的电子社保卡覆盖比例达60%。

(4)至2025年,乡村就业培训服务保障制度逐步建立 逐步推进农村创业就业社会保障体系建立,完善农村就业社保、工伤、救助等相关政策规范,吸引高中以上文化程度村民返乡就业。加快推进职业技能提升行动,围绕乡村特色产业、优势产业发展需求,培育农村实用人才,提升第一产业高素质人才就业比例。完善乡村就业培训数字化建设,实施农民夜校、远程培训、网络培训,推动优质培训资源城乡共享,提高培训的针对性、实用性和便捷度。建立完善的乡村就业宣传服务网络,增强乡村居民返乡就业意识和信息服务机制。至 2025 年，农村劳动年龄人口平均受教育年限增加到 11.3 年，第一产业就业人员占比降至 20%，高素质农民队伍中高中及以上文化程度的占比达到 40%，全国各类返乡入乡创业人数达 1 500 万人。

（5）至 2025 年，乡村公共文化服务体制机制更加完备　完善城乡公共文化服务制度体系，实现城乡基本公共文化服务标准统一、制度并轨，突出社会力量在公共文化供给服务中的作用，不断增强乡村文化服务供给能力。补齐乡村文化服务基础设施建设短板，将乡村公共文化服务基础设施建设规划纳入城乡建设规划体系，加大乡村公共文化综合服务中心建设和文化宣传服务组织建设。加大乡村文化遗产资源挖掘力度，实施乡村文化遗产系统保护工程，强化重要文化和自然遗产、非物质文化遗产系统性保护。加快推进城乡公共文化服务资源数据库建设，形成多样化的文化传播渠道，推进公共文化资源双向互动。广泛开展节日民俗活动、文体娱乐活动，推动具有当地特色与底蕴的群众文化活动进乡村，满足乡村居民多层次文化需求，组织开展乡风民风评议与文明创建主题活动，不断弘扬乡村社会文明风尚。至 2025 年，农村社区综合服务设施覆盖率达到 65%，乡村综合文化中心覆盖率达到 85%，直播卫星"村村通""户户通"可覆盖 1.6 亿农户家庭，乡镇公共电子阅览室达 4 万个。

2. 至 2035 年发展目标

至 2035 年，城乡公共服务资源、能力、水平基本实现均等，新一代科学技术广泛应用于乡村公共服务领域，乡村公共服务治理实现数字化、智能化、公平化，现代化治理基本实现。

（1）至 2035 年，城乡公共教育服务实现优质均衡发展　初步构建起城乡公共教育服务现代化体制机制，不断完善全民终身学习的制度环境与现代教育体系，实现义务教育、高等教育、职业教育等各级各类教育协调发展。基本实现优质九年义务教育城乡一体化均衡发展，实现随迁子女入学待遇同城化。学前教育与高中阶段教育在城乡得到全面普及，显著提升义务教育巩固水平。新一代通信技术、大数据等信息技术在城乡教育优质资源共享中得到广泛应用，数字化、智能化、个性化的现代教育模式成为常态。至 2035 年，乡村学前教育覆盖率达 95%，乡村中小学多媒体教室占教室数量比例达 90% 以上，乡村 6 岁及以上人口受教育年限达 11 年，乡村中小学校园互联网普及率达 100%。

（2）至 2035 年，城乡医疗卫生服务达到公平化、均等化　基本建成城乡医疗卫生服务现代化制度框架，基本实现优质医疗卫生资源城乡均等化配置，城乡基层医疗机构设施设备、人才队伍得到极大提升，健康服务能力与质量显著提高。逐步构建起城乡环境卫生与健康水平综合管理体系及长效机制，打造一批"健康村镇"率先试点示范。乡村"一老一小"服务得到广泛开展，普惠性、互助性的养老服务、妇幼健康服务体系全面覆盖，乡村医养共同体初步建成。基于大数据、人工智能等新技术的远程医疗、数字医疗新业态得到全面发展。至 2035 年，乡村每千人卫生技术人员数达 10 人，乡村婴儿死亡率降至 3.5‰，人均预期寿命为 80.3 岁，二级及以上公立医院全部开展远程医疗服务。

（3）至 2035 年，城乡社会保障服务实现统筹发展　具有中国特色的社会保障服务现代化制度更加完善，城乡之间在社会保险、社会救助、社会福利、住房保障等方面的相关衡量指标基本实现统一，在世界主要国家中达到中等偏上水平。基本建成农民工、老人、儿童、残疾人、低收入人群的社会保障网，工伤保险、失业保险等覆盖所有涉农劳动者，长期护理保险、生育津贴、儿童津贴等制度逐步完善。"互联网＋"城乡社会保障服务体系实现深度融合，全面建成全国基本社会保障云服务平台与跨境服务平台，网上社保办理、个人社保权益查询、跨地区医保结算等互联网应用落实到位。至 2035 年，城乡基本养老保险参保率达到 100％，农民工失业保险参保率达 90％以上，电子社保卡实现 100％全覆盖。

（4）至 2035 年，乡村就业培训服务体系基本建立　城乡公共服务就业保障制度逐渐并轨，就业指导、政策制定、保障内容一体化发展。乡村重点产业、主导产业的就业创业优惠政策、配套服务不断增强，形成一大批可培育乡村就业创业人员的培训基地、产业孵化基地、科技园区，引导乡村人才就业培训服务高标准、多元化、复合型发展。大数据、人工智能等数字技术在保障就业精准化、个性化方面的作用更加凸显，特别是在就业政策、职业介绍、就业保障、创业优惠、职业技能培训等领域，乡村就业培训服务基本实现数字化转型。至 2035 年，乡村劳动年龄人口平均受教育年限增加到 13 年，高素质农民队伍中高中及以上文化程度的占比达到 55％，第一产业就业人员占比降至 15％，全国各类返乡入乡创业人数达 2 500 万人。

（5）至 2035 年，城乡公共文化服务资源实现双向互动　基本完成乡村公共文化服务设施均衡化、均等化发展，制度体系与服务体系更加完善，社会化力量逐渐成为乡村公益性公共文化服务供给的重要力量。建成特色乡村文化数字资源库，公共文化数字服务得到普惠应用，基本实现线上线下公共文化服务共同发展、深度融合，乡村公共文化服务供给能力、服务效能明显增强。乡村人民精神文化生活更加丰富，文化凝聚力进一步增强，居民文化获得感显著增强。至 2035 年，农村社区综合服务设施覆盖率达到 80%，乡村综合文化中心覆盖率达到 100%，直播卫星"村村通""户户通"达 1.9 亿户，乡镇公共电子阅览室全面覆盖。至 2035 年我国乡村公共服务治理现代化目标预测见表 11 - 2。

表 11 - 2 至 2035 年我国乡村公共服务治理现代化目标预测

项目	核心指标	当前值	2025 年	2035 年
基础教育	乡村学前教育覆盖率（%）	75	85	95
	乡村中小学多媒体教室占比（%）	49.39	70	90
	乡村 6 岁以上人口受教育年限（年）	7.92	8.5	11
	乡村中小学校园网普及率（%）	75	95	100
医疗卫生	乡村每千人卫生技术人员数（人）	4.63	6	10
	乡村婴儿死亡率（‰）	7.3	6	3.5
	人均预期寿命（岁）	77.3	78.3	80.3
	二级及以上公立医院远程医疗服务开展比例（%）	52.90	70	100
社会保障	城乡基本养老保险参保率（%）	90	95	100
	农民工失业保险参保率（%）	16.83	30	90
	电子社保卡覆盖比例（%）	21.42	60	100
就业培训	劳动年龄人口平均受教育年限（年）	10.7	11.3	13
	第一产业就业人员占比（%）	25.1	20	15
	高素质农民队伍中高中及以上文化程度的占比（%）	31.1	40	55
	全国各类返乡入乡创业人员数（人）	1 010 万	1 500 万	2 500 万
文化体育	农村社区综合服务设施覆盖率（%）	59.3	65	80
	乡村综合文化中心覆盖率（%）	83.6	85	100
	直播卫星"村村通""户户通"（户）	1.44 亿	1.6 亿	1.9 亿
	乡镇公共电子阅览室（个）	3.27 万	4 万	全面覆盖

数据来源：《中国统计年鉴》《中国教育统计年鉴》《中国教育经费统计年鉴》《2019 年农民工监测报告》《中国卫生健康事业发展统计公报》《中国城乡建设统计年鉴》《人力资源和社会保障事业发展统计公报》《全国医疗保障事业发展统计公报》《2021 年政府工作报告》《国家质量兴农战略规划（2018—2022 年）》。

三、战略路线图

1. 第一阶段（至 2025 年）

以媒体融合为切入点，推进乡村智慧广电服务体系建设，加快农村广播电视业与大数据、5G、4K/8K 超高清、AI、VR 信息技术的深度融合。重点突破乡村智慧教育培训关键技术，为乡村公共教育资源平台建设提供多媒体融合支撑；加快推进大数据融汇治理技术、大数据深度学习技术、大数据分析关键核心技术攻关，构建乡村公共服务大数据库、便携式智能监测和服务终端，加快推进城市优质公共服务资源下沉、共享和提高服务能力；整合城市优质公共服务资源，集成开发城乡一体的公共服务资源共享服务平台，促进城乡公共服务资源共建共享。

2. 第二阶段（至 2035 年）

以推动乡村公共服务治理智能化、数字化转型为目标，重点攻克乡村居民医养健康服务关键技术、乡村公共数字文化服务关键技术、乡村智慧司法服务关键技术，研发精准匹配预测模型与便携式服务智能监测终端，研制公共数字服务关键技术标准，形成公共数字服务标准规范；构建健康乡村空间地理大数据平台，积极推动大数据在乡村社区建设、乡村重点人群健康管理监测中的应用，加速公共服务网络化发展；加速公共服务智能机器人研发，加快农业机器人标准化、产业化发展，为村民提供更加便利、更安全的个性化服务。

3. 第三阶段（至 2050 年）

以实现乡村公共服务治理智慧化为目标，全面建成以信息化科技为支撑"标准引领、普遍均等、城乡统筹、社会共治"的乡村公共服务治理体系。重点攻克乡村便民服务能力提升关键技术，全面推进乡村公共服务领域人机互动服务，实现乡村公共服务治理的高效可控；研发基于分布式资源共享和服务协同的科技服务平台、乡村公共服务可信管理系统，全面实现多领域、多主体、多场景的个性化服务。至 2050 年，全面实现乡村公共服务治理关键共性技术和产品自主研发创新，乡村公共服务治理科技创新能力世界领先。乡村公共服务治理现代化战略路线图见图 11-6。

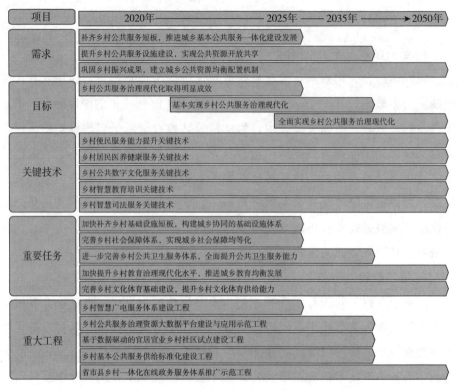

图 11-6　乡村公共服务治理现代化战略路线图

四、重点任务

1. 加快补齐乡村基础设施短板，构建城乡协同的基础设施体系

（1）加强乡村基础设施建设科学规划布局　把握乡村振兴战略实施机遇期和"十四五"规划建设基础设施提升关键期，继续将公共基础设施建设的重点放在农村，持续加大投入力度。以乡村建设行动为契机，着力推动乡村基础设施科学规划和布局，因地制宜统筹规划城乡的道路、供水、供电、信息化、广播电视、防洪、垃圾污水处理等基础设施的建设，促进城乡基础设施建设融合布局、基础设施互联互通。

（2）推进乡村新型基础设施建设　进一步夯实农村地区宽带网络和4G覆盖，深入推进农村电网改造升级和信息进村入户工程建设，逐步开展5G网络建设，不断提升乡村基础设施数字化和信息化水平。推动建立县域乡村治理大数据中心，不断完善乡村公共服务领域的数据共享机制，推动乡村公共治理模式由自上而下的政务服务管理，向多主体协同的公共服务治理转变。

（3）补齐乡村交通、水利、能源等基础设施短板　有序提升规模较大自然村内的道路硬化率，提升城乡道路互联互通水平，构建与城市群和都市圈接轨的高速交通，释放乡镇综合开发、综合管廊和多功能基建的存量空间；加快乡村水利基础设施建设，推行农村供水保障工程，在具备条件的地区实施城乡供水一体化，提升农村清洁能源使用率，推进燃气下乡，加强煤炭清洁化利用。

2. 完善乡村社会保障体系，实现城乡社会保障均等化

（1）建立健全城乡统一的社会保障体系　加强社会保障制度的顶层设计，优化资源配置，借助政府财政倾斜和工作重心转移等手段，实现社会保障资源的合理配置，缩小城乡间社会保障水平的差距，完善全国统一的基本医疗保险制度、养老保险制度；综合地域经济社会发展水平、城乡居民人均收入状况等因素，灵活调整基础养老金标准，推动乡村最低生活保障、大病医疗、社会救助等制度落地和相关技术服务产品的研发。分层实施社会保障计划，巩固脱贫成果，加强对脱贫内生动力的培养，构建全覆盖、均等化的全国统一社会保障体系。

（2）着力发挥现代信息技术在乡村社会保障体系建设中的作用　推动"互联网＋人社"在乡村地区开展深度推广和应用，整合目前乡村社会保障信息资源，优化社会保障信息管理系统的操作流程，构建一套基于大数据、云计算、物联网的统一社会信息平台；整合各部门的数据资源，加强信息合作、交流和共享，实现社会保障数据的互联和共享，深度挖掘和分析数字技术在乡村社会保障体系建设中的重要价值，建立科学、灵敏的社会保障预警机制。

（3）建立多元化养老服务模式　打破农村地区传统养老模式，创新保障方式，多部门协同联动，不断加大投入，探索公建民营、民办公助等多元养老方式的保障机制，探索农村养老服务发展新路径，形成以农村中心敬老院、社会组织和专业社工相结合的农村多元养老服务供应体系，探索开展和推广农村居家养老、社区养老等新型养老服务模式，支持"互联网＋"养老信息服务平台建设，满足农村老年人的多元化养老需求，建立更有效、更有针对性的农村养老服务体系。

3. 进一步完善乡村公共卫生服务体系，全面提升乡村公共卫生服务能力

（1）缩小城乡医疗卫生服务差距，实现基本公共卫生服务均等化 以需求为导向，加快优质医疗资源扩容和区域均衡布局，鼓励和引导城市优质医疗卫生资源向农村流动，增加农村医疗卫生公共服务供给，在数量和质量上补齐不足；加强公立医院建设和管理考核，推进药品和耗材集中采购使用改革，发展高端医疗设备；加强县域紧密型医共体建设，推动构建分级诊疗、合理诊治和有序就医新秩序体系建设，促进城乡医疗服务项目和标准有效衔接；制定农村医养结合发展的中长期规划，完善医养结合相关服务规范和管理标准，加强信息化管理，推行智慧医养。

（2）加强乡村医疗卫生人才队伍建设 加快乡村医疗卫生人才的补充，适当放宽艰苦边远地区医疗卫生机构的招聘条件，重视乡村全科医生的培养，深入开展全科医生特岗计划和农村地区定向医学生培养，推动乡村医生向执业（助理）医师转变；通过采取城市高层次医护人才派驻、巡诊等方式，开展技术和经验交流；完善乡村基层卫生健康人才激励机制，落实职称晋升和倾斜政策，优化乡镇医疗卫生机构岗位设置，让高水平人才进得来、留得住。

（3）推动"互联网＋医疗"的广泛应用 推动"互联网＋医疗"在农村地区的拓展应用，充分发挥互联网、大数据、供应链等技术在社会资源调配中的优化和集成作用，建立乡村网络医疗服务管理和考核标准；在农村地区科学引入互联网医疗企业，利用互联网医疗可以突破地域和空间限制的优势，搭建远程医疗信息系统，开展远程会诊、影像诊断等诊疗服务，实现农村居民高质量就医；同时，为基层医护人员提供远程培训，促进优质医疗资源下沉，提升乡村医疗卫生治理现代化能力。

4. 加快提升乡村教育治理现代化水平，推进城乡教育均衡发展

（1）坚持城乡统筹，加快城乡公共教育标准统一、制度并轨 推进县域内城乡义务教育一体化改革发展，统筹城乡教育资源配置，逐步建立健全全民覆盖、普惠共享、城乡一体的教育基本公共服务体系，促进教育公平。结合当地自然地理和人文地理基础，合理布局乡镇寄宿制学校和乡村小规模学校及标准化建设，改善乡村办学条件，多措并举打造高素质乡村教师队伍，夯实乡村教育发展基础。

（2）推动乡村职业教育、成人教育和网络教育发展 持续推动全国教育信息化基础设施不断完善，将数字技术和信息技术嵌入农民职业教育和成人教育，发挥网络教育的优势，以乡村发展的实际需要为出发点，在办学模式和专业设置等方面，以农民就业创业为根本需求，突出针对性和前沿性。深化校企合作和产业融合，发挥职业教育、成人教育的专业性和导向性优势，聚焦新产业、新态势和新模式，组织开展有针对性的定向定岗培训和专项技能培训，为农村培养一批数字化和信息化技术型人才。

（3）深化农村教育治理体系改革 立足公平和均衡，加大农村义务教育资金投入和支持，建立合理的教育财政体制和教育财政转移支付制度；建设农村教育高质量发展师资能力建设支持体系，加强教师培养环节，为农村教师提供培训名额和经费保障；提高深化义务教育治理结构改革，完善乡村义务教育发展评估标准和评估机制，推行全国范围内乡村小规模办学管理制度和办法，实现农村教育资源公平配置，提高乡村教育治理能力。

5. 完善乡村文化体育基础建设，提升乡村文化体育供给能力

（1）完善乡村基本文化体育设施建设 统筹推进城乡公共文化体育设施建设，继续开展农村文化广场、农村娱乐体育设施等基本建设，重视广电传媒、县级融媒体中心在推动乡村公共文化体育发展的重要作用。同时，以县为单位，以村为中心，大力推动图书馆、文化馆总分馆制建设，实现公共文化资源的县域联动共享，大力提升公共文化服务效能。

（2）加强乡村公共数字文化体育服务建设 开展"一站式"公共文化体育数字服务平台的搭建，推进公共数字文化体育服务"进村入户"，完善农村基本公共文化体育服务体系。面向农民群体，基于数字化平台，开展云上展览、云端课堂、在线体验等线上文化活动，提高数字公共文化资源供给能力，实施文化信息资源共享等公共数字文化工程，构建乡村公共文化服务数字化新模式。

（3）拓展乡村文化体育服务内涵，增加有效供给 建立以需求为导向的乡村公共文化体育服务治理理念和机制，畅通农民对乡村文化体育需求的表达渠道，依据农民的合理需求实施公共文化体育产品和设施供给。利用农村文化体育资源，结合不同地域农村文化特点，利用祠堂、戏台等公共空间，借助本土非遗技艺开展公共文化体育活动，促使农村公共文化体育服务更加贴近农民需求。

（4）加强乡村文化体育人才队伍建设　推动文化体育管理和业务人才两个层面的队伍体系构建，打造一支高素质的乡村公共文化体育服务队伍，建立乡村公共文化体育服务人才培养和保障激励机制。吸引优秀高校毕业生从事基层公共文化体育服务工作，加强对基层文化队伍培训，积极挖掘本土文化体育人才，加大对乡村文化体育人才的培育和政策资金扶持，培养根植于乡村的文艺社团、文化体育志愿者、非遗传承人等。

第四节　重大工程建议

针对乡村基本公共服务供给参差不齐、乡村广电服务效率不高、乡村公共服务治理行政职能分散、乡村政务在线系统数据不畅等问题，重点开展乡村智慧广电服务体系建设、乡村公共服务治理资源大数据平台建设与应用示范、基于数据驱动的宜居宜业乡村社区试点建设、乡村基本公共服务供给标准化建设及省市县乡村一体化在线政务服务体系推广示范等五大工程，加快推进我国乡村公共服务治理现代化进程。

一、乡村智慧广电服务体系建设工程

近年来，我国广播电视公共服务发展迅速，目前已实现了由"村村通"向"户户通"的跨越，基本实现了广播电视全面覆盖。随着数字化、网络化、媒体融合发展，广播电视行业正在不断加快与大数据、5G、4K/8K 超高清、AI、VR 信息技术的融合发展，推动着广播电视服务向"移动、高清、智能、泛在"方向发展。《2020 年全国广播电视行业统计公报》数据显示，2020 年全国交互式网络电视（IPTV）用户超过 3 亿，互联网电视（OTT）用户达到 9.55 亿。与此同时，我国积极推进农村地区尤其是老少边穷地区直播卫星与应急广播体系建设，为满足农民群众精神文化生活、促进城乡广播电视公共服务均等化提供了重要保障。然而，乡村广播电视公共服务水平始终落后于城市地区，大部分乡村地区智慧广电体系尚未建立，县级融媒体中心作用未得到充分发挥。在信息技术空前发展的当下，亟须加快信息技术在乡村广播电视公共服务领域的应用，通过发展乡村智慧广电服务，加快实现由"户户通"向"人人通"、由"看电视"向"用电视"的转变，弥补乡村广电公共服务短板，推进城乡广电服务均等化建设。

建议在县级融媒体中心建设工程与数字广播电视户户通工程基础上，加快部署乡村智慧广电服务体系建设工程，通过构建"乡村广电＋生态"体系，为满足农民群众精神文化生活、巩固壮大农村宣传思想阵地、提升公共服务供给能力提供支撑和服务。具体建议为：一是加快智慧广电基础设施建设。推动直播平台 IP 化、云端化，完善乡村地面无线广播电视数字化建设，重点探索基于 5G 的乡村广播电视网络配套服务设施建设，实现乡村广播电视公共服务数字化、高清化、网络化、智能化、移动化发展，推动实现城乡广播电视公共服务标准化和一体化。二是推动乡村智慧广电媒体融合发展。针对传统广电服务内容单一、传播渠道单向等问题，以媒体融合为主线，积极打造资源通融、内容兼融、宣传互融的新型县级智慧融合媒体。三是创新乡村"广电＋"服务内容。面向乡村居民高质量、多样性、个性化视听等实际需求，坚持内容为王，优化广播电视内容建设，选取典型乡镇打造系列乡村广播电视和网络电视精品工程，促进乡村广播电视内容优化升级及电视剧、纪录片、动画片等广播电视节目高质量发展。四是建立省—市—县三级应急广播数字平台，建成上下贯通、可管可控的农村数字 IP 云广播体系，继续部署应急广播大喇叭、智能音柱、公共大屏等终端，为农民群众提供及时、有效的灾害预警应急广播、政务信息发布和政策宣传等服务，搭建乡村广播电视收视综合评价大数据系统，完善内容需求反馈机制。

二、乡村公共服务治理资源大数据平台建设与应用示范工程

随着数字乡村战略的推进和实施，目前，大数据已通过数字化方式流入乡村社会，从抽象的概念具象为了生动的实践，成为乡村治理现代化发展的核心驱动和重要资源，在提供乡村公共服务方面发挥着越来越重要的作用。根据《中国数字乡村发展报告（2020 年）》数据，截至 2020 年上半年，全国共建成运营益农信息社 42.4 万个，累计培训信息员 106.3 万人次，为农民和新型农业经营主体提供公益服务 1.1 亿人次，开展便民服务 3.1 亿人次，实现电子商务交易额 342.1 亿元，全国农业科教云平台线上用户数达到 523.6 万，数字图书馆推广工程已覆盖全国 41 个省级图书馆（含少儿馆）、486 个市级馆（含少儿馆），服务辐射 2 744 个县级馆，共享服务的数字资源超过

140 太字节。2021 年中央 1 号文件明确提出"加强乡村公共服务、社会治理等数字化智能化建设。"这是我国 2021 年开展乡村公共服务治理现代化工作的基本依据。但也应该看到，大数据技术嵌入乡村公共服务治理领域尚处于探索阶段，还存在诸多阻碍。特别是由于行政职能与管理模块的相对独立，使得数据呈现分散化和碎片化，进而造就了"信息孤岛"，制约了乡村公共服务治理的各主体、各领域信息的多向传输与相互共享。鉴于此，亟须发挥数据作为数字经济重要生产要素的关键核心作用，深化大数据在乡村公共服务治理的创新应用，通过研发乡村公共服务治理大数据平台并开展试点示范，引领带动乡村公共服务治理数字化、智能化。

建议在国家层面开展乡村公共服务治理资源大数据平台关键技术应用工作，率先支持在乡村治理体系建设试点县（市、区）开展试点示范，通过运用大数据，为政府部门管理决策和各类公共服务主体从事市场化活动提供更加完善的数据服务，提升乡村公共服务治理现代化水平。具体建议为：一是搭建乡村公共服务治理资源大数据平台。针对目前乡村公共服务治理的"信息孤岛"和基础设施薄弱问题，围绕乡村公共服务治理现代化的实际需求，搭建多层次、多要素、多主体的乡村公共服务治理资源大数据平台，实现数据采集、管理、应用、共享、分析和安全等功能，推进各级行政管理部门开展数据和信息共享，构建"全天候、全天时、全要素、全尺度"的乡村公共服务信息采集与共享体系，缩小数据碎片化、"信息孤岛"和"数据壁垒"对公共服务体系造成的阻滞。二是搭建城乡公共服务大数据平台，并将其作为乡村公共服务治理资源大数据平台的补充，通过数据整合和分析实现对需求的精准识别，建立治理现代化数据决策模式，利用数字技术充分挖掘大数据背后蕴含的产业与社会经济趋势和价值走向，提高决策的前瞻性和精准性，提升多元治理主体的决策能力，实现决策由"数据"到"经验"的实质性转变。开展"市县建设、镇村使用"的县域公共服务大数据治理试点应用和推广工作，以"市县"平台建设为抓手、"镇村"为使用主体，将公共服务治理资源大数据平台建设纳入城乡发展一体化体制建设中。三是遴选一批典型地区开展试点示范。选取不同地域、不同类型的数字乡村试点县（市），开展乡村公共服务治理资源大数据平台的试点推行工作，总结平台搭建、应用和推广中的先进经验和不足，促进乡村公共服务治理资源大数据平台在全国范围内的推广和应用，为乡村公共服务治理体系和能力的现代化提供有效支撑。

三、基于数据驱动的宜居宜业乡村社区试点建设工程

通过数据赋能，可以让乡村治理工作插上数字化和信息化的翅膀，这也是实现乡村更加宜居宜业的关键路径。目前，我国多地已经在数字化乡村社区建设方面开展了试点建设，并取得了突破性进展。如浙江省衢州市衢江区发布了我国首个乡村国际未来社区指标框架，以产业导入、治理创新为抓手，以农村新型社区重构为切入点，依托物联网、人工智能、5G 场景应用，融合古村、农耕、文创、康养、研学等元素，着力推进"社群重构，空间塑形，产业创新，文化铸魂"。虽然在数据驱动下，我国宜居宜业乡村建设已经取得了诸多成果，但是我国长期以来的"重城市、轻农村"的发展模式造成了农村宜居宜业要素向城镇转移严重，产业发展和生态建设公共服务基础均较为薄弱，导致农村社区建设相较于城市社区建设起步晚、投入少、发展内驱力较弱等诸多问题。对这些问题，应当充分运用大数据在信息采集、存储、管理和分析等多方面的强大优势，以此为驱动，开展宜居宜业乡村社区试点建设工程及推广，以试点为载体，促进大数据在乡村宜居宜业治理方面的长效发展。

建议从国家层面开展基于数据驱动的宜居宜业乡村社区推行工作，率先支持在数字化乡村社区建设取得一定成果的县（市、区），开展建设一批智慧乡村社区试点示范。具体建议为：一是依托"互联网＋"技术，大力开展乡村社区智能基础设施建设，增加政策项目和资金投入，配备和完善智能门禁、智能机器人、视频监控摄像头等设施，提升公共服务基础水平，为乡村治理提供信息基础保障，改善农民居住环境。二是按照标准化和规范化建设要求，搭建以区县政府为主导、以乡镇政府为主体的乡村社区公共服务综合信息平台，汇集政府、村民、社会组织等多元治理主体，整合人力、物力和财力，汇聚社区公共服务、志愿服务、便民利民服务等公共资源，增加乡村公共服务供给，为农民提供多元公共服务及产品，实现提升服务、便利农民和提高治理效能等多重目标，提升乡村宜居宜业水平。三是以数据驱动智慧乡村试点建设，开展一批智慧乡村试点。基于全国乡村治理示范村镇及国家数字乡村试点地区名单，根据不同区域、不同类型选取智慧乡村试点，采用大数据

融合技术，开展多元产业融合、生态宜居、乡风民生等多个层面的智慧应用，集成智慧＋产业、养老、医疗、教育等多产业链条，将数字信息渗透到乡村社会的各个角落，实现试点区域的乡村公共服务效能提升，总结智慧乡村社区试点工作经验，探索智慧乡村在全国范围内推行的引领性和示范性模式，推动打造宜居宜业乡村。

四、乡村基本公共服务供给标准化建设工程

随着我国经济社会的不断发展，各种基本公共服务设施不断完善，乡村公共服务治理能力不断提升，农民群众幸福感、获得感和安全感持续提高。然而，与城市相比，我国广大乡村地区公共服务治理能力与治理水平依然低下，基本公共服务仍存在资源配置不足、服务设施不完善、软硬件不协调等问题，医疗卫生和社会保障等公共服务质量水平亟待提高，乡村公共服务治理现代化水平与农民群众日益增长的美好生活需要还有较大差距，推进城乡基本公共服务均等化任务仍十分艰巨。近年来，我国加快推进基本公共服务标准化建设，国家发展改革委、财政部、国家市场监督管理总局联合开展首批国家基本公共服务标准化试点（51 个市、县）建设工作，旨在以标准化推动基本公共服务向均等化、普惠化、便捷化发展。2021 年，中央 1 号文件进一步明确提出"建立城乡公共资源均衡配置机制，强化农村基本公共服务供给县乡村统筹，逐步实现标准统一、制度并轨。"同年 3 月，国家发展改革委印发了《国家基本公共服务标准（2021 年版）》，为加快补齐基本公共服务短板，不断提高基本公共服务的可及性和便利性提供了标准指引。由此，亟须进一步细化乡村基本公共服务具体实施标准，并与国家标准和行业标准规范充分衔接，以此提升乡村公共服务供给能力，织密扎牢乡村民生保障网。

建议在国家层面开展乡村基本公共服务供给标准化建设工程，督导各地结合实际抓紧制定本地区乡村基本公共服务具体实施标准，通过完善各级各类基本公共服务标准，打造乡村基本公共服务供给标准模式，弥补乡村基本公共服务短板，提升乡村公共服务保障能力与群众满意程度。具体建议为：一是建立乡村基本公共服务清单制度与设施配置标准。针对乡村基本公共服务内容、服务方式、服务质量参差不齐等问题，围绕乡村基本公共服务关键要素，重点开展服务配套设施、服务人员素质、服务范围、服务主导产品、

信息化服务技能、服务质量评价、服务资质和服务等级划分等标准制定，按照确定的服务项目和服务标准强化供给能力建设。二是推进相关行业标准规范建设。针对乡村基本公共服务涉及领域，明确村级公共服务、基层政务服务、农村社区服务等多领域保障范围和质量要求，将基本公共服务标准化理念扩展到教育、医疗、就业、养老、住房、法律等相关行业，推行覆盖相关领域行业的标准规范制定、修订。三是推进城乡区域基本公共服务制度统一。针对城乡基本公共服务水平差异，以标准化手段优化资源配置、规范服务流程、提升服务质量、明确权责关系、创新治理方式，通过规范不同层级政府部门层次支出分工与责任分担方式，推进城乡区域基本公共服务制度统一，确保实现基本公共服务覆盖全民、兜住底线、均等享有。

五、省市县乡村一体化在线政务服务体系推广示范工程

创新基层管理体制机制，推动乡镇政务服务事项一窗式办理、部门信息系统一平台整合、社会服务管理大数据一口径汇集，可有效推动城乡政务服务一体化，实现乡村公共服务治理的精细化、精准化。近年来，我国积极利用"互联网＋政务服务"的便捷性，在农村地区推广"最多跑一次""不见面审批"等改革模式，推动实现政务服务网上办、马上办、少跑快办，切实提高了群众办事便捷程度。部分地区涉及村民日常生活的社保、计划生育、就业、农用地审批等事项，均可在镇村级便民服务中心办理。2018年，国务院印发了《关于加快推进全国一体化在线政务服务平台建设的指导意见》，在此政策框架之下，已有20个地区构建了省市县三级以上网上政务服务体系，浙江、广东、贵州等地区构建了省市县乡村五级网上政务服务体系。但是这些成果之下同样隐藏着诸多问题：首先是层级不通、数据不畅等"信息孤岛"类的问题，各类平台数据无法共享；其次是各类政务软件使用难的问题，据调查，2018年，40%以上的省部级机构单位的政务软件存在各种链接失败、兼容性差等问题。面对这些症结和矛盾，建议坚持以数据技术应用和提升为导向，进一步延伸全国一体化在线政务服务平台功能，全面推广省市县乡村一体化在线政务服务体系工程建设，着力提升乡镇和村为农服务能力。

建议在已有平台的基础上，在全国范围内开展省市县乡村一体化在线政

务服务体系建设。具体建议为：一是持续推进农业农村领域"放管服"改革，将部分项目审批权限合理下放至地方政府，扩大地方在"大专项＋任务清单"框架下的投资灵活度和自主权，充分发挥各级农业农村部门和农民群众的积极性和创造性，激发各类市场主体的投入动力。二是以全国政务服务平台为基础，进一步对现有省市县乡村五级政务数据平台和软件资源进行整合，融合提炼各级政务服务平台的优势，构建覆盖省市县乡村的一体化在线政务服务平台，推进跨层级、跨地域、跨系统、跨部门、跨业务的数据共享与协同共享，推动实现市域范围内政务服务事项办理统一标准、联调联动、协同共享，最大限度扩大平台办理政务服务事项范围，在数字技术层面、标准化建设层面和用户体验方面实现规范化和标准化。三是开展省市县乡村一体化在线政务服务体系示范试点。根据《关于开展国家数字乡村试点工作的通知》中国家数字乡村试点地区名单，选取不同区域和不同类型的区县，开展县（区）域一体化在线政务服务试点工作，按照实际经济社会发展特点，梳理整合民政、司法、国土、水利、工商、计生、公安等多部门的服务事项，进行县（区）域内一体化现行政务服务平台建设，做到与省级、区市级平台互联互通，最大程度上推动政务事项网上办理，实现政务服务数据的有效汇集和共享，做到"一次登录、全网通办"。同时，实现县级政务服务平台与乡镇服务中心或者便民服务店的融合对接，向乡镇级服务中心下放行政事项审批，推行乡村公共服务"一门式"受理和"一站式"办理。

第五节　政策措施建议

作为乡村治理现代化的重要微观路径之一，乡村公共服务治理水平的高低不仅关系到乡村治理能力的高低，也直接关系到乡村治理目标的实现。为了保证我国乡村公共服务治理现代化中长期战略目标的实现，以及未来三十年乡村公共服务治理现代化的达成，迫切需要明确乡村公共服务重点治理对象与供给清单，加快乡村公共服务治理智能化、数字化建设，推进乡村公共服务治理多元化主体协同共治，在组织领导、政策扶持、人才支撑、宣传创新方面予以全方位保障，全面建成"标准引领、普遍均等、城乡统筹、社会共治"的乡村公共服务治理体系。

一、推进我国乡村公共服务治理现代化的政策建议

1. 明确乡村公共服务重点治理对象与供给清单

一是补齐基本公共服务短板，提升乡村公共服务可及性。加大农村基础教育、特殊教育、医疗卫生、文化体育等领域的投入力度，加强对留守儿童、妇女、残疾人和老人的关爱，提升农村兜底性社会保障和农村社区服务水平，推动农村基本公共服务的可及化。二是加快制定乡村基本公共服务供给清单及标准，逐步推进乡村公共服务治理制度化、规范化。推进城乡区域基本公共服务制度统一，聚焦教育、劳动就业创业、社会保险、社会服务、医疗卫生、住房保障、文化体育、残疾人服务等领域，制定面向农村的基本公共服务供给清单，搭建农村基本公共服务指导标准体系并开展标准实时监测预警，逐步推进农村基本公共服务规范化、标准化。三是组织开展乡村公共服务治理水平的年度评估与自律监督。加强公共服务社会监督和行业自律，建立农村基本公共服务效果评估指标体系，聚焦治理手段、公众参与、服务满意度，组织开展乡村公共服务治理水平的年度评估，对评估不合格的公共服务机构、从业人员、政府部门等一律问责。

2. 加快乡村公共服务治理智能化、数字化建设

一是建立乡村基本公共服务信息档案，加强信息联动与数据共享。全面梳理乡村基本公共服务事项，建立包含教育、医疗、社保、就业、文化等在内的乡村基本公共服务信息档案，采集、整理、录入基本公共服务相关信息与数据，并与公安、民政、医疗、教育等相关部门沟通协作，加强信息联动与数据共享，优化基层公共服务流程。二是深化5G、卫星遥感、融媒体等技术在乡村基本公共服务中的应用示范。加快推进信息技术在乡村基本公共服务治理中的应用，深化5G、物联网、卫星遥感、北斗导航、人工智能、融媒体等技术应用示范与推广，推动形成以"资源配置高效、信息普惠共享、城乡融合发展"为主要特征的基础设施与基本公共服务体系。三是搭建基本公共服务信息共享平台，强化基本公共服务资源优化配置。以互联网、移动终端为载体，以农村教育、医疗、就业、社保、文化等基本公共服务领域为核心，搭建城乡基本公共服务信息共享统一平台，梳理编制各部门数据资源目录和数据开放清单，建立各部门数据资源共建、共享、共用的长效机制，推

进城乡基本公共服务均等化。

3. 推进乡村公共服务治理多元主体协同共治

一是转变基层政府职能，重塑基层政府现代化治理体系和理念。充分发挥基层政府在乡村公共服务治理现代化进程中"引导者"与"监督者"的作用，统筹制定乡村公共服务治理中长期发展规划，探索建立统一的乡村公共服务治理绩效考核评估体系与标准。二是引导村民、企业、社会组织积极参与，提高多元化主体协同共治水平。充分运用现代化手段拓宽村民参与自治的渠道，依托"村级事务阳光工程"，构建"网上村委会"等村民公共事务参与平台及移动终端，支持有条件地区建立乡村舆情大数据平台，推动村民实时在线参事议事和意见表达，推动基层民主制度落地生根。加强乡村公共文化交流与共享，提升乡村优秀传统文化辐射能力，增强村民归属感与获得感，以此调动村民参与乡村公共服务治理的积极性。三是为乡村公共服务组织赋权增能，增强乡村社会组织承接公共服务的能力。发展和完善社会组织参与乡村公共服务治理的体制机制，强调其在乡村公共服务治理中的主体地位，积极搭建社会力量参与乡村公共服务治理的平台和渠道，支持社会资本参与乡村治理新基建、数字资源采集、治理平台开发维护等现代化建设，不断完善乡村公共服务数字化治理的市场化运行机制。

二、推进我国乡村公共服务治理现代化的保障措施

1. 加强组织领导，不断完善体制机制建设

各级党委和政府要充分认识提升乡村公共服务治理现代化水平的重要意义，把推进乡村公共服务治理工作摆在重要位置，并将其纳入经济社会发展总体规划和乡村振兴战略规划，做好顶层设计，研究重大政策，部署重点工程，拿出有效举措。建立农业农村部门牵头抓总、相关部门协调配合、社会力量积极支持、农民群众广泛参与的协同运行机制，加强统筹协调，形成发展合力，确保各项措施落实到位。抓好组织推动和监督检查，将加强和改进乡村公共服务治理工作作为考核指标，纳入乡村振兴考核和基层党建述职评议考核，层层落实责任。

2. 加强政策扶持，吸引多元化资本参与

加快完善教育、医疗、社保、培训、文化等公共服务领域及技术、人才

等要素支撑配套政策措施，确保各项政策可落地、可操作、可见效。完善财政扶持政策，采取"以奖代补、先建后补"等方式，支持乡村公共服务治理现代化试点建设，树立乡村公共服务治理现代化典范。充分发挥财政资金与国家级投资基金的引导作用，撬动金融和社会资本支持乡村公共服务治理现代化建设，完善多元化、多渠道、多层次的资金投入体系。鼓励各类主体参与公共服务设施建设和服务供给，加快形成乡村公共服务治理多方参与格局。

3. 强化人才支撑，增强主体素质

各级党政部门要加强乡村治理人才队伍建设，聚合各类人才资源，发挥其在乡村公共服务治理中的积极作用，充实基层治理力量。激励乡镇基层和村干部新时代新担当新作为，鼓励各地创新乡村公共服务治理机制。实施东部带西部、城市带农村的人才对口支持政策，引导公共服务和管理人才向中西部地区和基层流动。提高基层工作人员待遇，加强基层公共服务队伍培训，保障基层服务力量。开展人才下乡活动，加强对农村留守儿童和妇女、老年人等弱势群体的网络知识普及，加强广大农民信息素养培育，增强其利用现代信息技术（特别是利用手机上网）搜寻、传播和利用信息的技能。

4. 创新宣传方式，营造良好氛围

充分运用传统媒体和新媒体，及时宣传党的路线方针政策，营造全社会关注农业、关心农村、关爱农民的浓厚氛围。充分挖掘各地开展乡村公共服务治理现代化建设的鲜活经验，总结推广一批发展模式、典型案例和先进人物。充分发挥主流媒体和重点新闻网站作用，广泛宣传典型，做好舆情引导，为全面推进乡村公共服务治理现代化凝聚共识、汇聚力量、提供经验。引导全社会广泛关注、协力支持、共同参与"三农"工作，营造良好发展环境。

第十一章主要执笔人：

李　瑾　冯　献　郭美荣　曹冰雪　马　晨　张　骞　宋太春　孙　宁
揭晓婧　李泽欣　康晓洁　王艾萌　周孟创　任雅欣

·第十二章·

乡村公共事务与
公共安全治理现代化战略研究

乡村公共事务与公共安全治理，既是乡村治理活动中最基本的内容，也是事关农民最基本的民生需求；既是维护乡村社会秩序的基础，也是国家治理的重要手段。改革开放以来，随着市场经济的发展和社会结构的转型，乡村社会的结构、功能和体制机制发生深刻变化，乡村公共事务与公共安全治理的目标、主体、方式、手段、模式等不断调整与优化，但在治理体系与治理能力方面还存在许多不足。在现代化进程中，如何提升乡村居民公共事务集体行动能力，切实保障村民的获得感、幸福感、安全感，需要深刻把握乡村发展规律，突出农民参与主体地位，推动现代化治理手段与治理方式在乡村民主法治中的应用，构建起党建引领、多元主体协同、现代科技支撑、广大农民参与的共建共治共享格局，以此提升乡村公共管理与公共安全水平。

第一节　研究背景

一、概念界定

（一）乡村公共事务概念与范畴

"公共事务"一般是指为满足一定地域范围内的公共需求，生产公共物品的活动。公共事务是相对于私人事务而言的概念，在私人事务的基础上整合了民众的共同利益，并通过特定形式代为行使的私人不适宜独立处理的事务。与此相对应，乡村公共事务是指实现乡村社会中全体或大多数成员的共同利益需要，让其共同受益的各类事务。乡村公共事务治理则是指将公共事务治理置于乡村的场域下，强调乡村公共权力或准公共权力对乡村公共事务的管理，以及村民的自我管理、自我服务，并以此为基础建立有序的乡村秩序。

目前国内学者对农村公共事务的探讨大体包含了三种切入角度：农村公共资源、农村公共物品和农村公共空间。第一，农村公共资源属于农民共有的资源，是乡村公共事务的重要成分。我国农村的公共资源更多地表现为属于农村集体所有的资源，其中集体资产是公共资源的主要内容，如属于集体所有但尚未承包到户的土地、山林和水塘等。第二，农村公共物品往往是指能够满足农民公共需求、具备公益性的物品，面向的是农村社区公共物品、本村或本社区居民的利益。一直到 21 世纪初期，我国多数农村公共物品能实现自给自足，比如农村道路修建、农田灌溉设施建设、农村学校投资等。近年来，城市反哺农村的政策使得农村的物质投入大幅加强，尤其是在农业税被取消之后，农村的公共物品日益丰富。第三，公共空间是指介于个人与国家之间，有关人们交往、互动和参与的社会空间。具体到乡村领域，我们将公共空间理解为村民通过自我组织、规范和互动的方式开展集体行动的空间。

广义上的乡村公共事务，其参与主体大致有四类。第一类是乡镇街道等基层政府，或向上延伸至县级政府。其为乡村提供政务性公共事务的管理与服务，这些事务主要包括就业、社保、救助等管理与服务及文教体管理与服务、卫生管理与服务、计划生育管理与服务、安全管理与服务、流动人口管理与服务、法律管理与服务等。第二类是行政村或社区，或向下延伸至村民小组。这些组织一方面承接上述政务性服务，另一方面承担自治性公共事务，涵盖农业生产生活各领域。第三类是农村社会组织。其为村民提供公益性服务和市场化服务。第四类则是市场主体，即商业性组织、第三方公司或个人。他们通过政府或村集体向其购买服务的方式进入乡村，为村民提供法律服务、金融服务、居家养老服务、家政服务、文化娱乐服务，以及其他与村民生产生活密切相关的服务。另外，村庄或社区里还设有其他商业性机构，如收费类服务、驻点类服务等市场经济服务机构。

本书所指的乡村公共事务与公共安全并不包括政府为乡村提供的公共服务、公共事业、生态治理，而是主要偏向于乡村自治性事务和其他公益性事务，乡村公共安全事务，以及部分涉及生态资源等集体资源的经济利用与增值、效益化治理等事务。乡村公共事务与公共安全首先解决的是规模需求的问题,其治理更具有普遍性、均等性等特征,因此,在很大程度上需要由政府发挥更为重要的治理作用。其中:乡村公共事务治理,因其具有地域性、基层性、集体性、不规模性等特征,会因村庄情况和发展程度的不同而具有不同的内容,往往从总体上展现出千差万别的面貌。与国家层面的公共事务相对照,乡村基层的公共事务相对应的具体内容如表 12 - 1 所示,其中文字加粗部分是本章研究所涉及领域。

表 12 - 1 乡村公共事务与公共安全的分类

主要类别	国家的公共事务	广义的乡村公共事务	所属范畴
政治公共事务	国家主权完整		
	政权稳固	基层权力有序运行	乡村公共事务
	民主建设	村民自治、村民参与、基层民主协商	乡村公共事务
	社会安定与安全	矛盾化解、社会治安、公共卫生、防灾减灾、食品、药品、交通、消防、安全生产等	乡村公共安全
经济公共事务	宏观调控		
	微观管理	村集体经济发展、"三资"(集体资产、资金、资源)管理	乡村公共事务
社会公共事务	民政/提供社会保障(社会保险体系、社会救济体系)	政府基本公共服务包括养老、医疗、就业、便民、社保等服务供给保障	乡村公共服务
	促进公正的收入分配	村集体经济收入分配与管理	乡村公共事务
	环境保护	乡村生态环境治理	乡村环境
文化公共事务	科学、教育、文化、卫生、体育、广播电视出版等	政府科教文卫等基本公共服务供给	乡村公共服务
		乡风文明建设、农村文化传承、乡村宗教、宗族文化、村规民约等	乡村公共事务

(二)乡村公共安全概念与范畴

安全需求是人类的基本需求。在现代社会,伴随资源、技术和市场在世界范围的广泛流动，现代社会强调的"大公共安全"理念进一步扩展到了市场秩序、食品安全、反恐等非传统安全领域。这一理念涵摄范围的扩展意味着，公共安全所涉及的范围和领域不断拓展、保护对象日益明确。具体而言，"公共安全"这一概念内涵丰富，公共性特征鲜明，强调了公众身心健康与合法权益不受威胁，强调了公众没有危险、危害或损失的状态。相比之下，突发事件、紧急事件等公共危机则意味着公共安全受到威胁或处于危险。着眼于具体的应对性策略与措施，乡村公共安全治理是实现公共安全目标的基本方式，也是公共安全治理体系现代化的重点内容。总之，公共安全是指公共风险处于可控、可容忍的状态，是一种总体性的和平安定状态。公共安全概念宏观而宽泛，具有全局性的目标导向，体现出更广泛、更正面的价值目标。

乡村公共安全则是指发生在乡村区域范围内的公共安全状态，乡村的安全稳定是整个社会和谐发展的前提和保障，也事关乡村微观形态的农业发展、农民幸福、农村建设。

乡村公共安全在空间层级上属于城乡社区安全的范畴，从我国行政区划的角度来看，县域层面的地区性公共安全囊括了生产、生活、生态的全领域安全；在要素上包括社会安全、食品安全、卫生安全、环境安全、信息安全等。乡村经济政治和社会文化有专属于其自身的、不同于城市及城市社区的显著特点。一方面体现在遭受负面影响的程度上，近些年来，我国的许多公共安全事件导致了大规模的人员伤亡和经济损失，其中乡村的情况尤为明显；另一方面，针对公共安全事件，农村和城市之间的关联度和依赖性日益加强。伴随着社会的高度发展和经济环境的突变，我国乡村经济活动越发活跃，社会参与者的积极性也显著提高。现如今城乡人口流动频繁，乡村的开放度越来越高，然而乡村公共事件的发生也越来越频繁，危害后果也越来越严重，农村和城市之间的相互影响力和关联性也逐步加大。

乡村公共安全治理，是为了实现一定的乡村公共安全状态与目标所实行的治理活动。它是一种现代治理理念和方式，具体包括以下四个方面：一是治理主体的多元性，即突出强调了协同治理和公众参与，各类治理主体在公共安全治理的每个方面和每个阶段分担相应的责任；二是内容上从公共安全事件的应急处置向风险监测、预警等预防阶段延伸；三是过程上的全流程覆盖，既包括公共安全政策的制定、执行、监督、调整等宏观治理环节，也包括源头安全、运行安全、风险管理、应急管理等微观治理活动环节；四是手段上的综合性，即建立一套通用的公共安全治理方法体系，来保障公共安全治理成本的经济性、管理的高效性和参与各方的协调性，这些手段主要包括基础性的法律手段、管理高效性的行政手段、科学性的专业管理手段、综合性的协调手段和支撑性的科技手段等。

总之，乡村公共安全治理现代化的目标在于：围绕生态安全、生产安全、社会安全等重点领域，通过科学严密完善的制度实现对风险的防范，为经济社会发展创造和谐稳定的环境，提升人民群众安全感。基于这一治理目标，本研究将侧重于公共危机的成因、性质和发生机制的社会性角度，有针对性地选择了乡村食品公共安全、乡村社会公共安全及乡村公共卫生安全三个观察点深入探究，这几个方向分别对应于农业生产、农村社会、农民生活三个相互关联、相互依存的领域。

（三）乡村公共事务与公共安全治理现代化的内涵

通过梳理国内外学者对乡村治理现代化所做的诸多研究发现，乡村治理现代化能力的内容，既包括"一核多元"治理主体的能力建设，如提升乡村干部的素质，培育现代治理能力，培育建设农村特色小城镇能力，培育建设现代化新农村的能力等，也包括各类主体在推动基层党建引领、社会资源配置、社会矛盾化解和公共服务供给四个层面乡村治理中所发挥的效能，以及适合现代乡村社会治理需求的治理体制。

一般而言，乡村公共事务治理与公共安全治理现代化的内涵应当符合现代性的主旨即理性的追求，这一理性追求既包括了对价值理性、道德理性的追求，也包括了对规则理性、程序理性的追求；既有对过程中手段和工具的有效性、正义性追求，也有对于治理绩效和要达到的理想状态即结果正义的预期。其中，价值理性体现在我国社会主义核心价值观中，与现代国家的根本原则相一致，在基层社会的治理则主要体现为以人民当家作主为主旨的基层民主和公平正义的追求；规则理性和社会主义政治现代化、法治化目标相一致，这主要体现为民主治理的制度化、规范化和程序化，最终实现治理有效、乡村社会和谐有序、公平正义的善治目标。

在乡村公共事务与公共安全治理现代化的目标设定上，一方面要充分考虑治理理论中的价值目标和对规范理性的追求，从"管理"理念到"服务"和"治理"理念，另一方面又要考虑到乡村治理必须得面向乡村自身的特性。由此，本研究所界定的乡村公共事务与公共安全治理现代化的主要目标是通过实现乡村公共事务与公共安全治理的民主化、法治化、均等化、信息化、绿色化的理想，以维护乡村社会的政治民主、社会安定与生活和谐，从而实现乡村善治。着眼于实现现代化的乡村治理模式，较之现有的乡村治理模式，未来的乡村公共事务治理在治理理念、主体、对象、空间、格局（体制）、功能、机制、向度、方式、绩效和目标等方面，都将发生重大转型。基于此，现有乡村治理模式和未来乡村治理模式的具体比较如表 12 - 2 所示。

表 12 - 2　乡村公共事务治理模式的现代化变革方向：

以自治为基础的多元协同共治模式（共建共治共享）

项目	现有治理模式	未来治理模式
治理理念（价值）	经济发展　社会稳定	以人为本。实现人民的自由幸福、社会的公平正义。促进乡村社会的和谐、保障乡村村民的基本利益
治理主体	单一主体　行政主导型	保证村民当家作主的主体地位，治理主体多元化，民主化组织化程度高，组织体系健全，组织结构合理，功能完备，（行政、社会、市场等）多元合作型
治理对象	乡村公共事务较为简单	乡村公共事务日益复杂化
治理空间	行政村	一村一社区、一村多社区或区域化、多村一社区等多种模式乡镇治理和村庄治理
治理格局	乡政村治	乡政村治＋社区治理
治理功能	生活便民服务功能	生活、生产和生态服务功能
治理机制	压力型治理机制　运动型治理机制	多元化（自治、德治、法治、市场化、社会化多重手段机制相结合的治理体系）、专业化、精准化、协同化
治理向度	单向	双向
治理方式	封闭单一	开放、多元、信息化集成（智治），规范化、制度化、程序化、公开化
治理绩效	经济绩效为导向	效率、效果和效益相结合，注重回应性、责任性、廉洁度和村民的满意度
治理目标	稳定	善治（公共利益最大化，多元主体共建共治共享）

二、发展背景

（一）新中国成立后乡村公共事务与公共安全治理的历史演进

经过 70 余年的发展，农民收入增长、农业生产增收、农村基础设施不断改善，实现了中国"三农"发展史上一个又一个的重大变化。纵观乡村社会的村落形态、产业结构、人口流动，无论是宏观的结构形态还是微观的个体逻辑都发生了巨变。具体而言，自新中国成立以来，乡村公共事务与公共安全治理大抵经历了三个阶段。

1. 新中国成立初期："乡村政权"模式（1949—1957 年）

"乡村政权"模式确立的重要标志是 1950 年中央政务院颁布的《乡（行政村）人民政府组织通则》和《乡（行政村）人民代表会议组织通则》。所谓"标志性"，体现在其首次将行政村与乡视为农村基层政权机关，并规定乡（行政村）人民代表会议是人民行使权力的机关。1953—1957 年，由互助组—初级社—高级社为形式的农业合作化运动，实现了土地从个人私有向集体所有的转变，基本上完成了乡村社会主义改造的任务。随着农业生产合作社在乡村的地位和作用的凸显，村组织的职权实质上由合作社管理委员会行使，逐渐向"政社合一"的模式过渡。1954 年通过的《中华人民共和国宪法》和《中华人民共和国地方各级人民代表大会和地方各级人民委员会组织法》不再认可行政村作为政权机关的建制，取而代之的是将乡、民族乡、镇划归为我国农村基层政权机关。新中国初期的"乡村政权"模式，通过土地改革和生产发展，巩固了新生政权，确立和强化了中国共产党在乡村公共事务治理体制中的领导地位。在农业合作化运动中发挥了集体组织动员、集聚资源和力量方面的优势，使得乡村道路、农田水利等基础设施建设大为改善，农业生产机械化程度也有所提升。

2. 人民公社时期："政社合一"模式（1958—1982 年）

1958—1960 年形成了人民公社体制，这意味着从乡村公共事务治理模式转向农村基层政权与公社的合一模式，即通过人民公社—生产大队—生产小队，垄断了农村社会的一切资源分配和对公共事务的管理。国家通过"政权下乡"和"政党下乡"的治理方式，空前且全面深入地领导乡村公共事务的治理过程。

由人民公社行使权力的体制使得国家对乡村社会的管控达到了前所未有的程度，在政治上有效地维持了农村社会稳定；在经济上汲取了乡村资源和有效农业剩余，为工业化提供资源和资金支持。总的来说，农民被组织在人民公社体制下来解决乡村公共事务的供给，实现乡村社会的"机械团结"。

同期的农村公共安全治理工作也采用的是计划经济模式，其基本由人民公社组织包揽。其中，人民公社、生产大队和生产队是维护农村公共安全的主导性力量，特点是治理主体单一化。在机构设置上，救灾委员会被普遍撤销，治理围绕公社体制展开，农村救灾工作方针政策也结合上述体制的运作模式作出了调整，具体表现为侧重于依靠村民和集体。

3. 改革开放时期："乡政村治"模式（1983—2012 年）

20 世纪 70 年代末，我国开始推行家庭联产承包责任制，生产单元从集体性质的生产队转变为私营性质的农户家庭，人民公社制度也渐次走向终结。1982 年，《中华人民共和国宪法》规定了在乡（民族乡）、镇一级设立人民代表大会和人民政府，在村一级设置村民委员会。这使得村的自治性在根本法上得到了认可。到 1983 年，《关于实行政社分开建立乡政府的通知》在制度层面实现了政府和企业的分化，我国也正式形成了"乡政村治"的局面。该模式包含两个方面：一方面，乡镇的基层政权负责管理本乡镇的公共事务；另一方面，村民自治委员会负责管理本村事务。"乡政村治"体制的推行最终走向了各主体在治理上的分工之完备。到 2006 年，国家在全国范围内废止农业税，有效地减轻了农民负担以促进乡村发展，推进城乡统筹发展，使得社会主义新农村建设实现了良好开局。

相应地，农村公共安全治理从原有的计划经济模式转向了政府主导下的多重社会主体参与的模式。这种转向体现在：一方面，地方政府尤其是县级和乡级基层政府已经成为农村公共安全治理的主导力量；另一方面，村社组织、农户成为乡村公共安全治理的独立主体，治理责任也相应地发生转移。1978 年，国家和地方恢复了相应的安全部门建制。

（二）乡村公共事务与公共安全治理的时代变迁

1. 治理目标：从汲取到服务的转变

新中国成立之初，为了迅速恢复国民经济，在险恶的国际环境中求得生存和发展，工业化的推进只能依靠内生性原始积累，国家加强对乡村的控制，从乡村抽取大量的人力、物力及财力投入到国家建设中，由此导致农民负担沉重，农业发展受限，使得乡村公共事务治理中众多问题无法得到有效解决。在改革开放初期，广大乡村转变乡村治理模式，建立村民委员会，实行"乡政村治"。国家逐渐开始将农村发展重心放在提高农民的生活水平上，具体表现为：降低对乡村的管控，使得农民的生产生活自主性获得了一定程度的发展，但问题在于这一时期治理体制的运作路径仍然侧重于从农村汲取资源。2002 年，"工业反哺农业，城市反哺乡村"方针开始全面启动，意味着国家开始着眼于如何减少汲取乡村资源和减轻农民的负担，自 2006 年农村税费改革在全国推行以来，国家与乡村的治理关系发生了转变，即从以前的资源汲取型关系转变为资源输入型关系。"城乡统筹发展"战略付诸实施，促进国家逐步拓展各种惠农政策，如粮食直补、义务教育免除学杂费等，使得农民从繁重税负中摆脱出来，其生活水平和生存状态都得到极大改善。此后，党和国家始终保持强农、惠农、富农政策的实施，在力度上只增不减，持续为乡村发展提供人、财、物支持，同时以巩固拓展脱贫攻坚成果与乡村振兴有效衔接为目标，服务乡村发展。

2. 治理主体：从一元政府到多元合作的转变

在改革开放前，乡村"一元治理模式"意味着乡村独立承担治理的主导性角色。土地改革时期、农业合作化时期、人民公社时期乡村治理的主体集中在农协、合作社管理委员会和人民公社。上述主体掌握着大量公共资源，因此，公共权力随之渗透甚至覆盖到几乎全部的乡村日常生活，公共权力主体往往习惯性地采用意识形态教化等方式。而在改革开放后，农村生产力获得了极大的发展，乡村事务各方面都发生了变化，旧有模式已经不能适应时代的发展需求。1983 年，党中央突破了旧有的一元治理，党组织、村民自治委员会和乡镇政府领导的村组织加入治理中。党的十八大后随着改革的进一步推动，乡村治理主体呈现出以广大农民为主，政府、市场、社会组织等为辅的乡村公共事务的多元共治格局。

3. 治理过程：从管控到自治的转变

新中国成立初期，经过土地改革和合作化，我国逐渐形成了"政社合一"的乡村治理模式，对乡村经济社会生活实行的是一元化的管控模式。改革开放后，党中央加速健全并推行实施家庭联产承包责任制和村民委员会制度，这不仅推动了农村生产力的发展，也推动着乡村公共事务治理由"管控"模式向"自治"模式转变。1982 年，《中华人民共和国宪法》赋予广大村民直接管理村级事务的权利。另外，伴随着乡村改革进程的不断深化和农业生产力的不断提高，为了更有效地推进广大村民对乡村治理活动直接、全面的参与，我国于 1987 年制定了《中华人民共和国村民委员会组织法试行》，进一步明确了广大乡村群众在乡村治理中的主体地位及参与路径。

4. 治理方式：从人治到法治的转变

我国沿袭数千年的封建专制和人治传统，对我国特别是广大乡村地区的影响极其深远。乡村地区广大农民的宗族观念和伦理观念仍然浓厚，民主意识和权利意识淡薄，很多乡村事务主要由乡绅、宗族长老等村中精英掌握，官僚主义、个人专断等现象在乡村公共事务与公共安全治理中盛行，使得乡村事务的治理呈现出典型的人治特征。改革开放初期，我国实行的"乡政村治"治理模式虽有相关法律政策的保障，但在实际运作中，村民自治往往演变成由村民委员会替代全体村民作出决策，使得本应通过民主实现的选举一度在乡村沦为人情选举、家族选举，民主与法治没有落到实处。随着"依法治国"理念的主导性加强，政府肩负着法治建设的重担，具体表现为：把乡村自治纳入法治轨道，制定《中华人民共和国村民委员会组织法》，修改完善其他相关法律法规，规定了村民委员会的运行模式及广大村民参与乡村治理的权利。这一系列的举措实现了乡村民主建设和村民自治在良性制度层面的完善，从而不断推进乡村治理从人治到法治的转变。

（三）乡村公共事务与公共安全治理现代化的现实挑战

随着新阶段乡村振兴战略稳步有序推进，乡村产业之间的融合式发展欣欣向荣，城乡融合步伐提速，农村人口加速流动，乡村面貌不断改变，乡村公共事务与公共安全治理面临新形势、新挑战。

1. 乡村社会功能多重化的挑战

随着乡村社会结构的变迁与转型，传统以血缘、地缘为基础的内生性纽带逐渐式微，传统乡村共同体不断受到市场经济体制和现代观念的冲击，当代乡村社会呈现出传统性与现代性、农村性与城市性等多重特征复合叠加的样貌。从乡村公共事务与公共安全治理主体维度看，国家对基层社会进行公共管理，具有提供公共服务、建构秩序、维护稳定与正义及推进农业农村现代化等多重功能；党的乡村基层组织承担着贯彻落实党的政策、整合与巩固基层社会稳定等功能；乡村作为自治性组织，自身也有权力和责任开展各类自治活动，形成稳固的自我治理秩序，满足村民的各项社会服务需求。同时，乡村也是个体生产生活，甚至是个体自我发展的基础性场所，各类治理主体交织带来多种文化价值观的出现，使得增加了治理目标和治理对象的不确定性。从乡村自身发展的横向维度来看，当代村镇社区正日渐从经济利益为主导的生产型社会向发展型社会转型，乡村的功能正从单一的、经济性的生产、生活功能，转向对生产、生活、生态三大功能的整体性追求。其中的生态功能备受关注，这使得乡村公共事务与公共安全治理目标由经济物质的功能诉求向文化的诉求、生态的诉求、村民身心全面发展的诉求转变，进一步加大了治理的难度。

2. 乡村公共事务复杂化的挑战

进入新发展阶段，在市场化、工业化、城镇化的推动下，伴随着乡村社会的结构性转型，乡村公共事务与公共安全也日趋复杂。乡村休闲旅游、乡村生态养老、新型农业产业投资成为城镇居民的新需求，这进一步推动了城市人口、资本、物资、技术和管理等要素转向农村，使得乡村公共事务与公共安全的内涵与外延快速扩张。具体表现为：一是乡村公共利益诉求进一步分化。乡村的经济能人逐渐成为乡村生产活动的主要组织力量，通过现代农场式生产经营成为农场主；其他一部分农民继续外出打工，或留在城市发展，或往返城乡之间，或成为农业产业工人。这种分化导致公共利益与诉求进一步分殊化。二是村民从业形式的多维化。乡村产业正逐渐由单纯的农业生产转向一二三产业融合发展，新产业新业态呈现迅猛发展态势，这使得农业已经不再是农村居民的唯一从业方式，很多村民兼职了运输业、建筑业、养殖业等多个领域，这进一步激发村民对公正的收入分配等方面的治理需求。三是乡村生活内涵的品质化。在新型城镇化的推进下，围绕着关联产业、休闲娱乐、文化服务等公共生活空间和需求日益凸显，各类容纳不同社区居民文化需求的新型公共空间逐步出现，这带来了乡村公共安全治理的复杂性。总之，乡村社会地域边界的模糊化、利益的分殊化、从业形式的多维化、乡村生活内涵的品质化等方面的变迁，使乡村公共事务与公共安全呈现出跨区域性和联动性的特点，它不仅仅涉及国家层面的制度供给、资源配置，还涉及乡村内部层面的公共事务，因此，乡村公共事务与公共安全将变成一个多元主体、多元形式相互博弈的复杂场域。

3. 乡村多元主体协同化的挑战

伴随着社会主义市场经济的蓬勃发展及工业化、城镇化的大力推进，越来越多的农民从单一的农业生产中脱离出来，私营企业主、承包经营农场主、农技实用人才、打工群体等则不断涌现。在开放与流动的环境下，乡村已经演化为本地村民、城市居民和外来人口共同居住的开放型大社区。在日益激烈的市场化竞争背景下，广大农民大量开发并运用新技术、新品种来提高市场竞争力，以努力在市场竞争中胜出；同时，城乡合作化经营的模式也越来越被认可，成为城乡共同应对市场风险的重要方式。具体表现在：专业的合作社成为联结乡村和城市的纽带，在某种程度上起着联系市场与农户的作用，推动着城乡融合的进程。面对乡村治理主体的多元现实和城乡融合发展的必然趋势，乡村公共事务与公共安全治理体系势必要在进一步开放、多元、包容的同时增强协同性。综上所述，在乡村振兴浪潮的推动下，我国已经进入了"后乡村"时代，城乡之间要素快速流动、乡村业态和功能更加多样化、生产经营主体更加多元化、乡村居住的生活环境也更加宜人，农民精神文化生活也更加丰富，这为乡村公共事务与公共安全治理带来了新契机和新挑战，亟须建立起适应城乡要素高速流动、乡村治理主体多元的协同治理体系，促进公共事务与公共安全治理更加高效敏捷。

三、战略意义

（一）乡村公共事务与公共安全治理现代化是实现乡村振兴的制度基础

实现有效的治理是乡村振兴的基础，而为推动治理效能，关键在于要始终坚持并健全"三治融合"的乡村治理体系，充分发挥自治、法治和德治在新时代乡村社会治理中的作用。我国地域辽阔、自然条件多样，农村社会存在文化差异大、村庄类型多样的特点。在新型工业化、城镇化的进程中，农业农村改革不断深入，农业生产方式、农民生活状态、乡村社会结构与功能都在发生深刻变化；在现代化的进程中，发展不充分、不平衡的原有矛盾和转型发展带来的新挑战，都给乡村治理带来一些新问题，造成乡村治理任务繁重。面对传统"熟人社会"特征和现代市场经济机制的交织并存，我国的乡村治理现代化没有现成的模式可以照搬，需要充分依靠人民，发挥集体智慧，既要用好现代治理资源和治理方式，也要用活传统德治的治理资源。以党的领导统揽全局，以自治消化矛盾，以法治定分止争，建设和谐有序的善治乡村，从而更好为乡村振兴提供制度基础。

（二）乡村公共事务与公共安全治理现代化是推动城乡融合发展的重要保障

2021 年出台的《关于全面推进乡村振兴加快农业农村现代化的意见》提出，要构建协调发展的新型工农城乡关系，保障农业、乡村、农民的正当利益。乡村公共事务与公共安全治理现代化，一方面是为了有效改变乡村的旧有面貌、实现新农村建设，另一方面治理活动的一体性也将有效地推进我国的城镇化进程。从未来人口变化趋势上看，我国乡村人口的绝对数量呈现出稳步下降的态势，大批自然村将会被更多的小城镇取代，对乡村公共事务与公共安全治理而言，应尊重人们的选择，有序推进整个过程。通过推进城乡一体化建设、优化乡村治理的资源和结构、有效实现各种资源在城乡的理性分配，能够有效避免乡村治理过程中物质资源和人才资源的流失。因此，要加快乡村公共事务与公共安全治理现代化建设，通过构建共建共治共享的乡村社会治理格局，推动公共管理、公共安全保障水平的提升，使得物质资源和人才资源在城乡之间的流动合理化，使得农村地区能留得住经济、政治和文化方面的精英，从而有效改变因乡村人才流失而导致的乡村领导力资源的匮乏。

（三）乡村公共事务与公共安全治理现代化是实现人全面发展的推动器

党的十九大报告指出：中国特色社会主义进入了新时代，我国社会主要矛盾已经转化为人民日益增长的美好生活需要和不平衡不充分的发展之间的矛盾。社会主要矛盾的变化是关系全局的历史性变化，要求我们在继续推动发展的基础上大力提升发展质量和效益，更好地满足人民日益增长的美好生活需要。必须明确的是，农业农村的发展应当高效高质，要充分满足村民的现实利益需求。乡村公共事务与公共安全治理离不开乡村干部和村民的广泛参与，在需要通过民主选举、民主管理、民主决策、民主监督等方式展开的各项公共事务中，要推动村民的参与意识、法治意识、协商能力、理性精神、公共精神等现代社会公民素质的不断提升；同时，激发出乡村治理的内生动力，实现乡村发展与振兴事业的可持续化。

总之，现代化是一个值得追求的目标，而不是一套简单划一的标准或模式。强国之下的乡村治理，需要做的是进一步做强社会，尤其是释放和激发乡村和农民的内生动力。"释放"是针对改革开放初期乡村和农民主体性受到压制的状态，"激发"则是市场条件下农民如何适应和应对现代社会的大规模合作与人际交往问题。改善外在的社会条件和生活处境，帮助人获得主体性，农业从单一变得多样，农村从封闭走向开放，农民从依赖无助走向独立富足，这才是现代化的核心要义。

第二节 乡村公共事务与公共安全治理现代化现状

党的十八大以来，我国乡村基层社会治理取得重大成效，乡村基层党组织堡垒作用得到有效发挥，以党建为引领的自治、德治、法治"三治融合"的乡村治理体系基本建立，乡村公共管理与公共安全保障水平不断提升，村民安全感显著提升。但总的看，公共事务与公共安全现代化发展仍存在短板弱项，治理主体缺位和能力不足并重、治理领域发展不平衡、现代化治理理念与方式应用滞后、治理体系的协同性不足等问题亟待解决。

一、发展现状与成效

乡村治理现代化是一个宏大的命题，越是宏观事物越需要微观调研支撑，当前乡村公共事务与公共安全治理现状如何、尚存在哪些问题，都需要一线翔实的调研数据和资料。围绕"乡村公共事务与公共安全治理"相关问题，本研究采取了问卷调研、访谈调研、专题调研和实地调研相结合的方式，开展了涉及全国 24 个省份的"百村千人"问卷调研，将乡村公共事务与公共安全治理的宏大命题聚焦在乡村党建、村务治理、乡村组织、社会参与、乡村文化，以及社会治安、食品安全、公共卫生安全等若干具体领域，共获得问卷 1 919 份，其中村民问卷 1 616 份，干部问卷 303 份。中国乡村地域广阔，经济发展、自然条件、文化传统各异，各地的乡村治理现状也千差万别，各具特色，为获得对乡村公共事务与公共安全治理现状的最直观认知，经对数据初步处理分析，力图呈现其最直观的样貌①。

（一）乡村基层党组织建设得到较大程度加强

自党的十九大以来，农村基层党组织作为战斗堡垒，积极贯彻乡村有效治理的工作目标，努力创新"三治融合"的体制机制，积极落实《中国共产党农村基层组织工作条例》，党在农村的执政基础得到进一步巩固。

一是以党组织为核心的乡村基层组织体系不断完善。村党组织书记通过法定程序担任村委会主任、村集体经济组织负责人的"一肩挑"制度得到有效落实。例如，2018 年天津市打了一场硬仗——在全国率先全面实现村、社区党组织书记和村（居）委会主任"一肩挑"，100%"一肩挑"带来了 100%"一片红"。湖北省在 2018 年村"两委"换届中，全省村党组织书记和村委会主任"一肩挑"达 98.5%，新调整村党组织书记 10 877 人，调整面达 47.9%。同时，针对"一肩挑"存在的权力集中问题，各地积极探索"三务"公开、民主协商、民主监督等制度建设，乡村基层党组织的公信力和影响力得到进一步提升。

二是乡村基层党组织队伍建设有效推进。一方面从本村致富能人、退伍军人、大学生等群体中选拔基层党组织带头人的机制广泛建立，同时选派干部挂职乡村第一书记制度极大提升了基层组织的领导力。2013 年起，全国累计选派 300 多万名第一书记和驻村干部开展精准帮扶工作，对脱贫攻坚发挥了重要作用。

三是乡村党员队伍建设不断加强。2018 年，全国共发展 35 岁以下农牧渔民党员 22 万人，比 2017 年增长 3.7%，通过开展党员联系户、党员户挂牌、承诺时间、设岗定责等活动，推动广大乡村党员在脱贫攻坚、产业发展、人居环境整治中当先锋、作表率。尤其在抗击新冠疫情中，广大基层党员冲锋在前，赢得了村民的普遍认同和信任。课题组调研数据显示，大部分乡村党

---

① 如无特别说明，本章所引数据均来源于课题组开展的问卷调研。

支部能够积极组织活动，超过 70％的受访乡村的党支部每月至少开展一次党团活动，农村党员干部现代化远程教育系统覆盖率较高，80％以上的受访村庄有农村党员干部现代远程教育系统覆盖，且超过 2/3 的村庄经常使用。

（二）乡村治理水平稳步提升

党的十九大报告提出健全自治、法治、德治相结合的乡村治理体系，"三治"相互联系、各有侧重、紧密配合、缺一不可。村民自治在乡村治理现代化中扮演着重要角色，能够最大限度调动村民的积极性，为乡村振兴提供可靠的社会基础，推动新时代基层民主政治建设。近年来，村民自我管理、自我服务、自我教育、自我监督的治理体系和治理能力不断提高。

一是参与治理的主体更加多元。逐步形成由乡镇党委政府、村党组织、村民委员会、经济合作组织、社会文化组织、群众组织、乡村公益组织等共同构成的乡村治理组织框架，多元主体共治态势逐渐显现。村"两委"作为乡村治理的中坚力量，在党组织的领导下，多地积极推行村级重大事项决策"四议两公开"制度，村庄公共事务的民主协商、民主管理、民主监督制度不断完善。调研显示，除了传统的村"三委会"① 组织之外，部分村庄还出现了第一书记、大学生村官等新组织元素，以及红白理事会、乡贤理事会、志愿者组织、行业组织等各类社会组织，其中志愿者组织、行业组织和红白理事会占比名列前三，分别为 64.36％、55.12％和 46.53％。

二是治理方式更加多样。大部分乡村建立了"三务"公开和村务监督委员会等民主监督制度，部分地区推行村民议事会、扶贫理事会等多种民主协商机制。调查显示，82.84％的受访村庄实现了网格化管理，在村务公开工作中，更多新的信息化手段和平台得到广泛应用，其中使用村务公告栏、微信群、村务信息化管理平台和传统大喇叭的受访村庄占比较高，达到总数的80％以上。

三是治理能力明显提高。调研显示，积极参与村中重大事务决策的受访村民占比 70％以上，78％的受访村庄表示本村的村民代表大会能够做到一月一次或一季度一次。在参与方式上，现场讨论或投票仍是村民最重要的参与

---

① 村"三委会"是指村党支部委员会、村民委员会、村务监督委员会。

方式，微信、村务管理平台、电话、短信等网络手段也逐渐被接受。此外，有 66.01％ 的受访村庄扩大了参与面，邀请驻村企事业单位和社会组织参与本村村民会议。

四是治理效果不断显现。调查显示，在村"三资"管理评价方面，持肯定性评价占比 32.42％，中性评价 51.73％，否定性评价 6.75％；对村干部管理能力的评价方面，持肯定性评价占比 44.18％，中性评价 42.39％，总体上乡村治理效果能够被村民接受。

（三）乡村法治建设与乡风文明初见成效

法治乡村建设是强化乡村治理、推动乡村振兴的重要保障。近年来，各地乡村以法治约束和规范乡村基层权力运行，以法治化解乡村社会矛盾，在乡村社会治理法治化建设方面取得积极成效。一是国家出台《中华人民共和国乡村振兴促进法》和修订《中华人民共和国土地管理法》《中华人民共和国草原法》等一批涉农领域的重要法规。二是推进公共法律服务体系下沉农村社区，完善人民调解的联动工作体系，建立调处化解农村矛盾纠纷的综合机制，实施农村"法律明白人"培养工程和"一村一法律顾问"制度。三是深化农业综合执法改革，把政府各项涉农工作纳入法治化轨道，增强乡村基层干部法治观念。四是加强法治宣传工作，利用农贸会、庙会、集市等多种渠道，采用宣传栏目、文艺演出、网站等多种形式广泛开展"法律进乡村"主题法治宣传教育活动，推进"民主法治示范村（社区）"创建活动。村规民约是一项重要的建设内容，调查显示，95.38％ 的受访村庄建立了村民自治章程和村规民约，对其实际效果持肯定态度的受访村庄占比超过六成。

德治是重塑乡村社会礼俗的关键一步，能够提高农民道德水平，培育文明乡风、良好家风、淳朴民风。各地广泛开展文明村镇、文明家庭、"五好"家庭创建活动，发挥村规民约作用，推广道德评议会、红白理事会等。调研中，受访村民对本村乡风文明状况总体上表示满意；调查显示，有 50％ 的受访村民表示比较满意或非常满意。受访村干部对本村乡风文明状况满意度均超过 50％，其中对改善农村社会风尚和改善生态环境的认可度最高。

针对婚丧大操大办等问题，我国广大村庄号召村干部"五带头四倡导"①。针对该项工作所做的调查显示，有 13.99% 的受访村民认为本村能完全落实"五带头四倡导"，有 41.77% 的受访村民认为能够基本做到。此外，各地推广文化礼堂建设，一方面丰富村民文化生活，另一方面为村民婚事新办、丧事简办提供场地和物质保障。

（四）乡村社会安全感明显提升

目前，我国社会安全总体形势较为稳定。2018 年在全国范围开展了持续三年的扫黑除恶专项斗争，取得了良好效果。三年来全国共打掉涉黑组织 3 644 个，涉恶犯罪集团 11 675 个，抓获犯罪嫌疑人 23.7 万名。在该专项斗争中，各地区各部门坚持边打边治边建，加强基层组织建设，通过不断健全自治、法治、德治相结合的乡村治理体系，提升对涉黑涉恶问题的"免疫力"，铲除黑恶势力滋生土壤。国家统计局调查显示，2020 年下半年全国群众安全感为 98.4%，有 95.7% 的群众对专项斗争成效表示满意或比较满意。专项斗争圆满收官之后将转入常态化治理形式，针对专项斗争中暴露出来的普遍性、深层次问题，一系列常态化治理举措正在部署落实中，以源头治理为治本之策的长效机制正在形成。

乡村社会治安形势总体上保持稳定，乡村发生严重治安事件的比例较小。问卷调研发现，有 74.81% 的受访村民表示本村近三年没有发生严重刑事犯罪案件。村民对村处理社会治安事件的做法的满意程度调查结果显示，对村处理社会治安事件比较满意和非常满意的占比 50% 左右。

在食品安全方面，通过确立农村食品安全标准、完备监管措施、严格惩罚措施等，乡村食品安全的保障机制能够发挥应有的作用。近三年全国农产品质量抽查合格率均保持在 90% 以上。针对乡村食品安全的信息公开情况和治理效果，村民调查数据显示这两类情况整体向好。

当前我国乡村公共卫生整体水平上了一个新台阶，组织体系、基础设施、人员队伍、技术水平等方面均较之前有质的飞跃。针对风险社会突发公共卫

---

① 五带头是指带头不请客、不收送礼、不收彩礼、举行新式婚礼、举行节俭婚礼；四倡导是指倡导简化仪式、节俭治丧、生态安葬、低碳祭扫。

生事件，非典之后建立起来的突发公共卫生事件应急机制，成功应对了多起传染病疫情，如在 2009 年 H1N1 流感病毒疫情、2013 年和 2014 年的 H7N9 禽流感等事件中都发挥了有效的治理作用。在乡村公共卫生安全治理方面，结合新冠疫情大背景，课题组调查了村民是否能够及时知晓当地重大疫情信息，以及村民对公共安全事件的应急响应是否及时等问题。结果显示，有超过 90％的受访村民能够及时知晓当地重大疫情信息，70％以上的受访村民认为本村能够比较及时地做到应急响应，这表明我国大部分村庄对公共安全事件的应急响应比较及时，处理公共安全事件的能力较强。

（五）乡村数字化治理水平不断提高

近年来，得益于信息技术和互联网平台的迅猛发展，乡村公共事务与公共安全治理中信息化利用程度和水平不断提高。根据《中国数字乡村发展报告》的情况来看，近年来主要在以下几方面取得了长足的进步：一是全国各地加快推进党员管理信息化平台建设。浙江、四川等一些地方依托"乡村钉""为村"等平台，将党支部建设在云端，打通党组织与党员联系交流直通车。二是以智慧党建引领强村善治。积极引入信息化手段，实行"互联网＋包户制"，实现"线下"入户交流零距离、"线上"实时服务对接零延误，利用"线上线下"办好群众贴心事。三是建设数字化"三资"智慧监管系统。集成管理、监督、公开和大数据分析等功能，将监管范围由单纯的农村财务管理拓展到对农村集体资金、资产和资源的全方位管理。试点推广"三资"监管平台全覆盖，实现对农村"三资"科学高效管理。2018 年，利用专用财务软件处理财会业务的村共 38.8 万个，占总村数的 66％；全国实现村级财务网上审计和公开的乡镇分别为 4 569 个和 18 423 个，分别占乡镇总数的 12.7％和51.4％。四是创新互联网＋村务监督平台，推进"墙上监督"向"网上监督"转变。多地出台相关政策，坚持传统公开模式和现代方式相结合，以"互联网＋村务"为载体，拓宽群众知情渠道，部分地区已建立较为完善的"电子村务"平台，并注册开通村务微信公众号，方便村民随时随地关注和监督村务。此外，在抗击新冠疫情中，多地启动智慧乡村信息平台，利用布点到村的智能监测站，构建乡村疫情防控管理系统，实现乡村疫情防控全天候、全方位、全场景监测，并有效利用信息技术来服务保障疫情防控期间农村居民的日常生活所需。问卷调研显示，受调查村庄中 87.46% 建立了村民微信交流群，78.55% 受访村庄建立了村务信息化管理平台。

此外，乡村公共安全领域中，"雪亮工程"建设不断深化。各地公安机关依托全国"雪亮工程"示范和重点支持项目，将视频系统建设也纳入公共安全视频建设联网应用体系，积极推进城乡接合部和所辖农村地区的视频系统建设。部分地区在加强农村公共区域视频点位建设的基础上，动员乡镇街道、村组社区的居民群众，将自建的视频资源接入"雪亮工程"共享交换总平台，增加了"雪亮工程"在农村地区的覆盖广度。部分地区结合城乡一体化建设，持续加密前端摄像机部署，最大限度延伸联网节点，实现省域行政村的视频资源整合联网，为数字乡村建设、农村社会治理和乡村振兴提供了有力支撑。

二、存在问题

乡村治理在国家治理体系中的稳固地位是治理的必然要求，推进乡村治理现代化的关键在于如何激发乡村治理的内生动力。目前，在大量社会资源投向乡村振兴大背景下，基层组织动员能力没有同步增强，农民在基层治理中的参与性和主体性不足，成为乡村治理现代化进程中的重要问题。对当前我国乡村治理的挑战和问题进行分析，主要有以下几方面：

（一）乡村空心化引发治理主体缺位现象

在工业化、城镇化及社会转型的发展背景下，由于农业社会结构演化及农村劳动力、资源的大量转移，导致农村经济发展缓慢、社会功能退化，进而引起乡村人口、地理、经济、治理等多方面空心化的失调现象。乡村人口特别是青壮年人口大量外流，乡村人口以老人、妇女、儿童为主体，伴随着生育率下降，人口总量大幅度减少。根据农业农村部官网数据统计，从 2008 年起农村人口逐年递减，农民工人口逐年递增，2020 年即使受到新冠疫情影响，农民工人数仍达到 28 560 万，农民工占农村人口的比例为 56.02%，其中本乡镇区域以外经商务工的农民工达到 16 959 万，占农民工人数的 59.38%（表 12-3）。未来三十年我国城镇化率仍会不断提升，预计将超过 80%，乡村人口外流，尤其是中西部地区，将是一个无可逆转的趋势。这一形势使得乡村内部人力、物力、财力呈现流失与断层局面，基层职能、权力和责任逐步弱化，各项政策落实困难，乡村公共服务无力承载，公共生活无法开展。

表 12-3 农村人口与农民工人数（2008—2020 年）

年份	农村人口（万人）	乡村就业人员数（万人）	农民工总量（万人）	农民工占农村人口比例（%）	农民工占乡村就业人口比例（%）	其中：		
						外出农民工（万人）	外出农民工占农民工总量比例（%）	本地农民工（万人）
2008	70 399	43 461	22 542	32.02	51.87	14 041	62.29	8 501
2009	68 938	42 506	22 978	33.33	54.06	14 533	63.25	8 445
2010	67 113	41 418	24 223	36.09	58.49	15 335	63.30	8 888
2011	65 656	40 506	25 278	38.50	62.41	15 863	62.75	9 415
2012	64 222	39 602	26 261	40.89	66.31	16 336	62.21	9 925
2013	62 961	38 737	26 894	42.72	69.43	16 610	61.76	10 284
2014	61 866	37 943	27 395	44.28	72.20	16 821	61.40	10 574
2015	60 346	37 041	27 747	45.98	74.91	16 884	60.85	10 863
2016	58 973	36 175	28 171	47.77	77.87	16 934	60.11	11 237
2017	57 661	35 178	28 652	49.69	81.45	17 185	59.98	11 467
2018	56 401	34 167	28 836	51.13	84.40	17 266	59.88	11 570
2019	55 162	33 224	29 077	52.71	87.52	17 425	59.93	11 652
2020	50 979	—	28 560	56.02		16 959	59.38	11 601

数据来源：农业农村部官网数据，2020 年数据来自国家统计局第七次人口普查公报数及 2020 年农民工监测调查报告。

（二）村民自治的定位偏移和能力不足

伴随着国家资源投向乡村，乡村治理的重心越来越服从于自上而下的行政工作。一是体现在公共事务内容的变化上。随着农村改革推进，越来越多的村级工作从自治事务转变为行政工作，如村庄环境整治，一些地区基层政府投入大量资金来改善村庄人居环境，但由于"最后一公里"的需求对接和协商参与不足，实践中出现"政府干，农民看"现象。二是体现在乡村干部队伍建设上。农业税费改革后，尤其在精准扶贫战略的实施过程中，国家以下派第一书记形式加强基层干部力量，还有一些地区推行村干部坐班制，将村干部变成"脱产干部",制定工资标准,参照公务员制度管理村级干部,国家力量全面接入乡村社会,使得村民委员会被吸纳到行政体制内,以至于村民自治组织行政化倾向严重,脱离了"农民自治"本质。三是体现在权力划分层面。政府与农民权责边界不清,农村基层权力行政化倾向明显,进而弱化有限的自治能力。农业税费改革后,国家与农民关系发生逆转,基层治理从"国家本位"走向"服务本位",村干部由本村群众支付补贴转为拿地方政府的补贴,在某种程度上成为基层政权的延伸和地方政府的代理,行政村一级的自治程度削弱。

在村民自治的能力建设方面,村民对乡村治理的意识淡漠,公共事务治理集体能力不足,社会组织参与乡村治理的能力也有限。具体而言,主要体现在以下几方面:首先,一些地区的乡村民主选举表面化,参与率不高,甚至存在程序任意、人为干预、贿选等情况;其次,民主决策形式化,村民代表会议(村民会议)不按要求定期召开,存在走过场、决而不议、议而不决的情况;再次,民主管理矛盾突出,村干部工作趋于虚化,村规民约的实效性不足,执行或监督不力,村务公开流于形式,村民满意度不高;最后,民主监督不到位,未按照规定进行村务公开,村民民主监督意识缺乏。课题组调查显示,对于村务公开效果,高达50%以上的受访村民不了解村庄财政收支状况,9.1%的受访村民表示村级财务并未公开,仅有4.08%的受访村民表示很了解。对于村集体"三资"管理,调查显示一半左右的受访村民对村集体"三资"管理状况持中性评价,而认为比较满意或满意的受访村民仅占30%左右。

(三)乡村法治建设相对薄弱

乡村善治,法治为本。作为乡村治理体系和治理能力现代化的薄弱环节,乡村法治制约着全面深化农村改革、全面推进依法治国、全面推进乡村振兴的发展进程。受限于农村人力资本水平、经济发展水平及实施保障条件等问题,当前我国乡村法治建设总体上滞后于城市法治建设。

从法治建设层面来看,乡村法规体系、执行机制和服务体系还不完善。立法上的欠缺依然十分明显:一方面,国家层面涉农立法总量不足,尤其在乡村治理中还缺乏有关村民自治具体的程序性和操作性立法;另一方面,法规体系的协调性不足，由于乡村社会之间存在差异，因此，乡镇制定的相关章程不能很好地与村民村规对接，一些规章制度也就失去了实质意义。在法律的执行层面，缺乏强有力的机制保障。面对国家的好政策，部分农民通过一些非理性的方式来胁迫乡镇干部给予"政策倾斜"，扰乱了乡村治理秩序，也阻碍乡村治理方式多元化进程。在乡村民主选举和民主管理中，违规操作、违规乱纪现象仍然突出，部分地区村干部以权谋私、拉票贿选，个别村庄受黑恶势力控制，有违法前科的人员担任村干部。截至 2020 年 10 月底，全国共排查出 101 621 个软弱涣散村（社区）党组织，已整顿转化 92 896 个，占91％；其中涉黑涉恶村（社区）5 579 个，已整顿转化 5 424 个，占 97％。在法律服务层面，乡村法律服务体系尚不健全，农民群众难以及时获得优质的法律服务和有效的司法救济。

从乡村法治环境来看，干部群众的法治意识薄弱，学法、懂法、用法的能力还十分有限。乡村作为熟人社会，其人治思维比较突出，基层法治文化建设依然薄弱，法治精神和法治观念亟待加强。不少乡村干部自觉守法、用法意识不强，用习惯思维主导矛盾处理解决，不能有效运用法律对乡村社会的矛盾冲突进行治理，主要依据仍是"关系""人情"。村民参与意识、监督意识较弱，一些农民在权利受到侵害时，要么采取以暴制暴的极端方式，要么自认倒霉，信访不信法的现象比较普遍。

（四）乡村德治建设相对滞后

作为健全乡村社会治理体系的重要支撑，德治在人情社会、熟人社会的乡村，具有重要的作用。然而，随着社会经济结构转型、社会主要矛盾转变，一些村庄原有的道德、习俗逐渐湮灭于历史的车轮下，导致人心浮躁、浮夸于世。

从德治发展层面来看，乡村社会有着独特的风貌习俗，改革开放之后，乡村风貌发生巨大变化。村民的思想观念、传统习俗及生活习惯都发生了变化，"拜金主义""个人主义"等不正之风开始影响到一些村民，原有的道德文化仁义礼智、和谐相处的价值观念也逐渐被冲淡。虽然政府加强了对乡村文化的建设，试图填补传统文化价值，但因为脱离群众，文化建设仅仅成为一项表面工程，并没有满足村民多元化的文化需求，其公共服务效能也就没有很好地发挥。

从德治主体层面来看，随着农村经济社会结构的转型，城乡融合发展推动了农村劳动力向城市和非农产业转移，农村空心化、人口老龄化情况严重，部分城乡接合部的村庄人口与外来人口出现倒挂现象，村庄原有的伦理秩序、道德规范受到冲击，传统人际关系信任度下降。乡村精神文化欠缺，部分地区赌博活动、迷信活动严重，高额彩礼、大操大办、厚葬薄养、人情攀比等不良风俗现象依旧存在。

（五）乡村数字化治理支撑力尚显不足

作为乡村治理方式创新的突破口，乡村数字化建设顺应互联网、大数据的技术发展潮流。然而，现阶段乡村数字化治理面临着一系列的发展短板。《2021全国县域农业农村信息化发展水平评价报告》显示，2020年我国县级农业农村信息化管理服务机构覆盖率为78.0%，行政村电子商务站点覆盖率达78.9%，全国县域政务服务在线办事率达66.4%，行政村"三务"综合公开水平达72.1%。但由于缺乏高效的数据采集方式，关于乡村治理数字化内容、技术应用、数据共享等方面的技术标准未建立，加上缺乏信息化人才队伍，导致数据难以在共享层面进行量化分析，尚不能满足公共事务与公共安全敏捷性响应需求。

（六）乡村治理体系的协同性还存在不足

随着乡村公共事务的日益复杂化、乡村治理主体日益多元化，乡村要实现善治势必要实现多元主体之间相互联动协调、分工合作、资源整合，解决行政系统的条块分割、部门壁垒等问题。必须通过建立一定的机制和方法，提高治理主体的联动协同能力，有效整合人力、物力、财力等资源，促进治理主体之间的相互协同、合作，促进乡村公共事务管理和服务的系统性。然而，在乡村治理实践过程中并不能有效实现乡村治理体系的协同性，存在着诸多不足：自治、德治、法治之间的壁垒使其界限不清，治理方式不契合乡村实际；基层党组织、社会组织和村民自治组织无法发挥协同效应。

基层党组织、社会组织和村民自治组织作为乡村治理现代化的参与主体，其主观能动性并不能得到有效调动。基层党组织在乡村治理中离不开村民自治组织，也需要与社会组织相结合；社会组织也要嵌入乡村环境中，做到与基层党组织和村民自治组织互动；村民自治组织更需要借助基层党组织的战斗堡垒作用和社会组织的协同。然而，从现实的治理情况看，基层党组织与村民自治组织之间的矛盾凸显，以及社会组织成本提升导致积极性受挫，使三者之间的互动关系并未能实现乘法效应，离实现乡村有效治理的目标差距较大。

三、发展需求

党的十九大报告强调坚持"以人民为中心"的价值取向，要求乡村治理工作中牢固确立人民利益至高无上的地位，以保障人民群众最关心、最直接、最现实的利益为导向，不断满足人民群众的良好期望。为应对新发展阶段我国发展不充分不平衡的主要社会矛盾，需要关切乡村治理中的真实而长远的发展需求，不断促进社会公平正义，形成社会治理的有效化和社会运行的有序化。

（一）乡村治理需求的发展阶段

乡村治理需求直接来自乡村生产、生活和生态的发展实际，与乡村经济社会的发展水平相适应，过度滞后或者超越现实发展阶段的乡村治理往往会产生事与愿违的结果。回顾历史，改革开放以来乡村社会与乡村治理发生了很大变化。随着国家治理能力逐渐增强，我国乡村治理从农业税费阶段进入支农惠农阶段。国家规范基层行政行为，在解决基层治理不规范的同时，也造成基层治理效率低下和农民的主体性弱化。取消农业税费之前，国家需要向农民提取资源，为激励乡村干部完成工作任务，国家给予基层较大的自主性，基层权力运行出现诸多不规范的地方。进入新世纪之后，国家在启动农业税费改革的同时，推动农村综合配套改革，不断规范乡村基层组织，乡村组织的工作重心从向农民收取资源转向更好地服务农民，县级政府加强对乡镇人财物的直接控制，基层组织的权力空间被压缩。

面向未来，乡村振兴战略提出了两个阶段的战略部署：第一阶段，到2035年乡村振兴要取得决定性进展；第二阶段，到2050年乡村要实现全面振兴。这意味着在第一个发展阶段中，全国大部分地区的农村城镇化要加速推进，土地流转形成趋势，城乡融合和产业融合发展水平不断提升，乡村社会为城市化和现代化发展发挥蓄水池和稳定器作用。乡村社会依然处于"复合治理"的状态中，既有自上而下的国家整合塑造，也有乡土社会自身的传统特征。但是在城镇化推进过程中，我国大部分乡村会持续处于相对衰败状态，对于广大中西部地区而言，乡村治理的最大发展需求应当定位于底线建设，利用好国家财政资金，为农民提供基本的生产生活秩序，通过传统资源来辅助治理，探索在集体范围内进行利益诉求和协商民主的实践。

进入第二个发展阶段，农村城镇化率水平到达80％以上，土地流转的规模和比例也将达到较高水平，农业产业组织化和市场化都将达到较高水平，实现城乡有效融合。由于人口基数大，城镇化率80％以上意味着我国依然有数亿人口生活在农村，乡村不会消失，乡村治理也不会被城市治理替代。在乡村治理上，农业和农村已经基本上实现了现代化和社区化，乡村社会的传统共同体也实现了向新型社区共同体的转型，乡村的内生动力和乡村居民的主体性均得到有效释放。

（二）乡村治理需求的地域差异

当前中国乡村正在发生巨大分化，不同地区存在着较大差异，大体来讲，可以将中国乡村划分为两种类型：一种是人口流出的农业型传统农村，以中西部地区为主；另一种是人口流入并完成了工业化和城市化的农村，以沿海发达地区为主。两类地区的农民工分布情况可以显示出其经济发展水平，以及对于乡村治理的不同需求。在乡村干部队伍建设和制度规范方面，也会因经济发展水平的差异导致其不同的发展需求。

世纪之交，沿海发达地区快速城镇化，城郊农地变成建设用地，工业和服务业发展冲击着农业生产，乡村工业化带来了农村社会的深刻变化，外来人口增加，村庄边界开放。这些地区往往是人口的流入地，村庄不仅承担着传统的治理任务，还要负责工商管理、流动人口管理、工业安全等各项新生事务。同时，由于村庄内部资源和利益比较密集，村民参与自治的利益诉求和效能感逐步增强。在形式上尽管仍然保留了村庄和村干部，但其产业形态和社会形态都越来越接近城市，也有越来越多农村通过"村改居"变为农村社区，实行城市化管理体制。

相比之下，中西部传统村落成为人口流出地。据统计，2019 年、2020 年全国农民工占农村人口的比例达到 52.71%、56.02%，其中近六成农民工在本乡镇以外打工，农民工平均年龄在 40 岁上下。一方面，乡村的空心化和老龄化成为制约乡村发展和乡村治理的短板；另一方面，村民外出谋求发展，彼此之间的共同体意识、人情交往和经济纽带都在消减，除国家资源输入村庄外，乡村公共事务类型单一、需求零散，缺乏对"类"科层化、规范化、技术化的现代治理体系，以及精英化、社区化、专业化的现代治理能力的内生性需求基础。

在乡村干部的稳定性与职业化方面，沿海发达地区的上海农村、苏南农村和珠三角农村，村干部队伍保持了相当的稳定性，村干部有比较高的工资收入，村干部队伍呈现出职业化发展趋势。浙江是沿海发达地区的一个特殊案例，在世纪之交，浙江农村出现了富人村干部对传统村干部的替代；近年来，由于企业竞争加剧及村干部任务的加重，使浙江村干部队伍相当不稳定。最近 10 年以来，中西部乡村干部呈现普遍"中农"化趋势，只有在农村具备家庭承包地以外收入机会的中农，才当得起村干部，也才有意愿当村干部；但村干部队伍同样不稳定，通过流入土地形成适度规模经营，很可能因其他农户要回土地而失去规模优势，面临破产而不得不进城务工经商。

在民主化村级治理实践方面，学者研究发现，村集体经济资源深刻地影响着民主化的村级治理，依据村集体资源的多少可以区分为两种不同的类型，即动员型村级治理和分配型村级治理。对于分配型村级治理而言，从民主的形式上看，关注焦点不是如何从村民那里汲取资源，而是如何合法地使用村集体资源，因此更加注重其形式层面，如村务决策的规范化和程序化，强调决策过程少数服从多数，参与决策人应具有合法身份等。对于动员型村级治理而言，需要从每个村民手中汲取人财物资源，在村级民主缺乏强制力的情况下，村干部以村民代表会议的形式来讨论村务并动员村民。从民主的形式来看，动员型的民主化村级治理更侧重于实质民主的层面。在东部经济发达地区和城郊接合部的乡村，因经济发展或土地增值，这些村庄拥有的集体资源为分配型村级治理提供了前提。

总之，在相当长的时间内，受制于经济发展水平、自然条件、文化传统，不同地域乡村的治理需求和治理体制机制都呈现出差异。我国地域广阔，各地乡村实际情况差别较大，必须在尊重乡村治理需求的前提下，因地制宜地通过激发乡村发展和治理的内生动力来推动稳健型的治理现代化。

（三）乡村治理需求的协同结构

除了从阶段性和地域性角度考虑乡村治理的发展需求外，如何考量不同乡村治理主体之间的需求，如何协同国家、地方政府、乡镇、乡村、村民等不同主体的发展和治理需求，事关国家治理的现代化。新中国成立后，国家政权建设在组织层面已经基本完成，2010 年我国社会主义法律体系也基本建成，但现代化的乡村治理体系却并没有完全建立起来。当前全国乡村基层治理中，越来越多地出现了手段对目标的替代，国家对村级治理要求越是严格具体，督查力度越大，村干部就越是失去进行治理的主体性和主动性，基层工作中出现劳而无功、脱离农民需求和农村实际的现象。一些地方政府所推动的乡村治理现代化实践也具有单向性特征，简单地依赖"类"科层化、规范化、技术化的治理体系和精英化、社区化、专业化的治理能力，并不能很好地解决转型中的所有问题，甚至会造成治理秩序的失衡。在乡村振兴战略实施的背景下，乡村治理现代化力图把具有现代性的治理规则嵌入村庄内部，以此来重塑乡村社会并完成治理规则层面的国家政权建设。

乡村治理由国家、各级地方政府、乡村组织与农民多元主体构成，中国特色社会主义制度保证了多元主体在整体长远利益和根本利益上的一致性，但在具体需求及实现路径上仍存在一定的差异性和不均衡性。由于我国处于快速现代化的转型期，乡村资源向城市单向转移的总体形势尚未逆转，而城乡融合发展已成为各界的共识。乡村公共事务治理面临着前所未有的挑战，如何在保证农民当家作主的前提下，平衡好多元主体的发展需求，是乡村公共事务与公共安全治理现代化的一项艰巨任务。因此，需要在党领导的"三治融合"体制性框架下形成协同结构，面向现代化满足乡村治理的需求，具体包括以下内容：

1. 农民的乡村治理需求：合法权益，平等保护

乡村治理的主体是农民，乡村治理的目标也是实现农民合法权益的平等保护，因此，农民的治理需求体现在基本权益和自治权利的平等保护上，具体如下：一是土地产权的保护。在做好农村土地确权颁证的基础上，明晰土地使用权主体；加强农村土地承包经营权流转的管理和服务，及时有效解决土地承包经营纠纷；合理分配土地流转收益，让农民分享改革成果。二是保障农民的选举权。规范选举权行使程序，健全民主选举的救济程序；严厉惩治贿选现象，追究贿选事件的相关责任人。三是保障农民的民主决策和管理权。保障农民的知情权、表达权、参与权；规范与健全村民（代表）会议制度；明确村民自治组织与基层政府管理事项的边界。四是保障农民的监督权和建议权。深化村务公开制度，建立村务质询听证、民主评议制度；完善村务监督委员会制度，建立责任追究机制。五是健全农民的利益诉求机制。完善信访制度，完善农民利益的诉求机制，拓宽诉求渠道。

2. 地方政府的乡村治理需求：良性互动，法治化运行

构建科学、法治的政法运行机制是现代治理体系的基本要素，县级治理主体和乡镇治理主体之间、乡镇治理主体和村委会之间职权的科学合理界定，依法有序地良性运行，是乡村基层治理现代化的基本要求。乡村治理主体之间良性互动，是乡镇政府和乡村社会良性互动的关键。一是需要明确乡镇政府和村委会的法律定位，根据"法无禁止即可为"的法治原则，引导和推动村民自治。二是依法保障村级财权和事权的独立。三是建设服务型政府，转变观念，通过市场引导积极营造发展环境、创造发展条件，为农民排忧解难。四是探索如何实现乡镇政府与乡村社会良性互动的制度保障。建立乡镇干部包村联系、定期调查民情、定期交流座谈等制度，充分利用网络信息技术构建乡镇政府与乡村社会良性互动的平台。五是科学合理地界定县与乡政府之间的财权、事权和人权，规范权力运作，推动资源下沉，切实减轻基层运行和农民的负担。

3. 国家的乡村治理需求：政治领导，协同治理

乡村治理具有不规则性，处理很多基层事务时找不到政策法律依据，或者依靠政策法律处理的成本太高，需要靠农民自行协商解决。因此，需要加强基层的政治领导力和组织动员能力建设。加强党组织建设与强化村民自治是一种相辅相成的关系，党的宗旨决定了要为群众服务，要坚持民主集中制，充分尊重村民的主体地位，做到从群众中来、到群众中去。同时，要坚持村民自治原则，支持多元主体参与乡村治理。沿海发达地区吸纳了大量的外来人员，如果不反映他们的诉求，吸纳他们参与乡村治理，很有可能发展成为乡村治理的不稳定因素；对于中西部地区来说，要吸纳更多的外来资本和人才参与乡村建设，不仅仅是要在土地、税收方面给予优惠，也需要探索他们参与当地公共事务与公共安全治理的新途径。此外，要激发农村社会组织活力，着力培育和优先发展农村专业协会类、公益慈善类、社区服务类等社会组织，鼓励服务型、公益型、互助型农村社区社会组织积极参与乡村公共事务与公共安全治理和社会服务。

第三节　战略目标与路线图

一、发展思路

在国家治理现代化的过程中，乡村公共事务与公共安全治理是重要组成部分。从战略意图上，它具有历史的必然性；从战略实施上，它又具有艰难性和长期性。因此，对于乡村公共事务与公共安全治理现代化，需要确立起长期性、渐进性和实效性的原则，需要有全盘的统筹和顶层的设计，也需要对实施步骤、策略措施、实现路径进行具体谋划，做实一时一事、推进一人一物、落定一地一策。因此，乡村公共事务与公共安全治理现代化，须慢工出细活，依次呈现"近期收效、中期成就、远期愿景"的阶梯发展态势，循序渐进，久久为功，富有实效地推进。

1. 坚持需求导向，促进分类施策

针对乡村公共事务与公共安全治理中的难点、堵点和痛点，结合新阶段的特点，聚焦新形势和新挑战，秉承以人民为中心的发展思想，坚持求真务实的实践精神，因事制宜、因势利导、分类施策、突出重点，体现特色、丰富多彩，不断满足人民群众的需求。根据村庄的不同情况，根据城乡发展趋势差异，分类推进乡村治理，不搞一刀切。

2. 坚持协同推进，促进多元共治

在推进乡村公共事务与公共安全治理现代化战略上，中央、地方和基层发挥不同的职能，中央制定宏观的政策、出台法律条例，地方制定地方性条例、制度和规划，发挥指导作用，基层开展具体工作，推动层层落实责任。在实施过程中，以各级党委政府牵头，相关职能部门在各自职责范围内予以配合，从而自上而下形成合力，推动政策落地。与此同时，还要积极调动各方力量，从中央到地方、基层，形成各级党委政府牵头抓总、统筹协调，相关职能部门各司其职、各负其责、协同配合，强化政策、资源和力量配备，加强工作指导。支持多元共治，聚合各类人才资源，参与乡村治理。

3. 坚持示范创新，促进经验推广

突出乡村治理中与农民生产生活联系密切的领域，着重强调体制机制创新，结合乡村治理体系示范县、示范镇、示范村的建设，深入总结公共事务与公共安全治理中的成功经验和创新做法，按区域特征，将有效经验和做法宣传和推广，从而形成高效有序的推进局面。根据中央部署，2022年先行地区率先基本实现农业农村现代化，2035年我国大部分村庄基本实现农业农村现代化，2050年相对欠发达地区如期实现农业农村现代化。通过上述先行示范点的建设，提炼总结不同特点的乡村治理模式，推广具有普遍性的乡村治理经验，对需要普遍执行和贯彻落实的政策措施，要明确时间表、路线图、责任分工和奖惩机制，确保取得实效，从而加快推动乡村公共事务与公共安全治理现代化进程。

4. 坚持标准体系，促进精准施策

标准是国家治理的基础性规范，标准化是实现基层治理现代化的重要路径。乡村公共事务与公共安全治理标准或指南是评价乡村治理现代化水平或成效的重要指标。因此，鼓励地方政府制定各地的乡村治理标准体系，通过标准化方法，科学设置乡村公共事务与公共安全治理的民主化、规范化、专业化、协同化、智能化、高效化的量化及定性指标和考核标准，可以在横向上对乡村公共事务与公共安全治理水平有相对客观的衡量尺度，以先进带动落后，并纳入乡村振兴考核指标，以此作为基层党组织和村干部述职评议考核的重要内容。同时，在纵向上根据现代化指标体系来制定进度和计划，从而推动精准施策。通过对照考核指标，各地加大督促检查，通过集中督导、调研指导、观摩交流、抽查暗访等方式，及时发现制约乡村治理的突出问题，督促抓好问题整改。

二、战略目标

我国将在2035年基本实现社会主义现代化，结合国家的现代化规划、顶层设计、乡村治理体系和能力现代化的战略目标，回应当前乡村面临的挑战和问题，以及村民的普遍性需求，乡村公共事务与公共安全治理现代化的战略目标是：在党委领导下，明确政府责任，落实民主协商，促进社会协同，吸收公众参与，完善法治保障，强化科技支撑，从而形成党建引领下的自治、法治、德治相结合的乡村治理体系，显著提高乡村公共事务与公共安全治理的民主化、规范化、专业化、协同化、智能化水平，构建共建共治共享的乡村治理格局。具体实施步骤表现为：到 2025 年，建成乡村公共事务与公共安全基本治理体系，治理水平有很大提高，乡村公共事务与公共安全治理取得明显改善；到 2035 年，显著提高乡村公共事务与公共安全治理的现代化、民主化、规范化、专业化、协同化、智能化水平；到 2050 年，全面实现乡村公共事务与公共安全治理的现代化，显著增强城乡居民的获得感、幸福感、安全感。

（一）2025 年目标

到 2025 年，乡村公共事务与公共安全治理的制度框架和政策体系基本形成，具体表现为：党组织在乡村治理体系中的作用得以强化；乡村基层民主制度更加完备；农村法治水平得以提升；乡村治安防控体系得以完善；乡村矛盾化解机制得以健全；乡村公共事务与公共安全得以协同；乡村数字化治理工程得以建成。在此基础上，以党组织为领导的农村基层组织建设明显加强，村民自治实践进一步深化，城乡融合发展体制机制初步建立；乡村优秀传统文化得以传承和发展，农民精神文化生活需求基本得到满足。党委领导、政府负责、社会协同、公众参与、法治保障的现代乡村社会治理体制进一步健全，党组织领导的自治、法治、德治相结合的乡村治理体系进一步完善，乡村治理能力进一步提升，一批管理有序、服务完善、文明祥和的农村社区、乡村治理示范点得以形成，一大批充满活力、和谐有序的善治乡村涌现出来。

1. 党组织领导的乡村治理体系基本形成

村党组织在乡村公共事务与公共安全治理中的领导机制进一步完善，党组织的领导和服务水平显著提升。"联村党组织""片区党组织联盟"、跨村跨乡镇的"产业党组织"等新型组织不断涌现。农村基层党组织的领导核心地位得以巩固，村党组织对农村各类组织、公共事务与公共安全治理工作的集中统一领导作用进一步发挥，村党组织研究讨论村级重大事项、重大问题的合法性和正当性建立健全，"四议两公开"工作机制持续有效运行。服务功能进一步凸显，农村基层服务型党组织基本建成，标准化、规范化建设基本完成，领导力、组织能力和服务水平整体有较大优化提升。农村基层党组织和党员在乡村治理中发挥带头示范作用，带动群众全面参与。部分地区实现了村党组织书记职业化管理方式。

2. 农村基层民主制度体系得以完善

党组织领导下的村民自治组织得以完善，村民自治制度完善、配套健全、运行高效，村务管理、决策、监督实现规范化、系统化，农民群众的知情权、参与权、表达权、监督权和其他合法权益得以保障。通过微信群、公众号、微博、视频会议等网络技术，开展村民说事、百姓议事等活动，村民反映意见和建议的渠道进一步畅通。民事民议、民事民办、民事民管的多层次基层协商格局普遍形成，各类协商活动层出不穷。村民自治章程、村规民约在农村基层治理中发挥出应有的作用，公序良俗蔚然成风。村级事务、财务、党务阳光工程全面实施，民主评议村务、责任追究等制度健全并有效运行，"互联网＋"监督平台及微信公众号等新媒体手段健全，村集体经济组织、村干部任期和离任经济责任审计等工作全面落实。村规民约实现全覆盖，知晓率达到 100％，并得以有效遵守和落实。

3. 农村法治、德治水平有了很大提升

通过法治县（市、区）、民主法治示范村的逐次建设，农民法治素养显著提高，基层干部法治观念、法治意识显著增强，相关集体组织的特别法人地位和权利得以维护，政府部门介入乡村治理的综合行政执法能力和水平显著提高。农村法律服务供给显著提升，农村公共法律服务体系完善，基本实现"一村一法律顾问"，农民的法律救助和公益法律服务得到保障。

社会主义核心价值观得以有效培育和践行，并融入文明公约、村规民约、家规家训。新时代文明实践活动体系全面建立，守信激励和失信惩戒机制不断完善，移风易俗深入推进，文明新风得以弘扬。传统道德规范结合时代要求得以创新弘扬，道德教化作用得以强化。

4. 农村社会治安防控体系基本建成

完善乡村平安建设中的领导责任制，促进乡村社会治安的基础性制度、设施、平台逐步健全。农村"雪亮工程"基本实现，村庄主要路口和路段、人员集中场所、重要基础设施等重点部位高清视频监控探头全覆盖，并与当地乡级公安机关的监控平台实现互联互通，乡村视频监控全域覆盖、全网共享、全时可用、全程可控全面实现。治安防控力量下沉，群防群治得以强化，"一村一辅警"长效机制得以持续深化，专职治安巡防队伍建设得以强化，警民联防、治安巡逻、邻里守望等活动经常性开展，群防群治工作网络基本形成。智慧农村警务室基本建成，驻村民警兼任村党组织副书记或班子成员制度得以有效实施。社区特殊人群矫正，如刑满释放人员教育得以加强。扫黑除恶专项斗争深入推进，防范打击长效机制逐步健全。

5. 乡村矛盾纠纷调处化解成功率显著提高

"枫桥经验"得以全面推广，基本实现化解乡村矛盾纠纷，力争小事不出村、大事不出乡。乡村人民调解组织建立健全，多元纠纷化解机制进一步完善。平安教育和社会心理健康服务、婚姻家庭指导服务广泛开展。法院跨域立案系统、检察服务平台、公安综合窗口、人民调解组织延伸至基层，群众诉求得到有效响应，为民服务能力水平显著提高。平安教育、社会心理健康和婚姻家庭指导服务网络基本健全，社会心理服务疏导和危机干预规范管理机制进一步完善，重点人群的关心与疏导得以加强。

6. 乡村公共事务与公共安全治理联动协同机制基本建立

统筹优化乡镇和街道党政机构、事业单位，乡镇和街道党工委领导作用得以强化，简约精干、更好地服务群众的基层组织架构逐步构建，县乡村职责清晰、分工明确，县乡村联动协同机制基本完善，乡镇服务型政府建设得以加强，村级组织公共事务得以规范。县级作为"一线指挥部"领导、谋划、服务功能进一步强化，县级领导干部普遍实行包村制度。资源、管理和服务重心下沉到乡镇和村，在乡镇打造为农服务中心，基层审批、服务、执法等方面力量得以整合，基本实现扁平化和网格化管理。乡镇政府服务管理权限得以扩大，乡镇政府社会管理职能得以强化，乡村政务、便民服务体系逐步完善，"放管服"改革向农村基层延伸，实现群众办事线上"网通办"（一网）、线下"只进一扇门"（一门）、现场办"最多跑一次"（一次）。适应城乡融合发展要求，不断推进基层治理的组织创新，行政区划设置得以优化，撤村建居、社区化治理和农民市民化工作有序开展、深化推行。行政村作为基本治理单元，自治功能进一步强化，基层民主制度健全，村规民约完善。

7. 乡村公共事务与公共安全的数字化治理体系初步建成

互联网、大数据、人工智能等信息技术充分应用于乡村公共事务与公共安全治理，全国一体化的网上政务服务体系基本建立。"互联网＋政务服务"进一步下沉农村基层，农村公共服务综合信息平台不断完善，"一门式"服务模式的信息化软件应用基本实现。通过"互联网＋村庄"行动计划的实施，实现信息化与基层治理和服务体系的初步融合，农村居民广泛应用新媒体，村民之间联系、参与公共事务的行动能力不断提高，村庄网络化治理和服务新模式初步形成。

（二）2035 年目标

到 2035 年，乡村公共事务与公共安全治理的制度框架和政策体系更加成熟，乡村公共事务与公共安全治理民主化、规范化、专业化、协同化、智能化、高效化基本实现。具体表现为：党组织领导的自治、法治、德治相结合的乡村治理体系更加完善；乡村公共事务与公共安全治理联动协同格局得以形成；乡村治理机制的多元化、职业化、专业化更加健全；乡村公共安全治理能力显著提高；乡村公共事务与公共安全数字化治理成绩显著。

1. 自治、法治、德治相结合的乡村治理体系形成

以自治为基础、以法治为根本、以德治为前提，健全党组织领导的村民自治机制，树立法律权威，以德治滋养法治、涵养自治，在乡村治理全过程中贯穿德治。尊法、学法、守法、用法在干群中成为普遍风尚，政府各项涉农工作进入法治化轨道，农村法律服务实现高效普惠式供给，农村社会信用体系健全，乡村实现家庭、邻里、干群等三组关系的有效融合。

2. 乡村公共事务与公共安全治理联动协同格局形成

村民自治与多元主体参与并行不悖，农村社区共建共享机制得以健全，自我服务与政务服务、公益服务三者融合的农村基层综合服务管理平台更加优化，乡村公共事务与公共安全"共建共治共享"局面形成。县—乡—村职责清晰、分工明确，县—乡—村联动协同机制完善。乡镇服务型政府建设得以加强，机构设置科学，基层管理体制简约高效，基层审批、服务、执法等方面力量得以整合，实行扁平化和网格化管理。乡镇政府服务管理权限得以扩大，乡镇政府社会管理职能得以强化，乡村政务、便民服务体系完善，政

务改革向农村基层延伸，实现群众办事便利高效。社区化治理因地制宜推广，社区自治和服务功能得以强化，新型乡村治理体制机制健全完善。行政村自我管理、自我服务、自我教育、自我监督得以强化，村民自治制度化、规范化、程序化水平显著提高。

3. 多元化、职业化、专业化治理机制更加完善

乡村公共事务与公共安全治理多元主体参与机制更加完善，市场化、社会化治理机制更加健全。村庄共享型商业模式涌现，市场化管理运营方法成为乡村集体经济资源、资产开发、维护、管理的主要方法，公平合理的权责分配机制更加健全，促进集体经济资源转化出经济效益，促进集体经济的保值增值，增强村集体经济"造血"机能。农村各类社会组织蓬勃发展，新乡贤参与乡村治理组织和机制完善，乡村治理和服务多元化成为常态。乡村社会工作人才队伍建设完善，农村重点对象服务工作水平显著提升。

4. 乡村公共安全治理体系完善，治理能力显著提高

全方位、立体化、多维度的乡村公共安全综合治理一体化网络建成，乡村公共安全的风险预防和管控能力显著提高；协同管理、相互配合的公共安全治理机制更加完善，乡村公共安全领域相关部门的预警和联动响应、应急处置能力全面提高；公共安全意识延伸到社区、村组、个人，培育共同维护公共安全的良好局面；风险管控等理论方法体系和技术标准逐步健全，乡村公共安全综合风险评估和安全规划等水平显著提高。

5. 乡村公共事务与公共安全治理数字化基本实现

互联网、大数据、人工智能等信息技术充分应用于乡村公共事务与公共安全治理中，网上政务服务全国一体化体系更加健全，统筹推进、条块结合、上下联动的协同能力显著提高，乡村综合服务与管理能力显著增强，政务、村务、党务等服务效能显著提升，政府为企业和群众服务如同"网购"一样。互联网与社区治理和服务体系深度融合，贯彻实施一批"互联网＋村庄"行动计划，实现新媒体在农村居民中的广泛应用，日常交往、公共参与、协商活动、邻里互助的村庄网络化治理和服务新模式形成。智慧社区移动客户端普遍健全，切实推进"掌上治村"信息系统，基本实现了服务项目、资源和信息的多平台交互和多终端同步。

（三）2050 年目标

到 2050 年，经过多年的实践推行，乡村公共事务与公共安全治理全面实现现代化，制度框架和政策体系得以健全完善，党委领导、政府负责、社会协同、公众参与、法治保障的现代乡村社会治理体制健全完善，党组织领导的自治、法治、德治相结合的乡村治理体系得以完善；乡村社会组织得以充分发展，积极参与乡村公共事务治理，乡村公共事务与公共安全领域形成了良性的政府—社会—市场相互协同、联动合作的治理格局；村民自治制度化、规范化、程序化水平显著提高，职业化、专业化、市场化、社会化的乡村治理机制普遍完善，并得以有效运行；乡村公共事务与公共安全治理实现了充分的信息化、数字化、智能化，乡村治理能力全面提高，普遍形成了管理有序、服务完善、文明祥和、充满活力、和谐有序的乡村治理共同体，城乡居民的获得感、幸福感、安全感显著增强。

三、重点任务

乡村公共事务与公共安全治理的具体范畴主要涉及公共管理事务、公共经济事务、公共社会事务、公共文化事务等方面。乡村公共事务与公共安全治理的现代化需要根据我国乡村治理现代化的目标要求，结合各地的具体情况，因地制宜明晰相应的重点任务。

（一）完善乡村公共管理事务治理的体制机制

由于我国处于快速现代化的转型期，乡村资源向城市单向转移的总体形势尚未逆转，而城乡融合发展已成为各界共识。乡村公共管理事务面临着前所未有的挑战，如何在保证农民当家作主的前提下，实现乡村公共管理的高效运行，是乡村公共事务与公共安全治理现代化的一项艰巨任务。

1. 把握自治与行政的平衡

无论是学术界还是乡村治理的实务工作者，都对如何把握村庄自治与行政化的边界拿捏不准。贺雪峰认为，在当前资源下乡的大背景下，村干部"主要工作不是组织动员农民群众来自己建设自己的美好生活，而是协助国家将国家资源用于建设农村基础设施和公共服务"。不少村干部开始职业化，从财政领取工资，一些地方开始解决他们的养老问题。在这种形势下，村民自治日渐弱化。村民自治的弱化不仅与法律相悖，而且会削弱农民在乡村治理中的主体地位，不利于调动农民建设村庄的积极性。同时，由于一些地方以对上负责为主，导致乡村治理不能充分反映农民的需求与意愿，导致乡村治理的失能。因此，推进乡村公共管理事务治理现代化，需要把握好行政与自治之间的边界，既落实好国家政策和任务，同时更要尊重农民的主体地位，调动农民参与村庄公共事务管理的积极性。

2. 加强基层党组织建设

强化村庄公共事务的领导，加强基层党组织建设是关键。党员往往都是村庄的先进分子，党组织健全了，党员的先锋模范作用就能够充分发挥，党组织也就更有战斗力，村庄的管理也就有了一个稳定的核心。无数乡村的实践都充分证明了这一点。坚持民主集中制，从群众中来，到群众中去，促进党组织建设与村民自治相辅相成，党以为人民服务为宗旨，充分尊重村民的主体地位。建设好了基层党组织，就可以架起一个联系村庄和国家之间的桥梁，乡村治理能够上下一气、更加有效。

3. 推动多元主体参与乡村治理

随着外来人口的大量流入，发达地区特别是沿海地区的乡村常住人口日益多元化，甚至一些村庄外来人口大大超过本地户籍人口。这就使得吸纳外来人口参与当地乡村的治理非常必要，否则可能带来矛盾和冲突。例如，慈溪掌起镇发生的贵州籍农民工骚乱事件，其教训非常深刻，后来吸纳相关骨干参与治理，建立"小墙热线"，使得外来人员与本村人员相处更加和谐。当然，仅仅这样还是不够的，因为现在外来人员融入当地的意愿不断增强，更需要探索扩大外来人员深度参与当地乡村治理的新形式。对于中西部地区来说，要吸纳更多的外来资本和人才参与乡村建设，不仅仅是要在土地、税收方面出台优惠政策，也需要探索他们参与当地乡村治理的新途径，让中西部乡村更有吸引力，发展更有活力。

（二）推进乡村公共经济事务治理现代化的要务

实现乡村治理现代化，经济发展是关键。很难想象一个没有造血功能、单纯依靠政府财政扶持的村庄能够实现治理现代化。因此，应将乡村公共经济事务治理现代化作为一个重要抓手。

1. 做大做强集体经济

集体经济是支撑乡村治理的基础和长久动力，分散的小农户一无组织、二无实力，难以参与市场竞争，把分散的小农户聚拢到集体经济组织中，可以集中资源，应对挑战。实践表明，集体经济发达的村庄往往治理得也好。据统计，江苏全省2018年集体经济组织支付给村民委员会及村集体经济组织的管理费为113.22亿元。做大做强集体经济，一要认清优势、盘活资产，找到当地竞争力所在；二要发展产业，没有产业做支撑，集体经济很难壮大，因此，应将发展乡村产业作为头等大事来抓；三要解决好分配关系，不仅要做大蛋糕，还要分好蛋糕，否则集体经济做不长。

2. 推进农村产权制度改革

我国农村集体资产总量很大，截至2017年底全国农村集体账面资产总额达到3.44万亿元，集体所有的土地资源为66.9亿亩。但由于产权不明晰，大多数地方的村民对集体资产漠不关心，进而出现集体资产流失现象。针对此，亟须接续推进农村产权制度改革，通过改革集体产权（包括财产权、经营权、使用权、享有权等），实现土地、资产与公共服务股权量化、确权到户，提高农民的财产性收入，增强农民的集体归属感，让农民获得更多收益，让农民更加放心外出就业并实现城市有效融入，让越来越多新村民融入参与乡村建设和治理，为乡村振兴注入"新血液"。

3. 聚焦粮食生产

对于我国多数的农村地区来说，保证粮食生产是保障我国粮食安全的一项重要任务，发展村庄经济不能以牺牲粮食生产为代价。保障粮食的稳产高产，一要推进农业生产的现代化，需要推进土地的合理集中，推进农业新科技的应用；二要保障种粮农民的利益，提高农民种粮的积极性，各项补贴的发放、必要的利益保护措施要到位；三要提高农产品的附加值，改进农产品的销售渠道，充分利用科技手段，减少中间环节。

4. 吸纳城市资源反哺乡村

长期以来，我国农村资源都是向城市单向转移，而要实现乡村治理现代化，必须扭转这一局面，吸纳城市资源反哺农村，壮大农村经济实力。因此，在推进乡村经济事务治理现代化过程中，应将大量的精力放在吸纳城市资源方面：一是吸纳人力资源，支持年轻农民工、返乡大学生、经商有成者、有农村情怀的市民参与到乡村经济建设中来，通过政策保障切实解决好治理能人宅基地、生产用地及社会保障等方面的顾虑；二是吸纳城市资本进村，通过出台相关配套保障政策、优化投资环境，切实解决好困扰社会资本进入的经营风险问题、投资环境问题，如"开宝马进来，骑自行车出去"时有所闻。

（三）推进乡村公共社会事务治理紧迫问题的化解

乡村社会事务众多，当前比较迫切的任务是要解决公共服务均等化问题、老龄化问题、乡村教育发展落后问题等。

1. 推进乡村公共社会服务的均等化

首先要正视养老保障问题，很多地方的农民保险一年只有几百元，还有人提出农民也应该存在退休问题，这些问题需要在城乡基本公共服务均等化的原则指导下，因时因地逐步解决。其次是医疗保障问题，这几年解决得比较好，农民因病报销的比例有较大提高，但城乡医疗资源的差距仍然很大。解决此问题既需要体制、机制的突破，也需要借助新技术予以创新，比如利用 5G 发展远程医疗等。

2. 积极应对乡村老龄化的冲击

当前由于青壮劳力大量进城，再加上出生率逐年下降，使得农村的老龄化问题相对城市表现得更为严峻，出现了农村老人独居无人照顾、病倒家中无人发现等社会问题。这需要政府高度重视，一方面要注意到老龄化导致的农村建设者缺乏问题，另一方面也要重视老年人的养老服务问题，并将其纳入乡村治理。

3. 推进乡村教育的均衡发展

发展高质量的乡村教育意义巨大，对于打破阶层固化、提高农村人口素质都具有重要意义。当前存在大量农村优秀师资向城市转移，农村教育水平与城市差距拉大的客观事实，这个问题单靠一地的政策难以有效解决，必须出台宏观层面的系统举措才有解决的可能。

（四）发挥乡村公共文化事务在乡村治理现代化中的作用

城市文化并非一定是先进文化，乡村文化也不一定是落后文化。推进乡村公共事务与公共安全治理现代化，应该传承乡村优秀文化，发展乡村文明。

1. 传承与发展优秀传统文化

乡村保留着中华民族大量的优秀传统文化因子，"礼失而求诸野"，传承与发展乡村文化对于整个民族的可持续发展至关重要。今天的中国，西方文明、城市文明无孔不入，对广大乡村的冲击也无处不在。大量优秀的乡村文化抵挡不住所谓现代文明的冲击，逐渐消亡。事实上，只要高度重视，举措得当，乡村传统文化不仅可以发挥观念价值，也可以发挥经济价值。推进乡村文化的传承与发展，一要提高认识、加强规划，认识到保护和传承的意义，要立足长远，全面规划乡村文化的保护、利用、发展问题；二要加大投入，作为弱势的文化，政府必须保护和开发，这就需要大量的投入，不能只算经济账；三要充分利用，通过包装运作和改造，在保护的基础上发展，提高其社会影响力，发掘其经济价值，以促进乡村文化更好地保护、传承和发展。

2. 加强乡村精神文明建设

乡村精神文明建设工作关系到农村的长治久安，应该作为一个重点任务来抓。乡村精神文明建设，一要抓乡风文明，传统淳朴敦厚的乡风一直为世人所称道，但时至今日一些陋习也为人所诟病，高价彩礼、请客随份等现象给乡村治理带来不良影响，应通过村规民约、乡风评议、村民议事会等形式对其进行约束与规范，引导良好乡风的形成；二要培育优良家风，乡村应大力提倡勤劳致富、崇德向善、诚实守信、遵纪守法等时代精神和文明家庭建设，通过"星级文明农户""五好文明家庭"、好媳妇、好公婆、好妯娌的评选，激发农民的荣誉感；三要培育新乡贤文化，引导乡贤积极参与村庄公共事务，支援村庄建设，发挥榜样作用，引领乡风建设。

3. 推进乡村公共空间建设现代化

乡村公共空间是乡村精神文明建设的重要物质载体。在乡村，传统公共空间，诸如庙宇、祠堂、井头，是村民交流信息、人际交往、形成公共意见的重要场所，也承载着乡村记忆、村庄历史的重任。而现代乡村空间，如文化礼堂、图书室、合作社、淘宝小店也同样承载着类似职能。进入信息化时代，又多了一个网络空间，村民微信群、QQ群也发挥着促进沟通、传播民意、形成共识的职能。推进乡村建设现代化，促进乡风文明，要重视以上各类公共空间的建设，加大投入，积极引导，发挥其积极影响。

四、发展路线图

乡村公共事务与公共安全治理现代化的总体目标是实现乡村治理的民主化、规范化、专业化、协同化、智能化、高效化，保障人民当家作主，保障乡村社会安全，维护社会公平正义，保障乡村充满活力、和谐有序，实现乡村善治。要实现以上总体目标，可从推动组织、制度、机制、技术和人的现代化几个方面着手，而从战略推进的角度而言，实现的路径和推进路线必须紧密结合当前实际和预期的战略目标，因此，需要更加具体化、更具有可操作性。

（一）2025 年以前

推动乡村治理数字化等重点工程建设，加速乡村水利、交通、电网、物流等数字化基础设施建设，推动信息通信、广播电视基础网络、"百兆乡村""4G 乡村"工程，推动农村地区实现光纤网络、"广电云"基础网络和 4G 网络城乡全覆盖。摸清乡村治理的资源底数，提高乡村资源和数据的共享，以电子地图、遥感影像、三维实景地图等多类型、多尺度、多时态的空间数据为基底，叠加自然资源、农业、水利、交通、建设、文旅、民政等部门的数据，形成数字乡村地图。运用空间技术，对乡村开展科学规划，完成全国乡村数字化工程示范点建设，建立健全乡村数字治理体系，促进乡镇治理和政务服务与上级政务系统融合对接，实现数据互通、信息共享、统一调度、精准指挥，构建一网通达、一事通办的数字政府治理新模式。强化基层党建，全面实施村级事务"阳光工程"，积极实施"乡村共富的治理保障工程"，实施"农民主体性提升工程"、公共安全数字系统工程、公共安全要素图谱工程，提高乡村公共事务与公共安全治理民主化、规范化、协同化、智能化水平。

（二）2026—2035 年

进一步推进乡村数字化治理工程建设，以建设完成的数字化基础设施为底座，以"智治"为支撑，以"互联网＋乡村治理"的模式，构建"人工智能＋乡村社会治理""人工智能＋乡村政务"等乡村治理新范式，通过网格化管理、智慧化服务、责任联动到网、管理服务到格等举措，实现乡村治理网格化平台与综合执法平台有机衔接。在乡村数字化工程示范建设的基础上，总结经验，进一步形成可复制、可推广、可持续的乡村治理新模式。推动政府、企业、社会组织及公众等多元主体参与乡村公共事务与公共安全治理，建立利益共享、风险共担机制，共同构建多元主体协同共治格局。积极实施"乡村共富的治理保障工程""农民主体性提升工程"，促进乡村公共事务与公共安全治理的现代化水平加速提升。

（三）2036—2050 年

全面实施乡村数字化治理工程，实现数据互通、信息共享、统一调度、精准指挥的乡村"智治"新模式。进一步发展农村产业经济、促进一二三产业融合，做大做强集体经济，完善利益联结机制和分享机制，促进乡村共同

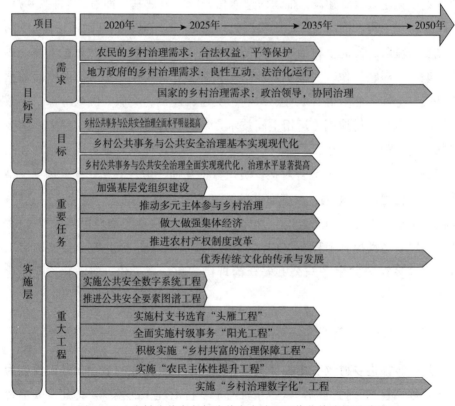

图 12-1　乡村公共事务与公共安全治理现代化战略推进路线

富裕。继续实施村级事务"阳光工程""农民主体性提升工程"，推动乡风文明建设和优秀传统文化的传承与弘扬，全面形成乡村自治、德治、法治、智治相融合及多元主体协同共治的新格局，促进乡村公共事务与公共安全治理民主化、规范化、协同化、智能化水平的显著提升，全面实现乡村治理现代化。乡村公共事务与公共安全治理现代化战略推进路线见图12-1。

第四节　重大工程建议

一、探索实施村支书选育"头雁工程"

推进乡村治理现代化，必须发挥乡村党组织的战斗堡垒作用，加强党组织建设，选好用好村支书是关键。已有实践表明，凡是发展好的村庄都有一位优秀的村支书，村支书的品德、素质、能力对于村庄的发展非常重要，培养、选拔、任用好村支书应该作为推进乡村治理现代化的一项重要任务来做。建议借鉴一些地方的成功经验，实施村支书选拔任用的"头雁工程"。实施"头雁工程"，需要做好以下工作：

首先，要"选对人"。村支书的候选人，一要有做事、想做事的热情，那些没有闯劲、不想做事、不敢做事的人承担不了乡村振兴的重任；二要有做事的能力，只有那些视野开阔、思想开放、具有一定处理问题能力的人才能应付基层的复杂工作；三要有一颗公心，如果私心过重，只会使乡村的治理更为混乱。因此，可以开阔选人视野，从那些在外经商、打工有成、退伍转业的青壮年中，从退休返乡有意奉献家乡的乡贤中，从那些虽然经验欠缺，但富有热情和潜力、有较高文化程度的青年村民中，遴选一批人充实到村支书队伍中来。

其次，要"用好人"。一要重视培育工作，加强对村支书的培训，提高其素质和能力。分批次选派村支书到沿海发达地区挂职锻炼，拓宽其发展视野；二要敢于放手，鼓励其做事创业，让其在实践中增长才干，对于其创新工作思路，要积极支持；三要注重激励，在待遇和荣誉上向一线村支书倾斜，同时也要考虑村委其他成员的待遇均衡，保护村干部集体积极性。探索解决村干部社会保障，如养老保障解决措施等。

最后，要试点先行，总结试点地区实践经验的基础上，再系统推广。吸收一些地方的探索经验，如"企业家村干部""村医村教进两委"，做强村支部领导班子，落实中央向重点村派驻"第一书记"和工作队的制度安排。

实施"头雁工程"，可以解决乡村建设最迫切的带头人问题，可以为全面推进乡村振兴、巩固拓展脱贫攻坚成果提供坚实组织保证和干部人才支持。

二、全面实施村级事务"阳光工程"

随着村（社区）党支部书记、主任"一肩挑"的全面落实，对村（社区）党支部书记的监督也显得尤为迫切。只有将村级事务全面公开，实施全方位的监督才能最大限度地避免腐败、滥权行为。借鉴有关地区的经验，建议在全国范围内全面实施村级事务"阳光工程"，其主要做法是：

一是设立公开清单。按照清单，及时公开组织建设、公共服务、工程项目等重大事项。健全村务档案管理制度，使村级事务全过程数据化、决策阳光化。借鉴象山"村民说事"、宁波北仑"对账理事"等典型经验，村级重大事务决策向村民公开，由村民代表、党员进行充分讨论，并征询主管部门及法律专家的意见，最后表决形成决议施行，杜绝个别领导一言堂。

二是建立"阳光平台"。推广烟台市福山区"阳光平台"经验，阳光公示、阳光交易、阳光采购、阳光支付是"阳光平台"的四大子平台，通过该平台，实现村级事务线上审批，各环节都有章可循、有据可查，让每项工作运行决策、每分钱的收支都晒在阳光下，逐步建立起权责明确、程序严密、全面公开、监督到位的村级事务管理体系。

三是监管阳光化。广泛应用互联网，建立村民微信群、村庄公众号，方便村民参与集体事务，对村级治理形成有效监督。推行"村财乡管"，规范报账流程，提高效率，加强财务监督。加强对集体经济的经营审计，对主要村干部的离任落实审计监督，防止"微腐败"的发生。

通过"阳光工程"的实行，可以约束"村官"行为，加强对村级权力的监督，方便群众参与集体事务，从而有效防范"一肩挑"普遍实行后可能出现的负面效应。

三、推进实施"乡村治理数字化"工程

我国乡村治理还面临着基层组织执行力不足、村民参与程度不高、治理

决策缺乏科学性等问题，出现这些问题的根源之一在于缺乏有效的治理手段，互联网、大数据、物联网等新技术的广泛应用可为乡村治理的精细化提供全新工具。2017 年党的十九大报告明确提出，建设网络强国、数字中国、智慧社会。为落实中央精神，建议在全国范围内推行"乡村治理数字化"工程。

一是建设城乡一体的数字化基础设施网络。加大投入力度，光纤进村入户，补齐数字化基础设施短板，解决信号弱、速度慢等老问题。重点支持乡村基础设施与服务终端数字化改造，尤其是适应老人、残疾人的数字化改造等。建立偏远农村数字化服务普惠机制，支持运营商在广大偏远乡村提供高质量的数据服务。

二是加强涉农数字资源整合。针对当前数字资源条块分割、资源不足与融合性不够的现实问题，建议加快建立统一的涉农"互联网＋政务服务"平台，建立界面友好、方便实用、适应农村基层需要的"融媒体＋政务服务"综合门户，为农村居民提供一站式的生产、生活服务。积极消除"数字孤岛"现象，整合分散的数据资源，推进信息资源的跨部门、跨地区、跨层级的互认共享。加快制定乡村治理数字化建设标准，实现数据统一管理和在线共享，实现让"数据多跑路，村民少跑腿"。

三是加快治理内容数字化。积极推进数字化技术在乡村公共管理、公共服务、公共安全等领域的应用，分区、分类推进乡村各要素治理数字化。治理内容数据化要体现出技术与应用的结合，避免出现过分专业而不接地气的问题。

四是突出多元主体参与，健全"数治乡村"可持续运营机制。建立多元参与的乡村治理数字化指导性目录表，形成政府、社会、村民共同参与的多元共建共享机制。发挥农民的主动性和创造性，提高农民的信息化水平，消除数字鸿沟。吸引更多村民参与数字乡村自治，提升村民的参与度和认同感。

通过实施"乡村治理数字化"工程，改变目前我国乡村治理农民主体参与不足，治理规范性、公开性不够，以及上下连接不畅通等传统痼疾，助力提高乡村治理科学化水平。

四、积极实施"乡村共富的治理保障工程"

共同富裕是社会主义的本质要求，是人民群众的共同期盼，实现这一目标需要乡村治理的跟进与保障。党的十九届五中全会对扎实推动共同富裕作出重大战略部署，实现共同富裕不仅是经济问题，而且是关系巩固党的执政基础的重大政治问题。当前，我国发展不平衡不充分问题仍然突出，特别是城乡区域发展和收入分配差距较大，推进乡村治理现代化，必须把缩小城乡差距、提高乡村发展水平提到重要议事日程上，积极实施"乡村共富的治理保障工程"。

一是加大集体经济组织的治理创新，推动乡村产业发展壮大。探索股权流转、抵押和跨社参股等农村集体资产股份权能实现新形式。只有做大做强集体经济，才可以克服分散小农户竞争力不强的弊病，才能有效地增强乡村产业的发展后劲，让农民更多分享产业增值收益，进而带动更多的村民致富。

二是建立城乡生产要素双向流通的体制机制，推进城乡深度融合发展。畅通市民下乡、农民进城及资源双向流动的渠道，鼓励返乡入乡创业，弥合户籍、地域、身份、性别等影响就业的制度隔阂，切实促进农民工随迁子女平等接受义务教育，允许农民工子女在父母常住地平等就学，消除一些城市不允许农民工子女参加高考的政策性歧视。

三是推动城乡基本公共服务均等化。稳步提高乡村公共服务保障标准和服务水平，缩小城乡公共服务差距。提高乡村教育水平，鼓励优秀教师下乡，探索建立覆盖中小学的新时代城乡教育共同体，深化县域医共体和城市医联体建设，推动优质医疗资源向农村倾斜。积极应对乡村人口老龄化，建立完善的乡村养老服务体系。

通过"乡村共富的治理保障工程"建设，进一步缩小城乡差距，为乡村治理现代化创造和谐而富有活力的治理环境。

五、大力实施"农民主体性提升工程"

坚持并完善村民自治制度，切实尊重农民的主体地位，保障农村居民在政治、经济和社会生活方面的合法权益。

一是给村庄和村集体组织赋权赋能。村集体无论是在组织上还是在经济上越来越空心化，从而导致乡村治理的涣散。如果没有村集体组织强有力的领导，乡村振兴战略就缺少有行动力的实施主体，因为具体村庄的日常建设不能完全依赖上级组织，只有熟悉当地情况的组织才能够把农民组织起来。

只有村集体强大起来了，农民的主体地位才能得到真实的体现。

二是给新型农民合作组织赋权赋能。党的十九大以来，各地出现了一批将农户和新型农业经营主体整合起来的新型农民合作组织，大都建在县乡一级，也有的跨村跨乡，已经具有了相当规模。建议进一步对这些群体进行赋权赋能，让其切实成为对下集中组织农户、对上整合各部门资源的纽带，在党的领导下搭建乡村振兴平台，成为党在农村更好发挥引领作用的有力抓手，成为牵动农业农村新发展的"牛鼻子"。

三是探索发挥村民自治作用的新机制。村民自治与发挥党组织的领导作用并不矛盾，相反，强化村民自治更有利于党的领导能力的提升。探索村民自治的有效实现形式，根据实际需要，依托传统乡村社会治理资源和新的产权关系，因地制宜以村民小组或自然村为单元开展村民自治试点；在已经建立新型农村社区及外来人口占较大比重的地方，开展以常住村民为主体的自治试点。

四是开展相关培训为农民赋能。鼓励相关政府部门、社会组织、研究机构在乡村开设"农民学堂"，开展政策、法律、管理等方面的培训，增强农民参与乡村治理的意识与能力。

六、实施公共安全数字系统工程

乡村社会网格治理，是民主协商、社会协同、公众参与的社区治理新模式。提升乡村公共安全数字化水平，旨在整合人、地、事、物、组织等社会治理要素的"块数据"标准和要素编码体系，形成多源、动态、异构、海量社会时空大数据与基层社会网格治理业务数据的关联、汇聚、融合方法及一体化建模技术；通过重点人员画像和风险人员危害指数评估技术，建立针对潜在社会危害人员、需帮扶对象的分类分级管控体系。因此，乡村公共安全数字化需建立事件统一分拨平台，精准探测社区危险源多参数与多元泛在，融合打通现有乡村服务应用的一体化中台技术，构建乡村社会网格治理协同中台数据资源模型，形成具有共性协同支撑能力与共治共用的基层社会网格治理中台，从而构建乡村治理"一网统管"门户。建议在农村"雪亮工程"基础上，实施公共安全数字系统工程。

具体建议为：通过大数据字典和要素编码体系，涵盖居民、单位法人、房屋等内容，涵盖通信、城管、卫生、社保、车辆交通、水电气等基层治理要素，形成乡村公共安全网格治理数据行业标准规范、"块数据"行业管理标准规范，从而实现结构化、半结构化和非结构化时空数据的统一存储模型。通过构建重点关注人员全息画像模型，涵盖独居老人、留守儿童、集资诈骗受害人员、拆迁人员、赌博人员、吸毒人员、社区矫正人员等，构建重点人员分级管控体系，构建高风险人员危害指数评估，实现重点关注人员轨迹识别和分析。此外，公共安全数字系统工程通过构建社会治理事件分级分类标准规范，涵盖基层社会治理矛盾纠纷、问题隐患、群众诉求、行政执法、公共服务等类别事件的采集、分拨处置、考核标准；形成具有共性支撑能力的乡村社会网格治理中台，通过电子地图的核心数据入块上图呈现，提供统一门户、人员、事件等态势展示、信息交互、服务推送、统一信息填报、风险发现、事件处置等共性业务构建，从而建立社区重点人员管控、社会危险源管控、商事主体监管等治理业务。

在乡村网格治理数字化水平的基础上，乡村公共安全预警监控系统得以形成。该工程旨在建立乡村公共安全治理体系和治理能力状态的描述体系，实现治理的目标、环境、主体、制度、方法、运行机制、效果等指标及其关联关系的描述，构建社会治理数字孪生体系总体架构，构建面向智慧社区治理、重大风险防范化解、矛盾纠纷调处等治理模型，建立社会治理状态演化博弈模型，支持对日常和突发公共安全事件、态势演变和治理效果等要素目标的演化表征和仿真，从而揭示其核心规律。工程通过运用社会治安综合治理、智慧社区治理、矛盾纠纷调处等治理大数据和知识，对社会治理复杂系统体系框架和数字孪生体系总体架构进行推演、迭代、优化，从而构建面向物理、社会、信息"三元空间"的社会治理复杂信息系统体系。

七、推进公共安全要素图谱工程

乡村矛盾的成因是诸多要素的混合，乡村矛盾要素未能明晰，导致利益失衡，纠纷不断，以致引发相关恶性事件。因此，乡村公共安全应面向物理、社会、信息"三元空间"相关要素，揭示要素关联关系和影响因素，析出社会治理复杂系统体系框架，及时对乡村矛盾进行研判预警。针对此，建议基于计算社会科学与演化博弈论，加快推进公共安全要素图谱工程建设，通过数据与知识融合驱动的社会治理复杂系统演化仿真方法，推演社会治理状态演化及应变决策，构建社会矛盾纠纷演化规律模型，建立预判标准、干预规范等，对社会矛盾纠纷的成因类型进行溯源分析，验证和优化乡村社会治理复杂信息系统。

具体建议为：一是乡村社会矛盾纠纷分级分类。基于社会矛盾纠纷重大案例，包括医疗事故、借贷、邻里纠纷、劳务劳资、山林土地、征地拆迁、房屋宅基地等纠纷类型，构建矛盾案例要素画像，构建社会矛盾纠纷分类标准，涵盖概率、影响、成因要素等影响维度。二是乡村社会矛盾纠纷信息自动归集与同源纠纷智能研判。通过建立多元社会矛盾纠纷知识图谱，涵盖矛盾成因、实体、属性、关系、事件、处置预案等，形成多元社会矛盾纠纷信息自动归集模型，通过对社会矛盾纠纷生成因素、演进进程等要素进行分析，研判同源纠纷，揭示社会矛盾发生根源，将社会矛盾纠纷进行分级分类。三是乡村社会矛盾纠纷智能化解与智慧疏导。通过分析社交媒体使用与个人心理健康复杂关系、大规模在线心理测评干预和康复技术，构建社会矛盾纠纷化解多元协同组织体系、运行机制、业务流程模型，构建线上心理援助及自动化干预平台，形成多元矛盾纠纷分析管控及化解效果评估平台，支持多元社会矛盾图谱查询、信息采集、综合分析、干预建议、处置等功能，实现社会矛盾纠纷智慧疏导。

第五节　政策措施建议

一、强化乡村公共事务与公共安全治理现代化组织保障

一是加强乡村公共事务与公共安全治理现代化的组织领导。进一步健全党委统一领导、政府负责、农业农村工作部门统筹协调的农村工作领导体制，完善职能部门之间的协作联动机制，推进政府相关部门的服务向农村延伸覆盖。大力推进管理体制机制改革，完善职能定位，减少内耗，增进协同，消除壁垒，凝聚推进乡村治理现代化的管理力量。

二是强化村支书的"领头雁"作用。推广选派专职村支书的做法，从乡镇中层干部或退居二线领导干部等优秀人才中选派驻村支书，造就一支懂农业、爱农村、爱农民、特能干的职业化村支书队伍。落实中央向重点村派驻

第一书记制度，为乡村公共事务与公共安全治理现代化提供党组织支持。建立完善县乡干部结对帮扶村集体发展制度，帮助解决乡村公共事务与公共安全治理突出的热点难点问题。

三是健全乡村干部激励机制。打通乡村党员干部流通渠道，对表现突出的村干部在考录乡镇公务员、招聘事业编制工作人员等方面给予政策倾斜。借鉴浙江象山经验，对于特别优秀的村支书可以兼任乡镇党委委员，工资待遇同步提升。解决部分村干部养老保险参保待遇问题，解除村干部的后顾之忧。建立镇村干部双向挂职交流机制，选派乡镇干部到村任职，选拔村干部到乡镇挂职锻炼，提高村干部的整体治理水平。建立村干部待遇稳定增长机制，将村干部工资待遇和乡村公共事务与公共安全治理成效挂钩，稳步提高村干部待遇。

二、加强乡村公共事务与公共安全治理现代化人才科技保障

多渠道解决乡村治理人才支撑不足的困境，对内加大培养力度，对外大力吸引各类人才下乡，为乡村公共事务与公共安全治理现代化提供可靠的智力支持。对外，完善吸引人才下乡机制。通过各类扶持政策，鼓励吸引优秀企业家、科技人才、技能人才下乡兴业创业。鼓励各级高校、科研院所、机关事业单位的人才，在乡村企业、合作社挂职、兼职，乃至创业就业，保障他们在原单位职称评定、社会保障方面的权益。对内，完善乡村人才培育机制。加大乡村人才培训力度，提高培训水平，培育乡村管理人才、经营人才、技能人才。建立乡村人才异地挂职锻炼机制，开阔眼界，提高能力。建立乡村人才交流学习机制，借鉴宁波大学乡村政策与实践研究院建立的"村官论坛"经验，促进村干部之间的学习交流。

三、强化乡村公共事务与公共安全治理现代化财政资金保障

建立多元化的资金筹措机制，加大财政资金支持乡村公共事务与公共安全治理现代化的力度，提高财政资金使用效率，引导社会资金更多地流入乡村。

一方面，加大财政投入力度。建立财政资金与乡村治理现代化目标相匹配的保障制度。公共财政向乡村公共事务与公共安全治理倾斜，提高总量，

加大重点领域支持力度。借鉴推广宁波等地财政支农资金统筹使用相关经验，避免撒胡椒面式资金投入方式，使资金投入产生更好的成效。

另一方面，引导社会资金流入乡村。发挥财政资金的引导作用，加大与民间资本合作的合作力度，畅通投资渠道、优化合作环境，通过多种形式引导社会资本投入乡村公共事务与公共安全治理现代化建设，建立市场参与、可持续发展的经营模式。

四、优化乡村公共事务与公共安全治理现代化考核评估机制

一是建立量化的指标体系。建立全面、科学和准确的监测指标体系，及时反映乡村公共事务与公共安全治理现代化推进成效，使乡村公共事务与公共安全治理成效可量化。结合高校及民间力量建立遍及全国乡村的观测网络，如宁波大学的"千村观察"、上海财经大学"千村调查"，调动高校力量，长期跟踪、动态观察村庄治理现代化的发展进程。

二是创新考评模式。建立政府内部评估与第三方评估相结合的考评方式，创新对各县（市、区）、相关部门、村镇的考核方式，整合考核标准与内容，建立多个项目、多个部门联创联评的考评机制，把村镇干部从表格和接待中解脱出来，把更多的精力用于乡村公共事务与公共安全治理现代化工作的落实。

三是加强考核监督。结合量化指标，将乡村公共事务与公共安全治理现代化的推进水平与对县乡各级干部的考评工作结合起来。根据各地实际情况，差别化考核，注重综合实绩，关注可持续长远发展，并把考核结果与年度业绩及干部的提拔任用挂钩起来。

第十二章主要执笔人：————————————————————————

陈剑平　叶笑云　李学兰　罗　维　赵意奋　操家齐　石绍斌　黄　峥

冉思伟　王　哲　封红梅　余　地

· 第十三章 ·

乡村环境治理现代化发展战略研究

改革开放 40 多年以来，我国农业现代化建设进程不断加快，农村面貌发生了翻天覆地的变化，乡村社会经济取得了长足发展。但与此同时，生态环境问题累积叠加，对乡村人群健康和农业可持续发展均产生了不良影响，环境问题已成为乡村振兴过程中的共性短板问题。如何有效完善乡村环境治理体系、提升乡村环境治理能力、推进乡村生产—生活—生态空间协调发展已成为目前研究的重点。应从乡村环境治理的现状与问题出发，从根源上分析未来乡村环境治理趋势和需求，为战略目标的确立提供理论基础。

第一节 研究背景

一、相关概念界定

(一)乡村环境

《辞源》一书中，"乡村"被解释为主要从事农业、人口分布较城镇分散的地方。以美国学者罗德菲尔德（R. D. Rodefeld）为代表的部分外国学者指出："乡村是人口稀少，以农业生产为主要经济基础，人们生活基本相似，而与社会其他部分特别是城市有所不同的地方。"根据上述定义，乡村指城镇以外的其他地区，包括集镇和农村。其中集镇指乡、民族乡人民政府所在地，以及经县人民政府确认由集市发展而成的作为农村一定区域经济、文化和生活服务中心的非建制镇；农村指集镇以外的地区。

从狭义上看，乡村环境是指乡村地区的自然生态环境，包括土壤环境、水环境、大气环境等。从广义上看，乡村环境不仅包括自然生态环境，还包括人居环境（基建设施、村容村貌、饮用水安全等方面）、政治环境、社会环境、人文环境等一系列软性环境。

（二）乡村环境治理

治理（Governance）是 20 世纪 90 年代出现的一个新名词。根据 1995 年全球治理委员会发表的研究报告《我们的全球伙伴关系》，治理被定义为"各种公共的或私人的机构，管理其共同事务的诸多方式的总和；使相互冲突的或不同的利益得以调和并且采取联合行动的持续过程；既包括有权迫使人们服从正式制度和规则，也包括各种人们同意或以为符合其利益的非正式制度安排"。根据定义，治理不是一套规则或一种活动，而是一个过程，其基础不是控制而是协调。

环境治理又被称为生态治理，是指人们根据各种信息，对全社会的环境活动进行规划、组织、协调、监督与评价，以达到环境资源的最优整合或实现特定治理目标的一系列活动总和。乡村环境治理是为谋求一定的环境治理和社会治理成效，通过多种方式，采取各种行动参与到乡村环境资源的利用与管理中去，以实现乡村环境不断改善的一个动态进程。根据国内外乡村环境治理实践，乡村环境治理既包括乡村基础设施建设，即通路、供水、供电、住房、通信等基本生活条件的普及；也包括乡村生态与人居环境整治，即从改善乡村环境入手，对村容村貌进行整治，对已遭破坏的乡村生态环境进行恢复和治理，对生活垃圾、生活污水等设置集中处理设施等。

（三）乡村环境治理现代化

乡村环境治理是我国环境治理的重要内容之一。2015 年《生态文明体制改革总体方案》首次将环境治理体系确立为生态文明制度体系的八大基础性支持制度之一。2020 年 3 月，中共中央办公厅、国务院办公厅印发《关于构建现代环境治理体系的指导意见》，指明了推进环境治理体系现代化的目标方向和战略路径，也为乡村环境治理现代化指明了方向与内容。

乡村环境治理现代化是以多元利益主体共同参与为特征，以实现环境公共利益为目标，以制度化建设为基础的乡村环境协同治理过程，包括乡村环境治理体系现代化和环境治理能力现代化。乡村环境治理现代化是乡村治理体系及能力现代化的重要组成部分,涵盖"融合共生"的治理理念、"人本发展"的治理目标、"互嵌互构"的治理结构、"集成创新"的治理过程,为乡村环境治理提供价值选择、先决条件、内在支撑及路径依赖,用现代化工具与体系推进乡村环境治理。

二、乡村环境治理的历史演变

新中国成立初期,我国经历了"恢复国民经济和建设基础工业"等阶段,在局部地区出现了自然资源的滥挖滥采、毁林牧、围湖造田等生态环境破坏的现象,但乡村环境问题总体不明显也未被重视,我国关于乡村环境保护的政策基本处于空白。

1973 年第一次全国环境保护会议的召开,标志着我国环境保护工作的正式开幕。改革开放带动了我国经济的高速增长,我国农业发展和农村面貌发生了翻天覆地的变化。与此同时,也伴生了一系列生态环境问题。农村环境问题从单一到复合、从局部到整体区域性不断显现。我国环境治理焦点逐步由城市转向农村,由工业转向农业。

改革开放 40 多年来,我国环境治理体系与治理能力不断完善,乡村环境治理经历了政策初创期、制度开拓期、全面加速期和总体深化期四个阶段。乡村环境治理理念逐步从环保边缘转向美丽乡村,政策思路从碎片思维趋向系统工程,治理结构从单一到多样,治理主体从政府主导到多元合作,治理技术从工程主义到适用技术,组织方式从粗放管理趋向精细治理。

(一)政策初创期(1978—1994 年)

改革开放初期出现的生产责任制使农业生产形势不断向好,但传统农业向现代农业发展过程中产生的环境问题也开始显露。乡镇企业蓬勃发展,伴随着城市"三废"物质向农村地区转移,农村环境问题从仅限农业污染发展为农业与乡镇企业污染并存的二元环境问题。

针对这一时期农村环境问题,国家出台了不少农村农业相关法规。其中最重要的是《中华人民共和国环境保护法》,作为农村环境保护工作的法律基础和依据,明确规定要"加强农村环境保护、防治生态破坏,合理使用农药、化肥等农业生产投入"。针对乡镇企业污染及城市污染转嫁的问题,1983 年国务院出台了《关于加强乡镇、街道企业环境管理的决定》,"七五计划"又明确提出禁止城市向农村转移污染的要求。1984 年国务院颁布了《关于环境保护工作的决定》,除明确机构职责外,还强调政府要加强对乡镇和街道工业发展的领导,防止环境污染和破坏,积极推广生态农业。1985 年国务院环境保护委员会发布了《关于发展生态农业加强农业生态环境保护工作的意见》,1988 年中国农业环境保护会发布了《加强农业环境保护的倡议书》,《国家环境保护总局职能配置、内设机构和人员编制方案》明确授权国家环境保护总局"负责农村环境和生态农业建设"的职责。1989 年我国正式实施《中华人民共和国环境保护法》,明确规定各级人民政府应当加强对农业环境的保护,合理使用化肥、农药及植物生长激素。1990 年国务院发布了《关于进一步加强环境保护工作的决定》,要求农业部门必须加强对农业环境的保护和管理,控制农药、化肥、农膜对环境的污染,推广植物病虫害的综合防治;根据当地资源和环境保护要求,合理调整农业结构。1993 年《中华人民共和国农业法》要求"应当保养土地、合理使用农药化肥、增加有机肥使用"。这些政策与规定对于当时农业农村环境污染控制起到了重要作用。

该阶段的主要问题是乡镇工业污染和农业面源污染严重,但国家环境污染治理的重心主要在城市和工业上,虽在政策中涉及农村环境治理,但乡村环保工作依旧处于概念和口号化的状态,缺乏具体行动,农村环境问题仍不断加剧。

(二)制度开拓期(1995—2001 年)

进入 20 世纪 90 年代,我国农村环境呈现点面源污染复合、农村生活污染与农业生产污染叠加、乡镇企业污染和城市污染转移等特点。由于缺乏有效的管控措施,我国农村的畜禽养殖、农业生产及乡镇企业造成的污染状况加剧,再加上农村基础设施建设滞后,农村生活污染也成为重要的污染源。《1995 年中国环境状况公报》首次将农村环境纳入其中,并指出环境污染呈现由城市向农村蔓延的趋势。《1999 年中国环境状况公报》更是明确指出"农村环境质量有所下降"。乡村环境问题开始引起广泛关注。

20 世纪 90 年代可持续发展成为社会发展的战略导向。我国出台的《21世纪议程》从农业生产、粮食安全、农村生态环境保护、资源可持续利用等方面对农业可持续发展进行了界定，对农业发展提出了全新的目标。"九五"计划要求控制人口增长、保护耕地资源和生态环境，实现农业和农村经济的可持续发展。1998年国家环境保护总局成立农村处，作为分管农村环保的专门部门；1999年国家环境保护总局出台《关于加强农村生态环境保护工作的若干意见》，明确提出加强农业面源污染防治，改善水体和大气环境质量，全面停止秸秆露天焚烧。在改善农村生活环境方面，1993年国务院颁布了《村庄和集镇规划建设管理条例》，要求实行村庄、集镇总体规划，维护村容镇貌和环境卫生，保护和改善生态环境，防治污染和其他公害，加强绿化和村容镇貌、环境卫生建设。此外，为控制乡镇企业污染，出台了《关于加强乡镇企业环境保护工作的规定》（1997年）；为防治农药污染，出台了《农药管理条例》（1997年）、《关于进一步加强对农药生产单位废水排放监督管理的通知》（1997年）；为控制农村畜禽养殖的污染状况，颁布了《畜禽养殖业污染物排放标准》。同期出台修订的一些单行法，如《中华人民共和国水污染防治法》《中华人民共和国固体废物污染环境防治法》及《基本农田保护条例》等，对农村水污染、农村废弃物污染、农村生态环境污染等防治工作都做了一系列的规定。

该阶段首次出台了专门针对农村环境保护的政策，农业农村部分领域的污染问题得到有效控制。相应环境保护标准、规范和技术经济政策已初步成型。农村改水改厕、畜禽养殖污染防治和农村能源生态建设有序开展，逐渐展现出农业生产和农村生活环境融合的新局面。

（三）全面快速期（2002—2012年）

21世纪以来，我国农业农村经济快速发展，我国也成为世界上最大的化肥、农药生产国和消费国。2002年，农药使用量为131.1万吨、化肥施用强度为443千克/公顷，远超世界安全上限。另外，集约化、规模化和产业化逐渐成为养殖业发展的主要趋势，大大推动了畜牧业现代化的进程，但也对环境造成巨大的压力，畜禽养殖业成为农业面源污染的最大排放源，也是我国环境污染的重要来源。《第一次全国污染源普查公报》显示，畜禽养殖业排放的化学需氧量（COD）和氨氮分别占全国化学需氧量和氨氮排放量的41.9%和41.5%。

进入 21 世纪，我国经济实力不断增强、公众环保需求不断提升，国家对环境保护的重视程度不断提高。《国家环境保护"十五"计划》中明确"把控制农业面源污染和农村生活污染、改善农村环境质量作为农村环境保护的重要任务"。2005 年党的十六届五中全会首次提出建设"社会主义新农村"，突出强调了对农村生产和生活环境保护的要求。2006 年为解决农村突出环境问题、推进农村全面建设小康社会进程，国家环境保护总局实施了"农村小康环保行动计划"。针对我国严峻的农村环境形势，2007 年国务院出台了《关于加强农村环境保护工作的意见》。2008 年召开了全国农村环境保护工作电视电话会议，提出了农村环境保护的工作重点。同年，环境保护部成立并设立农村环保专项资金，初期投入 5 亿元资金，至 2012 年投入资金增至 55 亿元，通过"以奖代补、以奖促治"等方式用于环境保护和治理。2010 年出台了《全国农村环境连片整治工作指南（试行）》，2012 年开展了耕地保护、农村饮水安全、农村河道综合整治、农村改厕项目、全国畜禽养殖业专项执法督察和农业面源污染防治等工作，尤其强化了畜禽养殖废弃物处理和资源化利用、农村土壤污染治理和修复等。自 2006 年开始，中央 1 号文件多次将农村人居环境整治纳入新农村建设，并做出具体部署，明确任务要求。截至 2012 年底，中央财政共安排农村环保专项资金 135 亿元，带动地方各级政府财政投入 180 多亿元，支持 2.6 万个村庄开展环境整治，6 000 多万农村人口直接受益。

该阶段在可持续发展战略的导向下，大量农村环境保护标准、法规、政策得以建立，农村环境保护体系基本完善。为应对农村环境问题的复杂性，农村环境整治内容和范围全面升级。整治内容从局部到综合，即由水环境、土壤环境等单要素治理向社会、经济和环境多要素的综合整治转型；治理范围由某区域示范点逐步扩至连片整治和整村推进，在农村环境卫生、农业可持续生产、群众卫生习惯等多领域推进连片整治。

（四）总体深化期（2013 年至今）

党的十八大提出"大力推进生态文明建设"，生态文明建设开始融入社会经济发展的各个方面，农村环境保护和美丽乡村建设也受到越来越多的关注。2013 年中央 1 号文件提出关于推进农村生态文明、建设美丽乡村的要求，同年农业部出台了《关于开展"美丽乡村"创建活动的意见》。2014年修订的《中华人民共和国环境保护法》中明确了农业污染源监测预警、农村环境综合整治、农业面源污染防治和农村环保资金落实等方面的具体要求,为深化农业农村环境保护奠定了坚实基础,同年国务院出台了《关于改善农村人居环境的指导意见》。2015年中央1号文件明确将农业生态治理和全面推进农村人居环境整治作为重点,同年4月农业部发布的《关于打好农业面源污染防治攻坚战的实施意见》提出了"一控两减三基本"的目标。2017年环境保护部、财政部联合印发《全国农村环境综合整治"十三五"规划》。党的十九大报告中首次明确提出实施乡村振兴战略。乡村振兴战略超越了以往关于农业农村任何单一领域的发展范畴,它涵盖了经济、社会、生态、文化等多个领域,是农业农村可持续发展理念的全面提升。2018年国务院印发了《农村人居环境整治三年行动方案》,2019年中央1号文件提出让农村成为农民安居乐业的美丽家园,2020年中央1号文件提出扎实解决好农村环境整治和农村生态环境治理等突出问题。2021年国务院印发了《农村人居环境整治提升五年行动方案(2021—2025年)》,要求全面提升农村人居环境质量,为全面推进乡村振兴、加快农业农村现代化、建设美丽中国提供有力支撑。2022年,习近平总书记在党的二十大报告中提出"全面推进乡村振兴",强调"建设宜居宜业和美乡村",为新时代新征程全面推进乡村振兴、加快农业农村现代化指明前进方向。

这一阶段的农业农村环境保护政策为:农业绿色发展和美丽乡村建设,这也是我国农村发展的核心目标。我国进入农业农村环境保护的总体深化期,该阶段政策突破原来割裂及碎片化的缺陷,将农村环境治理与农业、农民紧密结合,为农村饮用水源、生活垃圾及污水、畜禽养殖污染和农药化肥等细分领域制定了配套政策。在发展理念上,绿色发展成为乡村振兴的主要内容,也是乡村振兴的重要手段。农业生产的目标从单一的高产转向绿色综合发展,以美丽乡村建设和乡村振兴战略作为乡村环境保护的主要指导依据,促进生产、生活、生态的"三生"协调发展。

三、乡村环境质量现状

在美丽乡村建设和乡村振兴战略的指导下,我国乡村地区的风貌发生了巨大转变，乡村环境综合治理工作持续推进，乡村环境质量得到了明显改善。

（一）农村人居环境得到极大改善

2008 年以来，生态环境部不断深化"以奖促治"政策，推动农村环境综合整治。在中央财政的大力支持下，累计安排专项资金 537 亿元，支持各地开展农村生活污水和垃圾处理、畜禽养殖污染治理、饮用水水源地保护等，目前共完成 17.9 万个建制村整治，建成农村生活污水处理设施近 30 万套，2 亿多农村人口受益。全国 11 个省份基本完成"千吨万人"农村乡镇集中式饮用水水源保护区划定工作，13 个省份按季度开展农村饮用水水质监测，17 个省份基本实现农村饮用水卫生监测乡镇全覆盖，农村饮水安全保障水平不断提升。16 个省份农村生活垃圾治理建制村覆盖率达到 90％以上，农村生活污水和垃圾治理体系逐步健全；17 个省份提前实现化肥使用量负增长，11 个省份提前实现农药使用量负增长，21 个省份畜禽粪污综合利用率达到 75％以上，农业面源污染防治稳步推进。

（二）乡村环境污染排放显著下降

从 2007 年第一次全国污染源普查，到 2017 年第二次全国污染源普查，10 年内农业生产污染源的化学需氧量和总氮（TN）、总磷（TP）排放量下降明显。10 年间化学需氧量排放下降 19％，其中畜禽养殖业的化学需氧量排放量下降 21％；总氮排放下降 48％，其中种植业和畜禽养殖业分别下降了 55％和 42％；总磷排放量下降 26％，其中种植业和畜禽养殖业分别降低了 30％和 25％。另外，农村生活污染源中污水排放量下降 30％，化学需氧量下降 11％、总氮下降 28％、总磷下降 31％。

（三）乡村生态环境质量不断提升

《2019 年中国生态环境状况公报》显示，2019 年度全国生态环境质量总体改善，环境空气质量改善成果基本巩固，水环境质量持续改善，土壤环境风险得到基本管控，生态系统格局整体稳定，环境风险态势保持稳定。2019 年全国地表水Ⅰ～Ⅲ类水比例为 74.9％，较 2004 年提高了 33 个百分点；劣Ⅴ类水比例为 3.4％，比 2004 年降低了 23.5 个百分点。《2019 年全国耕地质量等级情况公报》显示，我国 2019 年耕地平均质量为 4.76 等，较 2014 年提升 0.35 等，全国评价为一至三等的耕地面积为 6.32 亿亩，占耕地总面积的 31.24%；评价为四至六等的耕地面积为 9.47 亿亩，占耕地总面积的 46.81%；评价为七至十等的耕地面积为 4.44 亿亩，仅占耕地总面积的 21.95%。

四、推进乡村环境治理现代化的战略意义

（一）乡村环境治理现代化的时代背景

改革开放以来，我国农业现代化建设进程不断加快，农村面貌发生了翻天覆地的变化，社会经济取得了长足发展，但与此同时，生态环境问题集中叠加呈现，对乡村地区人群的健康和农业的可持续发展产生不良影响，推进乡村环境治理刻不容缓。

2013 年在中央 1 号文件提出"推进农村生态文明建设。加强农村生态建设、环境保护和综合整治，努力建设美丽乡村。"美丽乡村建设是改变农村资源利用模式、改善生活环境、推动农村产业发展的需要，也是保障农民利益、促进民生和谐的需要，其实质是我国社会主义新农村建设的一个升级阶段，核心在于解决乡村发展理念、乡村经济发展、乡村空间布局、乡村人居环境、乡村生态环境、乡村文化传承及实施路径等问题，因此，美丽乡村建设离不开乡村环境治理。

2017 年党的十九大报告提出了乡村振兴战略，要求按照产业兴旺、生态宜居、乡风文明、治理有效、生活富裕的总要求推动乡村振兴。乡村振兴不仅是经济的振兴，也是生态的振兴、社会的振兴。有效解决农村突出环境问题，更好地推进乡村振兴战略实施，受到了党和国家前所未有的关注和重视，中央 1 号文件持续安排部署"加强农村突出环境问题综合治理""抓好农村人居环境整治三年行动""加强农村污染治理和生态环境保护"等工作任务。而"治理农村突出环境问题""建设好生态宜居的美丽乡村"是一项长期又复杂的重大工程，其艰巨性和复杂性不容小觑，必须建立健全长效机制，将其部署在治理现代化进程中一并实施。

党的十八届三中全会将推进国家治理体系和治理能力现代化作为全面深

化改革的总目标，党的十九大报告中进一步明确提出要加强农村基层基础工作，健全自治、法治、德治相结合的乡村治理体系。2018 年《关于实施乡村振兴战略的意见》中指出"农村基础设施和民生领域欠账较多，农村环境和生态问题比较突出""乡村治理体系和治理能力亟待强化"。因此，乡村环境治理现代化是推进生态文明建设、提高环境治理水平的重要内容，也是实现农业农村现代化中的重要一环，是国家治理体系现代化的基石。

（二）乡村环境治理现代化的战略意义

农业强不强、农村美不美、农民富不富，关乎亿万农民的获得感、幸福感、安全感，关乎乡村振兴全局，一直受到历届中央领导的高度重视。乡村治理是国家治理体系中最基本的治理单元。乡村环境保护关系着农民的切身利益、农业的可持续发展及农村的和谐稳定，是关系民生的大事。

1. 乡村环境治理现代化是乡村振兴战略实施的坚实基础

乡村振兴战略确立产业兴旺、生态宜居、乡风文明、治理有效、生活富裕的总要求。其中生态宜居是关键，治理有效是保障。乡村环境治理是全面推动乡村振兴战略、实现乡村宜居的重要抓手和保障。新时代农民对农村生态环境的要求已经不再停留在干净卫生这个层面，而是有了更高层次的要求，即生态宜居。乡村振兴战略就是要着力构建一个农民与自然环境和谐共处的局面，树立并贯彻实施"绿水青山就是金山银山"的生态理念，发挥农民的创造性，打造绿色农村，推动农村发展绿色。这对乡村环境治理提出了更高的要求，乡村环境治理现代化则顺应了这一要求，将乡村环境整治与乡村振兴紧密相连的，通过构建现代化的治理体系，提升治理能力，进一步推进乡村产业振兴、组织振兴、文化振兴、人才振兴。

2. 乡村环境治理现代化是国家治理体系建设的有机组成

乡村环境治理是乡村治理的重要内容，也是国家环境治理体系的有机组成，乡村环境治理现代化关乎国家治理现代化的目标实现。中共中央办公厅、国务院办公厅印发《关于加强和改进乡村治理的指导意见》明确指出坚持把治理体系和治理能力建设作为主攻方向，坚持把保障和改善农村民生、促进农村和谐稳定作为根本目的，建立健全党委领导、政府负责、社会协同、公众参与、法治保障、科技支撑的现代乡村社会治理体制。中共中央办公厅、国务院办公厅《关于构建现代环境治理体系的指导意见》中也提出了建立导向清晰、决策科学、执行有力、激励有效、多元参与、良性互动的环境治理体系。乡村环境治理现代化工作顺应了上述意见，通过构建自治、法治、德治相结合的环境治理新体系，推进治理体系的制度化、规范化，形成健全的乡村环境监督保障机制，推进国家治理体系的建立健全。

3. 乡村环境治理现代化是乡村可持续发展的重要保障

乡村可持续发展与社会需求和公平、尊重村民利益和保护生态环境密切相关，通过完善绿色产业发展支持政策，提升乡民资源节约和绿色可持续发展理念，把生态资源转化为生产力，推进乡村人居环境品质，建设更美更宜居的乡村。因此，我国乡村发展关注生产、生活和生态三个方面，乡村环境治理在兼顾专业性的同时，也要具有系统性和长效性。然而，我国目前农村基层组织和群众缺少内生动力，农村经济可持续发展的能力减弱，乡村环境仍面临着环境污染与生态破坏的双重胁迫，乡村环境治理仍是我国环境治理体系的薄弱环节。因此，必须建立现代化的乡村治理体系，提升环境治理能力，加快形成节约资源和保护环境的空间格局、产业结构、生产和生活方式，把经济活动、人的行为限制在资源和生态环境能承受的范围内，推进乡村可持续发展。

4. 乡村治理现代化是推进生态文明建设的现实需要

党的十八大明确提出要把生态文明建设放在突出位置，融入经济建设、政治建设、文化建设、社会建设各方面和全过程，努力建设美丽中国，实现中华民族永续发展。党的十九大报告又把构建多重治理体系作为推进生态文明建设的重要抓手。农业农村生态文明建设是全国生态文明建设的重要内容，开展乡村环境治理现代化，推进生态人居、生态环境、生态经济和生态文化建设，创建宜居、宜业、宜游的"美丽乡村"，是落实生态文明建设的重要举措，也是在农村地区建设美丽中国的具体行动。

综上，乡村治理体系和治理能力现代化直接关系到实现国家现代化的速度、幅度、力度、深度甚至成败。作为乡村治理体系的重要组成部分，乡村环境治理是乡村振兴战略的关键、污染防治攻坚的难点、生态文明建设的重点、美丽中国建设的抓手，事关农民根本福祉、农业可持续发展、农村和谐稳定，是国家治理体系的有机组成部分。因此，推进乡村环境治理现代化意义重大。

第二节 乡村环境治理现代化发展现状

一、发展现状与成效

（一）人居环境整治现状

1. 农村住户饮用水源现状

饮用水安全问题关系到人的生命健康。我国农村饮用水主要包括地表水（河流水、湖泊水、水库水等）和地下水（井水、泉水等），随着生活方式的改变，人们开始选择净化水、桶装矿泉水等作为饮用水，通常采用直接或煮沸的方式饮用。

我国已出台《中华人民共和国水污染防治法》《中华人民共和国水污染防治法实施细则》《取水许可和水资源费征收管理条例》和《生活饮用水卫生标准》（GB 5749—2022）等相关法律和标准，对村镇饮用水安全做了较为详细的规定和要求，部分省份也出台了关于饮用水的政策法规。然而总体来看，我国农村饮用水水源保护起步晚、经费少，普遍存在村镇饮用水管网供水管路长、规模小、分布范围广而分散、水质检测设施不完备、水质监管不到位等现象。

我国农村地区将自来水作为饮用水的比率最高，达到 58.22%（除特别标注外，本文数据均来自调研），其次是井水或泉水，这与我国第三次农业普查的饮用水来源情况基本一致。我国农村居民到水站买净化水和桶装矿泉水的比率均达到 20% 以上。此外，将采集的雨水、江河湖泊水作为饮用水的比率分别达到了 10.05%、6.16%，但这两种水源均缺乏安全保障。由此可见，我国农村主要以自来水为饮用水源，井水、泉水、净化水、桶装矿泉水也较为常用。综合对比我国东部、西部、中部、东北四大地区农村自来水使用情况，自来水入户率由高到低依次为：东部、西部、中部、东北，其中，东部和西部的自来水入户率高于全国平均水平，分别达到 61.15%、59.96%（图 13 - 1）。造成各地区饮用水供给不同的原因各异，例如自来水获取的难易程度、自然禀赋、用水安全意识等，这些因素均对饮用水供给产生影响。经济发展水平也是制约自来水入户率提升的重要因素，体现为各地区在农村饮用水安全工程建设方面的不同。根据以往的研究，综合比较我国四大地区农村饮水水质达标率、饮用水水源净化处理率、生活污水处理率等情况，我国东部地区饮用水水质较好，居四大地区首位，且东部地区自来水普及率较高、饮用水获取容易，所以总体上东部地区饮用水安全性最高。

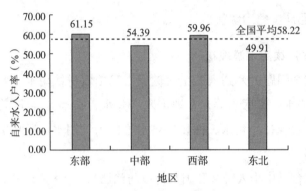

图 13-1　全国和各地区农村自来水入户率

2. 农村生活污水处理现状

农村生活污水主要由洗漱、洗涤、洗浴、厨房炊事等活动产生的污水（俗称灰水）和冲厕污水（俗称黑水）组成。根据第二次全国污染源普查数据，我国农村生活污水 COD 排放量占生活源排放总量的 50.8%，NH_3-N、TN 和 TP 排放量分别占生活源排放总量的 35.0%、30.5%、38.7%。

我国农村生活污水采用最多的处理方式为部分直接倾倒，部分排入化粪池。此外，各地区农村生活污水处理方式有所不同，东部和中部地区很少采用全部直接倾倒的处理方式，而西部和东北地区较少采用管网收集后村镇集中处理的方式。各地区农村生活污水纳管处理水平由高到低依次为：东部、东北、中部、西部，仅东部地区污水纳管处理的农户占比高于全国平均水平，一定程度上说明东部地区对生活污水的集中处理情况优于其他地区（图 13-2）。

2008 年以来，农村环境综合整治专项工作已取得一定成效，但从调研结果看，农村生活污水处理存在地域分布不均问题。其原因主要包括以下几点：①受气候条件影响，各地区生活污水产生量和特点不同，在雨水量较少的情况下，农村生活污水的污染物浓度较高，呈现产量少、污染物浓度高的特点；②与当地经济发展状况和基础设施建设水平相关，如一些农村地区散养户数

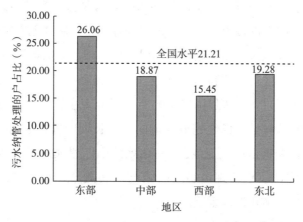

图 13-2　全国和各地区农村生活污水纳管处理的户占比

量较多，未建设污水处理设施，部分地区畜禽养殖废水直接外排的问题依然存在；③部分地区的农村居民环保意识淡薄，如一些农村虽然设有污水集中收集装置，但仍存在随意排放渗滤液或雨污水的现象，导致该地区生活污水散排。经济水平、卫生习惯、政策制度、农村居民环保意识水平等因素是制约农村生活污水处理效果的主因，各地区农村居民的环保意识水平仍有待提升。

我国虽已采取多种措施促进农村环境质量改善，但进展缓慢，农村生活污水处理形势依然严峻。"十四五"期间，我国应统筹城乡，加大农村环境治理投入，建立健全机制，注重意识提升，将仅治理点源转变为治理点源面源并举，将治理格局从以城镇为主转变为城乡并重，全面提升我国农村污水治理水平，改善农村环境质量。

3. 农村卫生厕所普及现状

随着农业现代化步伐加快，我国新农村建设不断推进，全国各地积极推行"厕所革命"，各地卫生厕所数量显著提升，而四个地区厕所类型有较大差异。目前全国农村各类型厕所的比率由高到低依次为自动冲水的蹲厕、冲水马桶、旱厕、需要舀水冲洗的蹲厕。其中，东部地区卫生厕所的使用情况最好，其冲水马桶使用最多，其次是自动冲水的蹲厕；中部地区和西部地区自动冲水的蹲厕最多；东北地区卫生厕所的使用情况较其他地区稍差，该地区旱厕占比最高。各地区卫生厕所的普及率从高到低依次为东部、西部、中部、东北，其中只有东部地区高于全国平均水平，这是由于东部地区环保工作基础较好。随着一些东部城市（上海、杭州等）率先开展"无废城市""垃圾分类"等工作，东部地区积累了较好的环保工作基础，环保意识不断加强，"厕所革命"在东部地区得以顺利而快速地开展。然而，我国部分地区的村镇在推进"厕所革命"时，一味强调卫生厕所数量及卫生厕所普及率，忽视了厕所粪污治理。有些村镇将已经完成改造的厕所长期闲置，未完全发挥其资源化利用的价值，严重阻碍了卫生厕所的持续使用。为此，相关人员需看到改厕的根本性问题，注重治理，兼顾改厕与粪污处理，构建"改厕—粪污处理—资源化"的一体化治理系统。

4. 农村生活垃圾处理现状

（1）农村生活垃圾分类工作总体情况 2018 年，中共中央、国务院印发的《乡村振兴战略规划（2018—2022 年）》提出，持续改善农村人居环境，以农村垃圾、污水治理和村容村貌提升为主攻方向，开展农村人居环境整治行动，全面提升农村人居环境质量。调研数据显示，我国每年产生近 2.0×10^8 吨农村生活垃圾，并且仍在不断增加。农村生活垃圾的随意丢弃与倾倒，给农村生活、生产和生态环境产生巨大的负面影响。农村生活垃圾分类、处理处置与资源化利用有助于改善农村环境，推动乡村振兴战略的实施。

目前，我国大部分地区已开展垃圾分类工作。据调查，全国农村生活垃圾分类工作开展率约为 66.43%。由于各地政策及实际情况不同，各地农村对垃圾的分类方式也不尽相同，主要有"四分法""三分法""二分法"等方式。经过多年探索，我国多地农村还围绕干湿分类和村级二次分类等优化分类成效，助力垃圾资源化利用。就各地区而言，东北、东部及中部的农村生活垃圾分类情况比西部好，分别为 72.78%、69.32% 和 66.12%，高于或接近全国平均水平（图 13 - 3）。其原因在于东北、东部及中部的经济发展状况较好，垃圾分类相关政策实施到位，垃圾分类基础设施建设完备，村民垃圾分类意识较高；而西部地区农村经济欠发达，农村生活垃圾治理经费投入有限，垃圾分类工作落实不到位，民众环保意识淡薄，农村生活垃圾分类率较低。

为更好地解决近年来垃圾山、垃圾围村、垃圾围坝等问题，我国不断探索完善农村生活垃圾收运、处理、资源化利用等各环节，然而其成效并不明显。据相关数据统计，我国有近 1/4 的农村生活垃圾未能得到有效收集和处

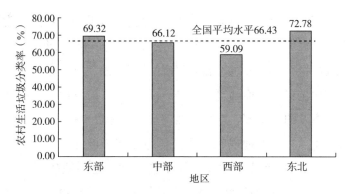

图 13-3 全国和各地区农村生活垃圾分类率

理，"污水靠蒸发、垃圾靠风刮"的尴尬境况仍不断出现在我国农村地区。且我国约有 27% 的农户未对农村生活垃圾进行合理处置，存在随意丢弃、倾倒和露天焚烧垃圾等现象，农村垃圾处理工作仍任重道远。

（2）农村生活垃圾收运现状　对于我国已实行垃圾源头分类的农村，其中 93% 已采用分类收运，很少出现在源头已分类，但运输时却简单混合至一个收集车内的现象。在源头已分类的情况下，西部地区的农村生活垃圾分类收运率较东部和中部低 10~20 个百分点（图 13-4），原因在于部分西部地区的收运设备配置简单，垃圾收运队伍的专业素质水平较低，暂不具备分类收运的条件。

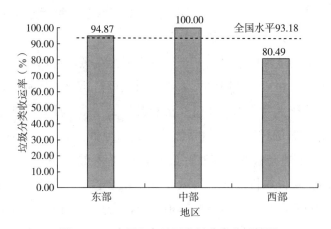

图 13-4 全国和各地区垃圾分类收运情况

在垃圾产生与收运过程中，易出现垃圾乱堆乱扔和车辆"跑冒滴漏"等现象，故各地区需要及时开展日常保洁和垃圾清运工作。我国日常保洁和垃圾清运工作的开展率达 95.50%（注：此处统计数据包括源头分类和不分类的村庄）。各地区日常保洁和垃圾清运工作的形式有所不同，东部和中部外包给第三方公司的比例更高，而西部村民志愿服务清洁与清运工作的比例明显更高，这种差异主要源于东部、中部、西部环境治理资金投入的高低。

（3）农村生活垃圾处理现状　我国各地也在积极寻求垃圾处理和资源化利用的好方法，2020 年城乡建设统计年鉴显示，建制镇生活垃圾处理率达 89.18%。针对不同类型的生活垃圾，各地区的处理设施设备配置各异。东部地区占比最大的三种处理设施设备为垃圾填埋场、垃圾焚烧厂与快速成肥机；西部地区占比最大的三种处理设施设备为沼气池、垃圾焚烧厂与垃圾填埋场。东部地区环保资金投入较多，垃圾分类工作成效更显著，垃圾处理机械化水平更高，故除填埋场和焚烧厂外，易腐垃圾快速成肥机的利用也日益增多。西部地区农村的环保资金投入少，填埋、简易焚烧和沼气发酵等处理方式更为常见，西部地区的村民收入来源以种植和务工为主，其产生的畜禽粪便和秸秆更适于用沼气池处理。

不同种类的垃圾应使用不同方式处理，更有利于将废弃物转化为资源与能源。对于我国已进行垃圾分类的地区，厨余垃圾（易腐垃圾）、可回收物、有害垃圾和其他垃圾均得到不同程度的分类处理。据调研，我国资源化处理厨余垃圾的村达 80.99%。其中，多数农村地区厨余垃圾运至镇或县统一处理，少数村采用阳光房堆肥、机器好氧堆肥和厌氧发酵等方式处理，西部地区资源化处理厨余垃圾的水平较东部、中部明显更低。可回收物在我国各地被鼓励回收或二次利用，其回收可大幅降低垃圾清运及处置费用，同时减少因混合垃圾分选产生的费用，使得经济利益最大化。东部和中部地区分别有 83.59% 和 96.15% 的村进行可回收物的分类与处置，而西部地区明显较少，仅为 57.50%。有害垃圾的处理处置尤为关键，其处理不当易对环境和人类健康造成巨大的危害。农村地区有害垃圾大多被运至有资质的单位或企业进行安全处置，但也有部分有害垃圾与其他垃圾混合处理。西部地区对有害垃圾分类处理不彻底，与其他垃圾混合处理的村达 39%，占比高于安全处置的村（36.59%）。我国大多农村地区的其他垃圾运至镇或县进行统一填埋或焚烧处理。东部和中部地区由镇或县集中处理其他垃圾的村较多（占比在 90% 以上），而西部地区许多农村主要采用集中简易填埋或焚烧处理，处理方式简单。由此可见，我国东部、中部地区农村生活垃圾处理更集中、更有效，处理和资源化利用水平高于西部地区。

在未实施垃圾分类的农村地区中，东部和中部的农村地区大多将垃圾运至镇或县统一处理，而西部地区由镇或县集中处理农村垃圾的较少，仅为54.20％。因西部地区垃圾处理的公共基础设施不足，无法满足垃圾产生量的处理需求，约28％的农村需由村民自行处理生活垃圾。

总体而言，我国农村生活垃圾治理水平良好，东部、中部地区治理成效高于西部。从调研结果可以看出，我国各地区根据各自的地理位置、气候条件、社会经济条件和农村生活垃圾的产生特征等选择具体的垃圾处理模式，因地制宜地开展农村生活垃圾治理工作。但我国农村生活垃圾治理方面也存在以下问题：

其一，生活垃圾治理资金投入不足且不平衡。我国90％的农村环卫基础设施都存在以下问题：垃圾箱桶简易且数量不足，缺乏专门的垃圾分类收运车辆，分类处理设施与城市相比稍显落后，农村垃圾处理体系覆盖率低，政府建设和后期运营资金保障不足，监管机制缺失。同时，东部、中部与西部地区环保资金投入存在明显差异，西部地区垃圾分类基础设施和处理设施设备不足且处理技术相对落后。

其二，缺乏充分的技术支撑和技术指导。农村垃圾的处置在技术上直接参考城市处置模式，针对性和专业性不足，技术运用合理性方面存在明显缺陷，适合我国农村生活垃圾处理的技术支撑体系还远远滞后于实际需求。

其三，农村居民垃圾分类与环保意识较差。调研发现，农村仍存在随地乱扔、随意丢弃或倾倒和露天焚烧垃圾的行为，也常出现不同类型垃圾混放、混运等现象。

农村生活垃圾治理在一定程度上可以反映农村公共服务体系与基层社会治理的短板，未来还需将农村环境置于城乡关系中，协同解决垃圾处理问题，改善农村人居环境。

5. 农村建筑垃圾处理现状

近年来，我国农村建筑垃圾总量也迅速增加，主要来源于农村居民翻建和装修房屋，残存危房的拆除和改造，农村基础设施更新和建设，以及农业设施拆除等方面（本调研涉及的建筑垃圾主要指农村自建及装修房屋产生的垃圾）。大量建筑垃圾的产生不仅侵占了土地资源，影响村容村貌，而且会造成空气、水体、土壤等污染，对乡村环境有重大负面影响。据统计，目前我国利用或集中处置农村建筑垃圾的农户占比较小，约为43%，多数农村未建立农村建筑垃圾"收集—运输—处理处置"的完备体系，镇或县（市、区）未设立建筑垃圾集中处理场地，故村民一般会在自家庭院或田地堆放、自行随意丢弃或焚烧，且此类处置方式占比较大；若采取村镇统一处理，则一般委托具备相应资质的单位或企业。就各地差异来说，东部地区农村居民对建筑垃圾再次利用和处理的比例最大；而中部、西部、东北地区的农村居民回收利用或交由村镇统一处理的比例相对较小，随意丢弃或倾倒、露天堆放、自行焚烧的现象更为常见。

总体而言，我国农村建筑垃圾的处理体系仍不完善，建筑垃圾的回收利用和处置水平较低。其治理存在的问题主要归于以下几点：其一，农村建筑垃圾治理缺少合理的规划。农村建筑垃圾基础设施建设不完善，缺少消纳场所，在收集、运输和处理环节也缺少足够的人力、物力和财力。其二，农村建拆改房缺少计划性。农村居民建房、改房等行为缺少计划性和条理性，未安排好建筑垃圾的堆放地点、运输方式、消纳场所等，导致建筑垃圾的倾倒、堆放和处理十分随意。其三，农村建筑垃圾和生活垃圾易混合。我国农村普遍未建立建筑垃圾处理机制，故建筑垃圾常与生活垃圾、生产垃圾等多种垃圾混合，导致建筑垃圾的回收利用和处置率大幅下降。

（二）生产环境治理现状

1. 农业生产废弃物处理现状

（1）农业废弃物统一处理情况　我国农业废弃物的主要特点是数量大、种类多、可再生利用等。农业废弃物的随意堆放、不加选择地燃烧对周围的生态环境造成了一定破坏，这也是产生农业农村污染的重要因素。本节中涉及的农业废弃物包括农药包装物、化肥包装物、废旧农膜、秸秆及畜禽粪污等。调研结果显示，全国54.25%的农村没有统一回收农业废弃物，但对农药包装物的统一回收处理力度较大，占比为31.83%。对比全国各地区，中西部地区自行处理农业废弃物比例高于全国平均水平，侧面反映东部地区农业废弃物统一处理比例较高，原因在于东部地区对农村环境整治力度大，环境投资多。

（2）农村秸秆处理现状　我国作为农业大国，各类农作物产量大、分布广、种类多。随着我国社会经济的发展，秸秆传统使用需求量减少，随意抛弃、焚烧现象严重，由此带来一系列环境问题。秸秆的处理方式多种多样，但是大多处理方式成本高、收益低。对农民来说，焚烧是最经济、快捷有效的处理方式，这也导致秸秆焚烧屡禁不止。近年来，秸秆焚烧已成为大气污染治理方面关注的主要污染排放源之一，易影响交通干线空气能见度，危害交通安全，甚至有可能带来火灾隐患。

秸秆可通过多种方式进行回收利用，如肥料化、饲料化、燃料化、基料化、原料化等。现阶段多数农村产生的秸秆用于还田、烧火做饭及作为家畜饲料等，而用于栽培食用菌、沼气发酵等处理方式的比例较小，即肥料化、燃料化和饲料化是当前农村秸秆的主要去向。

我国农村秸秆露天焚烧比例为 16.76%，东部和中部地区露天焚烧处理的比例低于全国平均水平，分别为 14.80% 和 16.13%；西部和东北地区略高于全国平均水平，分别为 19.43% 和 20.48%。我国农村秸秆统一回收率平均值为 17.87%，其中东部地区统一回收比例为 22.51%，高于全国平均水平；中部地区基本达到全国平均水平，比例为 17.07%；西部地区和东北地区秸秆统一回收比例略低于全国平均水平，这与我国各地区秸秆露天焚烧情况基本一致。中东部地区在秸秆"禁烧"及秸秆还田等资源化利用方面的政策宣传力度较大，农业技术发展更为先进，秸秆回收利用率较大。在秸秆的多举措回收利用方式中，以还田的方式处理占比最大。实践证明，秸秆还田可以增加土壤有机质，改良土壤结构，增加土壤孔隙度，促进微生物活力和作物根系发育。秸秆机械化还田是目前解决秸秆焚烧问题最主要、最有效的手段。

目前，东部地区超过一半的乡镇产生的秸秆由具备处理资质的单位或企业进行统一回收处理，而西部地区统一处理的比例只占 15.28%。东部地区在秸秆统一回收方面政府的重视程度、政策支持及农村居民的配合程度较好。但总体来说，我国有 70.09% 的秸秆处理工作由村民自行进行，其中，西部地区村民自行处理的占比最大。一方面，村民自行处理增加了村民还田作业的成本，以东北地区为例，要达到理想的还田效果，每亩作业成本增加 100 元左右；另一方面，由于配套农艺措施不完善及还田方式不成熟，秸秆自行还田后对农作物的播种和生长产生一定的负面效应，在一定程度上影响了村民秸秆还田的积极性。

（3）农药化肥使用及其废弃包装物处理现状　农药化肥的不合理使用对农业生态环境安全造成了严重威胁。经宣传、示范与推广，多数农民对过量使用农药化肥产生的危害有一定认识，但仍有部分农民认识不足。

《中国农村统计年鉴2020》显示，2019年我国农药使用量为139.17万吨，农用化肥施用折纯量为5 403.59万吨。调研结果显示，我国农村不使用农药和化肥村民占比较小，比例为16.71%，根据经验使用比例为23.29%，村民在农资店指导下使用的比例为40.38%。由于不同县、镇及村对农资经营店培训与管理方式、监管力度不尽相同，因此，在农资店指导下使用农药化肥时也可能出现不合理使用现象。总体上，我国农药化肥在使用过程中的规范程度仍较低，只有23.11%的村民家庭经村镇统一培训后使用化肥和农药，其中东部、东北地区占比高于全国平均水平，说明东部和东北地区在农药化肥使用时的培训与管理相对较好。

除农药的不合理使用造成污染外，农药包装废弃物的随意处置也是造成农药污染的一个重要原因。农药包装废弃物已成为危害人类健康与生存的重要污染源，许多国家已开始重视其回收处理，我国也有多地根据实际情况加强农药包装废弃物的管理。农业农村部和生态环境部联合发布的《农药包装废弃物回收处理管理办法》已于2020年10月1日开始施行，有助于推动建立健全回收处理体系，统筹推进农药包装废弃物回收处理等设施建设。

我国农村地区产生的农药包装废弃物中，直接丢弃的比例为25.71%，村镇或农资店回收的比例为53.96%。东部和东北地区农药包装废弃物统一回收的比例分别为70.09%和69.87%，高于全国平均水平。由于部分农民对农药包装废弃物危害性的认识程度不高，乡镇政府对废弃农药瓶（袋）处置方法的宣传较少，各方资金投入少，农村缺乏回收桶和转运车等硬件设施，完备的农药包装废弃物回收管理体系尚未形成，农药包装废弃物未能全部得到回收处理。

化肥袋在农村生产生活中产生的污染水平较低，对环境的威胁较小。全国农村地区化肥袋的处理方式主要有直接丢弃、自行回收利用、村镇统一回收及农资店统一回收等。化肥袋自身具有较高的回收利用价值，且回收利用方式较简易，故自行回收利用的占比最大，为40.61％。全国农村化肥袋自行利用或统一回收比例为86.86％，其中东部和中部地区回收利用率均高于全国平均水平，分别为88.20％和87.20％。

（4）农用废旧地膜处理现状　农膜应用技术是近年来推广的先进适用技术，为我国农业发展作出了重要贡献。但随着农膜用量和使用年限的不断增加，农田残膜越积越多，对生活环境和农田造成了一定的污染。《中国农村统计年鉴2020》显示，2019年我国农用塑料薄膜使用量为240.77万吨，其中地膜使用量为137.92万吨。调研显示，全国各地区农村不使用地膜的农民占比为25.06％。近年来，农用地膜的使用量正逐年减少，但对农田和人居环境仍存在一定污染。废旧地膜的处理方式有直接丢弃和回收利用两大途径，其中回收利用分为自行回收利用、村镇统一回收及农资店统一回收三类方式。整体而言，当前全国农村地区得到回收利用的废旧地膜占比为81.58％，高于国家统计局公布的60％回收率（2018年度）。与此同时，不同区域间的废旧地膜回收率存在一定差异，东部、东北回收利用比例高于全国平均水平，而中部和西部地区回收利用比例略低于全国平均水平。此外，值得注意的是，相较于统一回收，废旧地膜的自行回收利用比例表现出较高水平，占比为31.51％，这可归因于农膜回收价格偏低，难以调动农民将废旧地膜统一交售专门机构的积极性，加之补助资金相对较少，尚不具备支撑产业大力发展的条件。

（5）农村畜禽养殖及畜禽粪污处理现状　我国畜牧业逐步向标准化、规模化、产业化方向转变。国家统计局数据显示，2019年我国肉类产量为7 758.78万吨，牛奶产量为3 201.24万吨，禽蛋产量为3 308.98万吨，畜牧业在我国农业总产值中占较大比重，人们对肉蛋奶的需求量较大。但在畜牧养殖的过程中会产生废弃物，如粪污、污水、有害气体及病菌等。这些污染物如果未经处理直接排入环境中，易造成生态环境破坏，影响人类的生活质量与健康安全。

我国农村有畜禽养殖的家庭占60.68％，其中家庭小规模圈养占比较大，养殖场养殖占比较小。对比全国各地区，西部和东北有畜禽养殖的农户占比高于全国水平，分别为67.04％和71.46％；东部和中部地区畜禽养殖农户占比略低于全国水平，分别为 55.83％和 59.37％。全国农村地区存在大型畜禽养殖场的村庄所占比例为 25.50％，中部和西部地区比例分别为 32.11％和 34.86％，高于全国平均水平。目前，我国对农村人居环境的管控力度不断加强，在东部地区如江苏、浙江等地区的农村，对畜禽养殖废弃物的无害化处理要求尤其严格，一定程度上限制了中东部地区农村涉及畜禽养殖的农户数量。

我国畜禽粪污处理方式有作为肥料施入农田、自建沼气池发酵、排入污水处理管网、由村镇统一处理等。其中，作为肥料施入农田是处理畜禽粪污的主要方式，通过沼气发酵方式处理占比次之。全国农村畜禽粪污由村镇统一处理的比例只有 18.28％。其中，东部和东北地区统一处理的比例分别为 23.63％和 20.43％，高于全国平均水平；中部和西部地区统一处理的比例分别为 16.65％和 10.38％，略低于全国平均水平。一定程度上可以认为东部和东北地区对畜禽粪便的处理处置较为系统化、专业化。

全国乡镇对畜禽粪污处理方式有沼气发酵、作为农田肥料直接还田、直接排放、由镇内具备处理能力的单位或企业统一处理，以及由具备处理能力的县级及以上单位或企业集中处理等。不产生畜禽粪污的乡镇占比为 6.78％，以沼气发酵和直接还田为主要处理方式的占比为 54.24％，由镇内单位企业和县级以上单位企业进行处理的比例分别为 21.19％和 7.63％。以上数据表明，农村畜禽粪污主要通过村镇原位处理，以达到无害化、资源化利用的目的。将东西部地区相比较，东部地区畜禽粪污处理率大大高于西部地区，同时也高于全国平均水平。其主要原因在于东部（如上海、浙江、江苏等地）各级政府近年来对农村地区的环境保护投入资金较大，在东部地区农村建立了较为完善的废弃物管理模式，形成了较为完备的环境保护措施等。

综上，我国农村秸秆综合利用率、农药包装废弃物回收利用率、废旧地膜回收利用率和畜禽粪污处理率均较高，其中秸秆和畜禽粪污自行处理的比例最大。东部地区的农业废弃物处理处置与资源化程度优于中部、西部和东北地区。总的来说，我国农村农业废弃物处理与资源化利用工作仍有很大的提升空间和前景。主要表现在以下三个方面：

一是农业废弃物资源化利用的资金投入力度不够。由于政府资金投入不足、市场化程度低，农业废弃物利用现状难以适应当前社会生产发展的需要。

政府的资金投入具有区域性差异，各地农业主管部门对农业废弃物利用的扶持力度不够，大部分农村地区基础设施不完善，相关技术装备水平仍较落后，农业科研能力薄弱，无法有效转化农业废弃物，资源化循环利用率低。

二是农业废弃物资源化利用技术标准与规范不明确。农业废弃物资源化利用技术水平低，如秸秆还田时机械化粉碎程度不高、缺少生物腐熟菌剂等导致秸秆肥料化利用效果差。畜禽粪便利用方式粗放，多数为直接还田或堆放发酵后还田，未经过高温堆肥的粪便中带有大量病菌、虫卵，还田后容易造成二次污染。

三是农业废弃物资源化利用意识不强。农业废弃物资源化利用仍处于起步阶段，政府在农业废弃物资源化利用方面宣传力度不够，农户对农业废弃物综合利用的认识还不到位。另外，由于农业废弃物产生地域分散，收集难度大，农户收集、出售农业废弃物成本过高，再加上收储运体系不健全，使得农户对农业废弃物资源化利用的积极性不高。

2. 农村工业固废处理现状

调研结果显示，在全国产生工业固体废弃物的乡镇中，采用最多的处理方式为由乡镇内具备处理资质的单位或企业进行处理，其次为由具备处理资质的县级及以上单位或企业进行处理，再次是企业自行回收再利用。在农村工业固体废弃物的集中处理方面，东部地区具备较为完善的市场处理机制，其工业固废集中处理率可达 100%，而西部地区受经济发展水平、地理环境、交通等条件的制约，其处理率不到 90%。

3. 农村医疗废弃物处理现状

医疗废弃物是医疗机构在诊疗或预防过程中产生的具有感染性和毒性的废弃物，其管理及带来的健康和环境风险一直是全球普遍关注的问题。对医疗废弃物的处理要遵循以下几个原则：一是要消除污染，避免伤害；二是要统一分类收集、转运；三是要集中处置；四是必须与生活垃圾严格分开，严禁混入生活垃圾排放；五是在焚烧处理过程中要严防二次污染，必须达标排放，例如焚烧过程中产生的飞灰亦为危险废弃物，要妥善处理。

目前，国家普遍采用无公害方式处理医疗废弃物，各省份以市为单位对医疗废弃物就近收集集中处理，在不具备集中处理条件的地方，自行对医疗废弃物进行焚烧、填埋等处理。新冠疫情以来，各地对医疗废弃物的管理更加严格，河北、安徽等省份相应发布通知严禁医疗废弃物混入生活垃圾处理系统。

从全国来看，近些年政策的支持与市场的逐步健全，促进了各类固体废弃物回收企业的发展，使我国乡镇医疗废弃物95％以上得到了集中处理，其中，采用最多的处理方式为由镇内具备处理资质的单位或企业进行处理。在集中处理方式上，东西部地区有明显不同，东部地区60％以上的医疗废弃物由具备处理资质的县级及以上单位或企业进行处理，而西部地区65％的医疗废弃物由镇内具备处理资质的单位或企业进行处理。产生这种差异的原因在于东部地区较西部地区人口集中、交通便利，运送至县区或市区的成本相对较低；而人口分散、交通不便的西部地区选择在镇域内处理医疗废弃物是相对经济的方式。

总的来说，我国农村对于医疗废弃物的处理有一定的工作基础，但还不成熟，其合理性和科学性有待进一步完善，考虑到医疗废弃物中可回收利用资源的二次利用，如何建立科学的城市医疗废弃物回收体系、合理规划回收网络是迫切需要解决的问题。

(三) 环境管理现状

改革开放40多年来，我国环境治理体系与治理能力不断完善，乡村环境治理经历了政策初创期、制度开拓期、全面加速期和总体深化期四个阶段。党的十九大报告指出，加快生态文明体制改革，建设美丽中国。农村环境治理是关系到美丽中国建设的全局性问题，当前我国农村环境治理尚未形成统一的治理战略与有效的管理体制，为农村环境治理带来了严峻挑战。如何把制度优势更好地转化为治理效能，综合运用行政、市场、法治、文化、科技等多种手段，全面提升生态环境治理能力现代化水平，推动生态文明建设和促进生态环境保护，是一个需要长期思考的问题。

1. 农村环境治理资金保障机制建立现状

资金到位、机制保障能有效地为农村环境整治工作保驾护航。各地区的环境治理资金来源主要有乡镇及以上政府、村集体、村民自筹、企业或社会团体及其他渠道。其中，政府为主要资金来源，全国有81.52％的农村地区环境治理资金来源于政府，政府直接拨款占绝对主导地位。由于东部地区市场发达，盈利空间大，可以让社会资本占较大份额，东部地区政府拨款占比略低；中西部地区盈利空间较小，政府出资占比大。西部地区村民自筹比例相对较高（19.54%），这与西部地区环境服务收费制度的施行有较大关系。调研显示，西部地区存在资金不足、资金保障体制不完善的问题，虽然西部地区开展生态环境建设可以得到一定的经济补偿，但是尚不能满足地方经济发展的需要；此外，东部地区的援助亦难以直接体现在生态补偿上，亟须整合国家层面的生态补偿政策和措施，细化补偿标准，建立长效的补偿机制。在政府出资占绝对主导地位的大前提下，为确保各地区农村人居环境整治的资金切实用到相关项目上，政府部门应设置严格有效的资金监督管理机制。一是要完善资金监管制度。加强农村人居环境整治项目资金的计划管理，确保每笔资金的使用情况都有全流程的记录。二是要引导公众参与监督。构建信息平台，方便社会公众监督。另外，国家和地方政府的补贴份额应进一步根据不同区域的经济发展水平、农户的贫困程度、是否是重要水源地生态保护区等指标灵活调整，有效助力全国各地区农村环境治理问题的解决。

环境收费制度是开展环境管理、运用经济手段规范村民环保行为的有效方式之一，也是农村环境治理资金保障机制的重要一环。在全国范围内，环境服务不收费的农村占比为74.50%，中部、东部地区环境服务不收费比例高于全国平均水平，西部地区环境服务不收费比例明显低于全国平均水平（57.71%）。总体来说，主要收费内容包括生活垃圾处理、村庄日常保洁和生活污水处理等方面。农村环境服务从无偿到有偿，既是农村人居环境优化的必然趋势，也是促使村民重视和参与环境整治的重要举措。东部地区除中央和地方政府资金政策支持外，也积极探索通过PPP项目等市场化方式引入社会资本，资金相对充足，故环境服务不收费的农村占比较高。对于西部地区来说，引入农村环境服务收费制度是解决农村环境治理问题的一大抓手，通过施行农村环境服务收费制度有利于落实"加强引导、转变观念"的理念，将环境服务有偿制度与环境保护等宣传教育工作相结合，加快形成村庄有偿服务、村民自觉维护环境的良性管理机制。

2. 农村环境治理宣传教育工作开展现状

农民生态环保意识薄弱是农村环境治理存在的重要问题，加强农村环境治理宣传教育的重要性越发突出。从全国范围来看，垃圾分类处理、秸秆焚烧、植树造林、农药施用、绿色生活方式等宣传都有所涉及，只有极少数村庄（4.35％）未开展任何环保教育与培训。不同地区所开展的环保教育及培训侧重点有所不同，东部地区设立环保教育基地的乡镇占比较高（74.29％），环境保护宣传力度较大，垃圾分类与绿色生活方式是主要宣传内容，与当下推进垃圾分类、倡导绿色生活的政策环境有较大的关系。西部地区设立环保教育基地的乡镇占比较低（22.50％），主要环保教育内容为垃圾处理、植树造林、农药施用。中部地区环保教育则主要围绕秸秆焚烧、植树造林等进行。针对中西部地区环保宣传力度弱的问题，有关部门需大力开展环保宣传教育，提高各级政府部门、企业和广大人民群众的环保意识。

在秸秆禁烧、综合利用等方面，国家出台了多项政策，禁止露天焚烧和综合利用工作取得了积极进展，露天焚烧火点数明显减少，秸秆利用率也在不断提高。如何做好秸秆禁烧，让群众知晓秸秆禁烧的具体政策最为关键。全国范围内秸秆禁烧政策群众知晓率约在81.92％，中部和东北略高，分别为84.40％和84.50％，西部水平偏低（78.85％），东部接近于平均值。总体来说，西部地区对秸秆禁烧政策的宣传力度较为薄弱，亟待完善秸秆禁烧工作机制。可通过宣传教育强化群众环保意识，如在村庄中召开群众见面会、张贴政府公告和宣传标语、驻村党员干部巡村检查督导等，确保全村范围内"不燃一把火、不冒一处烟、不留一片黑"。

3. 农村环境治理长效管理制度建立现状

全国各地乡镇制定的与环境治理相关的政策与制度以"环境治理工作责任到人、环境治理工作奖惩制度、环境治理项目或治理服务公开招投标制度、环境治理专项工作领导小组"四项为主。东西部地区略有不同，东部地区四项政策比重均较高，侧面说明了东部地区各项政策较为全面、成熟；西部地区"环境治理工作奖惩制度、环境治理项目或治理服务公开招投标制度"比重相对较低，表明西部地区的环境治理政策体系还有待完善。西部地区部分工程项目在兴建时耗资巨大，但在招投标、监管和后期维护的过程中却往往疏于管理，存在生态建设工程前期论证不够、缺乏充足科学依据、没有因地制宜、生态服务功能价值评估和综合决策机制不完善等问题，进而产生如草原上种树等违背自然规律的生态建设项目。总体来说，在环境治理政策体系上，西部地区仍需进一步探索与完善，如何打造多元化的资金筹集机制、全方位的监督考核机制、全覆盖的宣传动员机制是眼下的着力方向。

完善生态环境监测网络需要数据互联共享与大数据平台支撑，通过建立环保大数据中心，整合相关部门内部分散数据，形成庞大的数据体系，可为生态环境保护决策、管理和执行提供数据支持，为实现农村环境长效治理提供平台支撑。东部地区有 88.89% 的乡镇建有环境监测基础数据共享平台，西部地区仅有 32.50%，差异显著。东部地区网络技术与云计算等公共设施都已具备，"智能＋环境产业"的运行模式显著改变了原有的建设管理和运营模式，大幅度降低了环境工程投资和运营费用，提升了治理质量水平，是为政府分担、缓解财政压力、推动企业发展的有效工具。为缩小东西部差距，西部地区亟须加快生态环境监测信息传输网络与大数据平台建设，开展大数据关联分析，积极培育生态环境监测市场，有序推进环境监测服务社会化、制度化、规范化。

4. 美丽乡村创建率现状

美丽乡村创建是改善人居环境、加速城乡一体化进程、促进经济全面发展的重要举措，是创造农民幸福生活、改善生态环境的重要内容。全国东部、中部、西部美丽乡村创建率差异显著，东部地区美丽乡村创建率为 92.05%，中部地区为 85.32%，西部地区为 83.14%，全国总体水平为 87.82%，与三个区域经济水平呈正相关关系（国家统计局数据显示，2019 年，各地区农村居民人均可支配收入：东部 22 613 元，中部 15 177 元，西部 12 817 元）。由于我国东部、中部、西部经济发展不平衡，资源禀赋、社会基本状况等存在差异，使得环境治理工作也存在较大不同。近年来，东部地区一些乡镇把发展乡村旅游作为促进美丽乡村建设、推动城乡一体化发展的重要抓手，成立了美丽乡村领导小组，先后打造"美丽乡村示范村""无废乡镇"等一批项目，按照"点、线、面"实施路径推进美丽乡村创建，搭建了生态、产业与旅游全面发展的综合平台。中部、西部地区美丽乡村创建率明显偏低，推动全域美丽乡村建设、实现西中东部并蒂开花是生态文明建设道路上的关键一环。

5. 农村环境治理工作民众满意度现状

环境的好坏直接关系到农民的生活质量，而农村环境治理工作的有效与否主要由民众的满意度体现。调研数据显示，我国有 53.36% 的农村居民对当地环境治理和环保宣传工作的满意程度为一般，27.67% 的农村居民比较满意，9.05％的农村居民非常满意，6.96％的农村居民比较不满意，2.96％的农村居民非常不满意。各地区满意程度（东部、中部、西部、东北）调研结果基本一致，东部地区有10.96％的农村居民对当地环境治理和环保宣传工作非常满意，中部地区有8.52％的农村居民非常满意，东北地区有9.07％村民非常满意，而西部地区非常满意的占比仅为6.08％，合格率与非常满意率表现出类似的差异。从以上数据可以直观看出，东部地区的村民对于环境治理与环保宣传工作较为满意，而西部地区的村民满意度最低。开展农村环境综合治理的关键在于全民参与，全民参与的核心是广大农民思想观念的转变。经问卷、走访调研，东部地区对于农村环境综合治理的宣传工作明显更加到位，开展农村环境综合治理工作深入民心，基本形成了全民参与的态势，而我国其他地区的环保宣传工作仍有待提高。

整体来看，过去我国环境治理方面一直存在着"重城市、轻农村；重工业、轻农业；重点源、轻面源"的问题，近年来虽有所改观，但农村环境治理依然是整个社会环境治理的薄弱环节。全国各地区农村环境治理的突出问题集中表现在环保基础设施不完善、资金和人才不到位、农民生态环保意识薄弱上，也存在宣传不到位、方法不恰当、制度不健全等问题。由于我国不同地区的社会经济状况发展不同，且在产业类型、环境标准、环保技术等方面存在差异，东部、中部、西部的环境污染及其管理状况呈现不平衡的状态，东部地区相对中西部地区优势明显。目前，简陋的环保设施和落后的管理制度已不能满足西部地区社会经济持续发展的要求。与西部相比，东部的美丽乡村创建率明显较高、环境监测基础数据共享平台建设情况较为良好。东部地区对于农村环境综合治理工作的宣传更加到位、环境治理体系更为完善，中西部地区的相关环境治理工作仍有待提高。东部地区应充分利用其较好的投资环境和丰富的人力资源，借鉴发达国家的环境标准，吸纳成熟的环境技术在本地区推广应用。西部地区则要避免盲目追求经济发展而忽视环境保护的做法，要以本地区的资源与环境承载能力作为重要前提，加强政府政策实施的综合协调作用，转变生态环境保护和管理目标，完善财政转移支付政策和生态补偿机制，强化政策评估与绩效考评。

二、存在的问题

1. 乡村环境治理区域差异仍较大

在经济发展水平、地理气候条件、产业发展结构、自然资源禀赋等因素的制约与影响下，我国乡村环境治理水平和成效区域差异仍较大。在乡村人居环境整治方面，围绕农村垃圾、污水、厕所"三大革命"及饮用水安全保障的工作，各地区推进程度不同。东部地区环境治理工作基础扎实，基础设施较为完备，部分发达地区环境治理工作进入经验总结阶段（如浙江的"千村示范、万村整治"工程经验），其生活污水纳管处理的户占比（26.06%）、卫生厕所普及率（80.45%）及自来水入户率（61.15%）明显优于其他地区；而经济发展水平相对较低、地理环境气候条件受限、乡村人口分布稀疏的西部地区，大多尚未建设污水处理厂和铺设污水管网，存在垃圾分类处理终端体系缺失的现象，难以形成垃圾处理的规模效应，生活污水纳管处理的户占比（15.45%）和生活垃圾分类率（59.09%）远低于全国平均水平（21.12%和66.43%）；而东北地区在全国普遍推行垃圾分类制度的背景下，垃圾分类率显示出一定优势（东北：72.78%；全国：66.43%），但（水冲式）卫生厕所普及率（66.36%）和自来水入户率（49.91%）却都不及其他地区。

与人居环境整治不同，在乡村生产环境治理方面，治理地区域差异性与经济水平的相关性较低，产业结构及产业规模化程度等因素的影响更加明显。其中，东北地区农业生产规模大，废弃物集中处理优势明显、处理技术发展动力充足、资源化市场需求较大，农药废弃包装物（69.87%）、化肥包装袋（40.71%）、废旧地膜（41.03%）等废弃物的统一回收利用率均处在优势地位，整体治理水平与具有经济发展优势的东部地区旗鼓相当；西部地区受地理环境、自然禀赋等因素的影响，农业规模化程度较低，农业废弃物统一处理模式不够完善，秸秆和药肥地膜的统一回收利用率均远低于全国平均水平。

在乡村环境管理方面，经济水平的影响起到了决定性作用，东部相比于西部表现出了绝对优势，东部的要素供给和整合处于各地区领先水平。

在资金保障方面，东部地区的多元供给、多方合力趋向明显更强，东部地区拥有环境保护基地的乡镇和环境监测数据共享平台的乡镇占比都在70%以上，而西部地区处于35%以下。

2. 乡村环境治理瓶颈仍存在

"在生态环境保护上一定要算整体账。"乡村环境治理是一个整体概念，针对生产、生活和生态环境即"三生"环境的治理共同交织成了乡村环境治理的有机结构。当前我国乡村环境整体质量得到改善、治理水平得到提升，但仍面临不可忽视的治理瓶颈。生活污水集中处理率仍处于较低水平。全国农村仅不到 1/4 的住户实现了生活污水的集中纳管处理，且已有的污水处理设施普遍存在"建而不用""用而无效"的问题。生活垃圾不合理处置率依然较高。全国约有 27％的农村住户未对农村生活垃圾进行合理处置，存在不少随意丢弃、倾倒和露天焚烧垃圾的现象。农村建筑垃圾处理利用能力有待提升。在生活垃圾分类制度大力推行和农业面源控制工作持续开展的背景下，大宗固废建筑垃圾的处理利用情况显得较为不容乐观，目前全国农村建筑垃圾合理处置的户占比仅为 43.43％，远低于生活垃圾合理处置的户占比（72.88％）和多种农业废弃物的回收利用率（农药包装废弃物统一回收率 66.46％、化肥袋回收利用率 86.86％、废旧地膜回收利用率 81.58％）。

3. 环境治理体制机制仍有待完善

2020 年 3 月，中共中央办公厅、国务院办公厅印发了《关于构建现代环境治理体系的指导意见》，指出要"实现政府治理和社会调节、企业自治良性互动，完善体制机制，强化源头治理，形成工作合力，为推动生态环境根本好转、建设生态文明和美丽中国提供有力制度保障"。但目前，我国乡村环境治理体制机制仍不够健全，一些地方尚未建立农村环境综合治理工作的长效推进机制和合力工作模式。在治理主体方面，多元主体协作机制缺失，政府单一推动而民众社会力量缺位（全国农村环境治理资金有 81.52％来源于政府），具体表现为民众主体作用未能充分发挥，社会资本参与度有待提升，市场化运作机制尚不健全，全民行动体系尚未构建；在治理制度方面，各类法律法规分散化，覆盖领域不全面，且可操作性不强；在治理资源方面，各类治理要素未得到有效流通和整合，资金缺口仍较大，实用技术和人才不足（全国有过半数的村干部认为所在村庄资金人才不到位、基础设施不完善）；在宣传引导方面，宣传教育平台数量不足，宣传手段和方式有待强化创新，村民生态环保意识依然需要进一步提高（有 51.27％的村干部认为农民生态环保意识薄弱）；在监督管理方面，基础设施运维管理长效机制缺失，存在管理主体不明确、运维资金落实不到位、运行管护人员不足、规章制度不健全等问题，多方合力监督体系尚未建立，数字化监管体系与模式有待进一步完善和推进。

4. 整体质量与民众期望存在差距

在过去两年里，我国生态环境质量持续好转，稳中向好趋势继续保持，农村环境治理成效明显，但随着"两不愁三保障"问题的全面解决，在生态文明理念、绿色发展意识、"两山"转化思想的广泛认同和深刻影响下，广大人民群众对乡村"三生"环境提出了更高要求。当前乡村环境整体质量和治理水平与人民群众的期望仍然存在一定差距，农村生活垃圾乱扔、生活污水乱排、厕所脏乱差等环境问题依然存在（全国有超过 30％的村民反映存在农村生活垃圾乱扔和生活污水乱排问题，有近 30％的村民反映存在厕所脏乱差的问题）。而在民众满意度上，全国农村环境质量民众不满意率仍近 10％，环境治理工作和环保宣传工作民众不满意率达 11.50％。

三、发展需求

（一）我国乡村环境治理趋势分析

1. 人口变化下的乡村环境治理趋势分析

乡村环境治理关键靠人。在影响乡村环境治理趋势的众多因素中，人口变化是其中至关重要的一环。近年，我国乡村人口数量、人口年龄结构及乡村数量和规模都发生了显著的变化。在人口数量方面，乡村人口优势不再。国家统计局数据表明，2000—2019 年，在城市化进程加快的背景下，乡村人口数量逐年下降，降幅超过 30％，而城镇人口的数量涨幅近 1 倍。2011 年，乡村人口首次被城镇人口超越，随后两者差距逐渐拉大。有专家预估，到2030 年乡村人口的数量会减少到 4 亿左右。在年龄结构方面，老龄化特征愈加凸显。国家统计局数据表明，2000—2019 年，我国 65 岁及以上人口的数量呈持续上升趋势，增幅为 99.56％。老年人口占比也从 2000 年的 6.96％上升至 2019 年的 12.57％。据预测，到 2030 年我国的老龄化率将达到 30％左右。在乡村数量和规模方面，集聚化和空心化特征并行。部分地区乡村数量减少而规模增大，呈集聚化趋势。此外，也有部分地区由于客观自然条件、城市化进程等因素影响，其乡村数量与规模两要素同时下降，反映出我国乡村变化的空心化趋势。

在乡村人口数量减少、人口结构老龄化和乡村分布两极化（乡村集聚化和空心化）的趋势下，我国乡村环境治理所面临的机遇和挑战并存。当下，我国面对直接治理主体缺位和粗放式、抛荒式经营加剧两大挑战。首先，农民作为乡村发展的基础力量、直接参与者和见证者，其数量不断减少，导致乡村环境治理的"一线"力量锐减。同时，城市化进程作用下乡村流失人口中青年占比高，进一步凸显出乡村环境治理的人才短板。其次，在劳动力缺失、非规模化种植效益低等多重因素的影响下，我国农村大部分地区的耕作方式已由传统的精耕细作转向粗放式甚至抛荒式经营，在单位土地上投入的生产资料和劳动力大幅下降，取而代之的是大量化肥的施加，使得土壤板结、面源污染等问题日益严重。虽然如此，我国乡村治理现代化也面临着重大机遇，例如空间格局的统筹优化和农业现代化步伐加快等。随着乡村集聚化趋势的发展，以前散落的村庄得到整合，方便村民日常生活的同时也节约了大量住房用地，这些节省的土地可进一步转化为耕地资源。此外，乡村集聚化后，生活垃圾和污水的收集运输更加方便，为后续处理节省了费用。同时，随着现代科技的发展和运用，现代农业生产过程普遍机械化、生产规模逐渐集约化、生产经营转向市场化，为农民发家致富提供新机遇的同时，也为乡村环境治理带来了新的转机。比如现在东北商品粮产区已基本进入集约化生产模式，产生的秸秆收集运输更加便利，吸引更多的企业主动投入秸秆的回收利用研究中。

2. 经济结构变化下的乡村环境治理趋势分析

乡村经济是我国国民经济的重要组成部分，对乡村生态环境改善、精神文明提升、社会秩序稳定等方面有着重要影响。目前，我国已全面建成小康社会，打赢脱贫攻坚战，现行标准下农村贫困人口实现脱贫，贫困县全部摘帽，乡村经济发展迎来新局面，乡村环境治理也将随之持续跟进。在乡村社会经济发展层面上，我国乡村经济结构正在朝着工业化和现代化的方向发展，经历着从低级到高级的发展历程，主要体现为农业现代化发展、工业和服务业加速发展和提档升级。除此之外，农业内部、乡村经济各行业内部的结构也在发生着相关变化，比如种植业占比逐渐减小，牧渔林业占比逐渐增大，更多先进的科学技术融入农业生产之中，改变了生产方式，加快了产业发展。

新的乡村经济结构将带来一系列影响，从目前形势来看，我国乡村第二、三产业对乡村经济社会的发展贡献度越来越大，其发展势头不容小觑，但也随之加剧了乡村环境污染，使得废水、废气、固体废弃物等污染源呈现多样化，乡村环境受到不良影响，环境治理难度不断加大。针对该问题，乡村环境治理体系中必须强化"谁污染、谁治理，谁污染、谁付费"的原则，明确环境治理的参与主体和方式。与此同时，乡村环境治理需依托新的绿色发展理念和思路，促进资源化利用与可持续发展，以此推动环境治理现代化与乡村经济现代化发展接轨。

3. 生活方式与观念变化下的乡村环境治理趋势分析

中国要富，农民必须富。新中国成立以来，党中央、国务院高度重视改善人民生活，始终把提高人民生活水平作为一切工作的出发点和落脚点。党的十八大以来，国家多措并举，深挖农业内部增收潜力，拓宽农民增收渠道，农民收入快速增长，广大农民群体的日常生活发生了显著变化。

随着农村居民生活水平快速提升、消费结构显著变化，乡村环境废弃物处理压力明显增加。当前，我国农村居民收入渠道日益多元化，可支配收入持续快速增长，消费方式从生存型消费转向享受型、发展型消费。在消费水平普遍提升和消费结构明显变化的双重作用下，进入农村居民生活中的消费品数量和种类增加，由此衍生的固体废弃物也表现出产生量的快速增长和组成上的复杂化、多元化、非生态化特征。有研究指出，当前我国农村生活垃圾产生量已近 2.0×10^8 吨，这对农村环境治理的"硬"（基础设施建设）、"软"（民众积极性调动）能力都提出了更高的要求。

农村居民绿色生活观念逐渐增强、治理主体意识逐步形成，乡村环境治理民众基础更加坚实。当前，我国农村人口受教育水平大幅提升，农民群众个人素质和知识储备不断增强，农民生活观念不断转变。各级政府组织与环保组织通过新媒体在"环境保护"和"绿色发展"主流价值观宣传与教育上共同发力，广大农民群众逐步提高对环境质量和环境污染的关注，"绿水青山就是金山银山"的发展理念逐渐深入人心，促进了乡村治理过程中农民主体意识的形成与完善，提高了农民参与乡村环境治理的意识与积极性。在农民绿色生活观念逐渐增强和治理主体意识逐步形成的背景下，我国乡村治理的民众基础更加坚实。新时代的乡村治理也应该更多地从广大农民群众出发，做到治理为了人民、治理依靠人民、治理成果由人民共享。

（二）我国乡村环境治理需求分析

1. 国家层面治理需求分析

中国乡村环境治理是一项复杂的工程，需要多方参与、共同发力、协同治理，其中国家和省级政府通过政策和方针路线的制定，来实现对乡村环境治理的引导和调控，在乡村环境治理环节发挥着不可替代的作用。一方面，国家和省级政府通过自上而下的资源输入，维持着对乡村的持续影响力；另一方面，国家和省级政府通过政策制定与调节，保持对乡村的控制能力。

国家和省级政府积极参与农村环境治理，需要专业人员的意见建议。国家和政府在做决策时，需要专业领域的学者和专家积极献言献策，深入进行乡村环境调研，针对中国发展不平衡的国情，进一步分析提出针对性建议，使我国的政策制定更加科学化，资金使用更加公平化。

国家和省级政府积极参与农村环境治理，需要下级政府的贯彻落实。从古至今政策最难的不在于制定，而在于执行和落实。下级政府要明白自己的责任和义务，尤其是基层政府，作为政策落实的"最后一公里"，定要牢记自己的使命，切实为农民做实事，助力乡村美丽建设。

国家和省级政府积极参与农村环境治理，需要相关技术的推陈出新。因为社会的发展主要靠技术，乡村环境的治理也极大程度依靠技术。亟须推动更有针对性和实用性的乡村环境治理技术的研发，并加以推广，以促进乡村环境治理速率的提升。

国家和省级政府积极参与农村环境治理，需要新媒体的宣传和村民的配合。政策的制定和落实十分重要，需要百姓的配合，更需要大众的评判。媒体应固本夯基、筑垒扬旗报道对中国发展有利、对乡村振兴有帮助的事实。村民应积极配合，推进生态宜居、乡风文明、治理有效新农村建设的步伐。

2. 基层组织层面需求分析

基层组织是乡村环境治理的主体之一，本节主要是指乡镇政府和村委会。其中，乡镇政府是整个乡村建设的主力，也是直接接触农村的政府部门。村委会则负责管理和实施农村事务，在乡村环境治理过程中具有"桥梁"作用。

两者应加强协作，共同应对乡村环境治理问题。

基层组织切实推进乡村环境治理，需要充足的环境保护资金。治理好乡村环境并运行维护好治理成果，需要大量资金投入，而当前农村普遍存在环境整治设施设备不足且低质的现象。因而，需要乡镇企业带动发展，以增加乡村环境治理的资金。

基层组织切实推进乡村环境治理，需要良好的法治环境。目前，农村的法治环境不容乐观，基层组织在处理乡村环境保护事件时，极易出现违法而不自知，或不良行为难以得到惩处等现象。在乡村环境治理过程当中，乡镇企业造成的污染占比较大，且环保意识和管理水平相对较弱，若政策和法律法规没有强制性限制，企业也难以积极投入到环境保护中。因而，基层组织需要更加完善的法律来协助乡村环境治理，亟须出台更贴合实际的乡村环境保护法律法规。

基层组织切实推进乡村环境治理，需要村民的广泛参与和共同努力。农村居民应该充分发挥主体作用，积极有效地参与到乡村环境治理过程中。基层组织在进行乡村环境整治行动时需要村民予以充分的理解与支持，积极配合乡村污染防治工作开展，共同参与治理，共享治理成效，坚决从源头做好环境污染防控工作。

基层组织切实推进乡村环境治理，需要配套的部门和组织。目前，我国县级以下基层组织几乎没有专门的环境保护机构。大多数乡镇没有环保机构和配套人员，容易出现职能部门空缺和职责不明确的现象，这将导致农村环境保护的监管工作难以有效开展，从而影响了乡村环境治理。因此，基层组织需要与各相关部门协作，落实好乡村环境治理的有关工作。

3. 民众层面治理需求分析

加强乡村生态环境治理，不仅是民心所向和客观所需，也是实施乡村振兴战略的重要引领和应有之义。农民群众作为环境治理的亲身参与者和直接受益者，是环境治理的关键所在。

民众积极参与乡村环境治理，需要有效的宣传引导与教育培训。村民主体的自利性是其投入行为的逻辑起点。能否获益是村民决定是否积极投入环境治理的根本原因，要让村民明白，环境治理能为自身带来好处，不仅包括眼前直观的变化，还有未来可预见的潜在益处。政府作为宣传建设的主要承担主体，应该聚焦农民群众最关心、最现实、最急需解决的村庄环境难题开展宣传建设，利用宣传教育手段引导农户积极投身到环境治理中去，增强农民群众的获得感、幸福感。

民众积极参与乡村环境治理，需要长效的监督管理与奖惩机制。鉴于部分村民环境保护意识不强的现状，可以建立乡村环境治理监管奖惩制度。综合考虑污染防治形势、经济社会承受能力、农村居民意愿等因素，确定奖惩标准。通过结合"民事民治、民事民办、民事民议"的方式，推动形成民建、民管、民享的长效机制，在村庄环境整治中培育自治，在自治中给村民带来看得见的实惠，激发村民治理环境的内生动力。

4. 企业层面治理需求分析

在乡村环境治理工作中，大多数具有专业环境监测、污染物处理处置技术装备的环保企业，能够为农村环境治理提供较为完善的管理模式，针对乡村产业发展、乡村旅游等方面提出较为合理的治理建议和规划，在治理中发挥着重要的作用。

企业参与乡村环境治理，需要政府的政策保障。各级政府在制定与环保产业有关的法律法规及政策措施时，要以促进我国环保产业健康、稳定发展为目标，努力调动环保企业参与乡村环境治理工作的积极性。同时，政府应当健全知识产权保护制度，为企业的创造性生产提供保障，进一步激发企业的研发动力。

企业参与乡村环境治理，需要政府的资金支撑。新技术的研发往往受到人力和物力的限制，政府应当拿出部分资金建立一系列扶持项目，鼓励和引导环保企业积极参与乡村环境治理活动。同时，政府应积极探索购买环境服务的方式，努力实现由环保企业进行项目投资和服务，政府定期支付服务费，以确保环保企业良性发展。

企业参与乡村环境治理，需要良好的市场竞争环境。在乡村环境治理过程中，引入现代企业制度和金融手段，通过金融投资机构与企业联合投资等方式，实现乡村环境污染治理设施投融资的多元化，提高乡村污染治理设施和项目的融资能力，推进环保服务投资经营活动向产业化发展。

企业参与乡村环境治理，需要完备的专业人才体系。科技人才队伍，特别是高级环保技术人员对提高环保企业的专业技术水平极为重要。科技人才应树立参与乡村环境治理的大局意识，积极投身到祖国的环保事业中，为中国乡村的发展贡献一份力量。

5. 民间环保组织治理需求分析

民间环保组织在政府与公众、国内外之间充当着桥梁纽带的作用，能够很好地团结、凝聚环保力量，在环境保护与治理过程中具有监督和维权的作用。

民间环保组织参与乡村环境治理，需要充足的资金支持。近年环保备受重视，某些大型企业单独或联合设立非公募基金会，以资助国内组织的环保项目，成为民间环保组织重要的筹资平台。民间环保组织从事的是社会公益性事业，因此，政府宜采取财政直接资助、设立环保组织专项扶持资金等手段予以支持。

民间环保组织参与乡村环境治理，需要政府的政策保障。政府应加强对民间环保组织的培育引导，进一步完善相关管理制度规范，保障民间环保组织的健康发展。同时，地方相关部门应当完善政府、企业、公众三方对话机制，发挥民间环保组织桥梁纽带的作用，开辟有效的意见表达和投诉渠道，搭建公众参与和沟通的对接平台。

民间环保组织参与乡村环境治理，需要人才的培养与引进。人才保障是民间环保组织发展的重要因素之一，高素质人才的培养与引进，对民间环保组织的社会影响力和服务质量的提升尤为重要。因此，政府应大力培养环保领域技术人才，为民间环保组织输入人才，使其从业余的环保组织向专业的环保组织转变。

民间环保组织参与乡村环境治理，需要媒体的宣传和公众的积极参与。当今，媒体已经逐渐成为公众培养环保意识、参与环保活动的重要载体。媒体应积极与民间环保组织合作，满足公众对所参与环保活动的知情权与监督权，深化人们的环保认知，最终转化为环保行动。

第三节　关键技术选择

"十三五"时期，国家先后出台了一系列农村环保政策。环境保护部、财政部联合印发了《全国农村环境综合整治"十三五"规划》（环水体〔2017〕18号），明确建立健全农村环保长效机制，引导、示范和带动全国更多建制村开展环境综合整治。生态环境部、农业农村部印发了《农业农村污染治理攻坚战行动计划》（环土壤〔2018〕143号），提出强化污染治理、循环利用和生态保护，深入推进农村人居环境整治和农业投入品减量化、生产清洁化、废弃物资源化、产业模式生态化。中央农村工作领导小组办公室等九部门联合印发《关于推进农村生活污水治理的指导意见》（中农发〔2019〕14号）等。各地通过开展乡村清洁行动、农业农村污染治理攻坚、"厕所革命"、美丽乡村建设等活动，初步建立起农村环保工作制度体系，积极探索环境治理设施运维长效管理机制。在国家出台了一系列农村环保政策的基础上，乡村环境治理现代化已经拥有了非常规范的政策依据。但在具体实施时，尤其是针对人居环境和生产环境的改善，还需要有效的技术支撑。以下从两个方面进行关键技术部署。

一、乡村人居环境整治关键技术

（一）生活污水处理与利用关键技术

1. 农户、村落生活污水处理与就地回用关键技术

水污染问题严重制约着我国总体经济的健康持续发展，基础设施滞后和管理水平低下抑制了农村地区居民生活质量的改善和提高，国家正在加大力度扶持农村水改项目，农村地区的水环境治理已成为我国环境综合治理的重要组成部分。本节主要从散户污水处理、村落污水处理、畜禽养殖污水处理等方面介绍乡村污水治理技术。在现有农村生活污水达标排放的基础上，开发资源化利用技术。研究黑水固渣（或干厕）与农业废弃物厌氧共发酵技术，实现黑水固渣营养物质农林资源化；构建农村灰水藻菌共生反应技术体系，形成缓释固体肥料并实现水资源循环利用，实现在不同分散式场景的村镇生活污水资源化处理及水资源循环利用技术。

2. 典型地区无害化卫生厕所改造升级关键技术

厕所问题是当前城乡发展不平衡、不充分的直接体现。推进"厕所革命"是一项系统工程，是生态文明建设中的关键一环。近年来，我国开展了大量农村厕所整治工作，取得了阶段性的重要成果，但在厕所系统性、安全舒适、生态技术适应性等方面仍存在差距。"厕所革命"中最重要的一步就是改建旱

厕，在卫生的基础上做出不同技术革新，满足不同需求。旱厕改建的选择有三格化粪池式、粪尿分集式、三联通沼气池式厕所等，分别可适用于应用液态粪肥地区、干旱缺水地区、饲养畜禽地区。采用"厕所革命"技术时需因地制宜，合理规划厕所建设和运行维护，一次性实现卫生保障和环境污染控制的目标，避免重复建设和反复投资。同时，鼓励有条件的地区将厕所系统纳入农村污水收集管网和处理系统。

（二）生活垃圾资源化处理关键技术

近年来，随着经济的发展，农村生活垃圾数量激增，品种日益繁杂。要提高农民的生活品质，农村的垃圾治理就显得尤为重要。为积极引导农民养成良好的卫生习惯、生活习惯，各地都在积极探索农村垃圾处理运作的新模式，农村垃圾处理方式正在由过去的随意排放向无害化处理转变。

1. 生活垃圾清洁安全收储运关键技术

长期以来，农村地区对生活垃圾处理重视程度并不及城市地区，加之多数农村集体经济的财政收入无力满足生活垃圾基础设施建设的需求，使得许多村庄缺少专业的垃圾收集容器和专业运输工具，因而，尽快研发适用于农村地区的生活垃圾清洁安全收储运关键技术迫在眉睫。垃圾的收集、运输、转运等一系列过程的总和构成了垃圾收运系统。专业的垃圾储存设施应能有效阻隔废水、废气、废弃物带来的二次污染，防止有害垃圾造成生态环境的破坏，保证农村居民的身体健康；合理的中转站选址和优化的垃圾收集路线、运输路线应可以使车辆的调度更加高效，车辆的行驶距离减少，从而有效地节约了时间和投资成本，使人力、物力资源得到更高效的发挥。

2. 生活垃圾分类与资源化处理技术

农村生活垃圾的分类效果主要取决于当地政策的支持和引导。提升垃圾分类程度主要有三个方面：一是降低分类的难度，如将传统的四分法，改为居民易于理解的二分法，即根据垃圾的干湿属性，或可回收与不可回收属性对垃圾进行分类，简单且易执行；二是建立奖惩机制，对分类准确度较高的居民进行一定程度的奖励，如发放生活用品，对不分类或随意分类的居民，可设置黑名单进行警告；三是完善垃圾分类过程，如在垃圾收运时进行一定程度地再分类，减少出错率。农村生活垃圾预处理技术需要"因材施教"和

"因地制宜"，我国地域广袤、区域特色鲜明，不同农村地区应根据当地特色采用不同的处理技术。由于大部分农村空心化、老龄化，农村人口减少，对村镇生活垃圾可采用县域"集中＋分散"的方式进行处理，即县城中心区减少集中式处理设施，对垃圾采取日清日运，集中处理；农村地区可采用强化好氧的阳光堆肥房等技术，每日定点投放到村内小型处理设施，定期清运至县城集中式处理设施，以实现经济、社会和环境效益的统一与最大化。

3. 生活垃圾肥料化产品提质增效关键技术

将农村生活垃圾进行回收、资源化、再利用是解决农村生活垃圾最经济、最有效的做法。其中，将农村易腐垃圾经资源化处理后变为有机肥料投入农业生产，不仅可以解决垃圾污染问题，也可以减少无机肥的使用。短期来看，可以生产出健康无毒的绿色农产品，满足广大消费者对健康食品的需求；长期来看，还可以减少土壤板结，滋养土壤，保证土壤肥力，调节土壤微生物系统，保持土壤的水、气、氧平衡，在实现增产的同时避免对环境的破坏，是一个一举两得的策略。农村易腐垃圾肥料化产品提质增效的关键技术应当依据不同的作物种类、土壤条件、气候因素、人文经济等而进行不同的设计。例如在畜禽粪便较为丰富的养殖区，可以将畜禽粪便和农村生活垃圾共堆肥，达到调节碳氮比的目的；在北方温度较低的区域，可以采用膜覆盖的方式进行保温，并在初始阶段添加菌剂，缩短堆肥启动时间；在秸秆较为丰富的农业种植区，可以先将秸秆进行破碎，再将其与生活垃圾相混合，提高堆体孔隙度的同时，促进好氧堆肥形成更多的腐殖质，提高堆肥品质。

二、乡村生产环境治理关键技术

（一）农业面源污染控制关键技术

1. 农业面源污染智能监测网络平台技术

传统的农业面源污染监测平台普遍存在污染监测数据采集不方便、不及时、不准确，结果碎片化、执法无依据等问题，迫切需要能供监管部门使用的标准化、可视化和结构化智能监管平台，以实现农业面源污染治理监测的可测、可管、可控，有效减少监管人力、物力的浪费。新型的农业面源污染智能监测平台系统，涵盖多个监测站、通信网络和监控中心，监测站设置在不同的面源污染点，可实时采集污染信息并进行分析，将分析数据通过通信网络传输至监控中心，实现了农业面源污染多点在线实时监测，提高了监测精度与时效性，为精确评估农业面源污染状况、有效指导农业生产、促进农业减排和绿色高质量发展提供了决策支撑。

2. 绿色化肥农药农膜创制关键技术

因地制宜推广色诱、光诱、信息素捕诱等理化诱控技术，逐步以生物农药替代化学农药，实现绿色防控技术突破，降低病虫害发生频率。规范农药统计体系，根据作物生长周期开展对农药种类、实际使用量、施药器械等方面的监测调查。创新土壤碳氮扩库增容的绿肥培育路径，建立绿肥缓减氮磷流失和碳氮排放的综合控制技术体系，研发可降低土壤重金属活性、阻控作物吸收重金属的绿肥治理技术与增效产品。

（二）耕地土壤监测保护关键技术

1. 耕地土壤保护与利用关键技术

针对东北黑土地土壤厚度减少、南方水稻土壤低产、典型红壤区农田酸化等不同区域的土壤问题，研发高精度数字土壤构建与应用技术，覆盖我国全域高精度数字土壤，以土壤大数据分析与表达关键技术，创建我国土壤资源和土壤质量数据库。在耕地保护的基础上，开发主要粮食作物养分资源高效利用关键技术，探索出主要粮食作物化肥减量增效的新模式。

2. 耕地土壤环境质量监测关键技术

耕地土壤环境质量的优劣直接关系到农产品质量水平，关系到城乡居民消费安全，开展耕地土壤环境质量调查意义重大。耕地土壤环境质量监测技术，基于地理信息系统（GIS），在耕地土壤质量的采集与调查中实现移动GIS终端直接操作，改变原有通过GPS定位、相机拍照、人工填表的调查方法，可将理论点位定位、现场填写数据、定位拍照、汇总上报实时同步，优化工作方式、提高工作效率，进一步推动耕地土壤环境质量调查的科学性和自动化发展。

三、技术清单

乡村环境治理现代化发展战略技术清单见图 13-5。

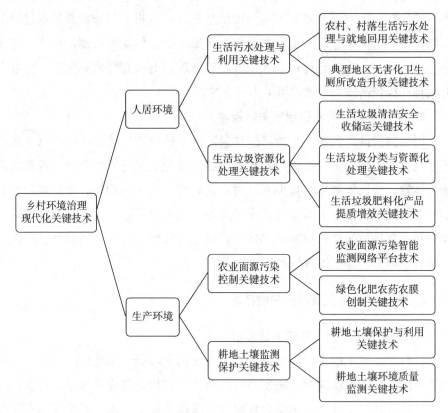

图 13-5 乡村环境治理现代化发展战略技术清单

第四节 战略目标与路线图

一、发展思路

改革开放 40 多年来，我国乡村经济社会发展取得巨大成就，农民生活水平日益提高，基础设施也在逐渐完善，但乡村环境治理仍是一块短板。城乡环境治理水平差距依然较大，垃圾围村、污水横流、粪污遍地等现象在部分地区还比较突出，这与亿万农民群众对美好生活的向往仍存在差距。习近平总书记多次就农村人居环境、生态环境、污水和垃圾治理、畜禽养殖污染防治等作出重要指示和部署。如何谋划好生态环境保护工作，打好升级版污染防治攻坚战，已成为各级政府关注和社会各界热议的问题之一。在破解乡村环境治理问题时，各地区应当有效把握乡村的差异性，因地制宜科学确定本地区整治目标任务。一边发展一边治理，满足农村居民的生活需要和精神需要，早日实现乡村环境现代化治理目标。

二、战略目标

(一) 总体目标

深入贯彻落实新发展理念，实施乡村振兴战略，坚持农业农村优先发展，坚持"绿水青山就是金山银山"，统筹城乡发展，统筹生产生活生态，以建设美丽宜居村庄为导向，以农村垃圾、污水治理和村容村貌提升为主攻方向，动员各方力量，整合各种资源，强化各项举措，加快补齐乡村生态环境突出短板，实现全国层面农村人居环境全面改善，生态环境全面干净整洁有序，村民环境与健康意识全面掌握，建立生态美、风貌美、环境美、风尚美、生活美的美丽乡村。

(二) 阶段目标

1. 2025 年

到 2025 年，乡村环境治理现代化要达到以下目标：

实现全国层面农村人居环境初步改善，生态环境基本干净整洁有序，村民环境与健康意识普遍增强。全国饮用水卫生合格率、生活垃圾无害化处理率、空气质量达标率和地表水功能区水质达标率 4 个指标建议在全国层面达到 90% 的现代化水平，在县域层面达到 80% 的水平。生活污水处理率指标的全国平均水平预计达到 90%，县域层面达到 70% 的水平。农村卫生厕所普及率指标在全国层面达到 85% 的平均水平，相应的第一四分位数达到 70% 的水平，县域层面的目标定为 70%。对于生态环境状况指数变化状况，全部地区应至少达到无变化等级，有能力的县域地区应做到略微变好，原则上不允许生态环境状况变差的情况出现。生态系统生产总值（GEP）、"两山"转化体制机制创新、人为重大环境污染事故及生态环境相关荣誉等期望性指标不强制设置目标，但应避免人为重大环境污染事故的发生，尽量发展满足更高要求，实现生态系统生产总值的增加、"两山"转化体制机制不断创新、生态环境相关荣誉获得更多的阶段性目标。

全国饮用水卫生合格率、生活垃圾无害化处理率、空气质量达标率和地表水功能区水质达标率在 2019 年调查实际值的第一四分位数分别为 100％、97.8％、95.6％和 95.0％，生活垃圾无害化处理率、空气质量达标率和地表水功能区水质达标率的平均值也已达到 87.55％、76.8％、73.4％。即意味着全国部分人居环境指标和生态环境指标已经基本达到了现代化水平，有足够的能力在 2025 年全国层面达到 100％的现代化水平。虽然生活污水处理率的全国平均水平已经达到 81.86％，但是县域平均水平较低，为 29.2％，因此，生活污水处理率指标的全国平均水平和县域平均水平设定成不同目标，并且从操作层面上看可以实现。农村卫生厕所普及率指标在全国层面达到了 80.75％的平均水平，第一四分位数的水平为 56％，在较发达县域地区的带动下，可以达到设定的目标水平。生态环境状况指数变化状况、生态系统生产总值、"两山"转化体制机制创新、人为重大环境污染事故及生态环境相关荣誉等期望性指标虽然不强制设置目标，但在保障其实施上有充足的内在动力。

2. 2035 年

到 2035 年，乡村环境治理现代化要达到以下目标：

实现全国层面农村人居环境明显改善，生态环境干净整洁有序，村民环境与健康意识显著增强。按照 2019 年各省份乡村环境治理现代化评价结果设定总体目标，乡村环境治理现代化评价结果为 B、C 等级的各省份在 2035 年需要晋升一个档次，分别达到 A、B 等级。2035 年在全国层面，饮用水卫生合格率、生活垃圾无害化处理率、空气质量达标率和地表水功能区水质达标率 4 个指标目标设置达到 95％的现代化水平，在县域层面达到 85％的平均水平。生活污水处理率指标的全国平均水平在 2035 年应达到 95％，县域平均水平也需相应提升到 75％的水平。农村卫生厕所普及率指标在全国层面平均水平达到 90％，在县域层面的平均水平目标定为 85％。生态环境状况目标设置同前一阶段，依然设定为无变化或者略微变好，原则上不得破坏农村生态环境，绝不再走"先污染、后治理"的老路；生态系统生产总值、"两山"转化体制机制创新、生态环境相关荣誉、人为重大环境污染事故等期望性目标依旧不设限，前三项指标应全力正向发展，坚决杜绝人为重大环境污染事故的发生。

根据乡村环境治理现代化评价结果体系，结合不同指标间的权重，使各地区的评级在 2025—2035 年进行梯级提升是必要且可行的。饮用水卫生合格

率、生活垃圾无害化处理率、空气质量达标率和地表水功能区水质达标率 4
个指标在全国层面于 2025 年已经达到 90％的现代化水平，本阶段的主要目标
是提升县域平均水平，从而使全国层面和县域层面的平均水平得到程度合理
的提升。生活污水处理率和农村卫生厕所普及率两个指标在全国层面较 2025
年提升 5％的水平，属于相对平稳且可行的增速。其他若干项期望性指标的设
置依然是尽力保证正向发展，可操作性较强。

3. 2050 年

到 2050 年，乡村环境治理现代化要达到以下目标：

实现全国层面农村人居环境全面改善，生态环境完全干净整洁有序，村
民环境与健康意识掌握全面。基于前两个阶段性目标，本阶段全国各省份的
乡村治理现代化评价结果在 2050 年需要达到 A 等级。全国各地区人居环境质
量实现全面升级，农村生活垃圾处置体系全覆盖，全面完成农村户用厕所无害
化改造，厕所粪污得到全面处理或资源化利用，饮用水卫生合格率、农村生活
污水治理率、土壤质量达标率、空气质量达标率、地表水功能区水质达标率、
湿地保护率、美丽村庄占比达到 100％，生态环境状况指数显著变好，村容村貌
全面提升，管护长效机制完善建立。生态系统生产总值、"两山"转化体制机制
创新、生态环境相关荣誉、人为重大环境污染事故等期望性目标依旧不设限，
前三项指标应全力正向发展，坚决杜绝人为重大环境污染事故的发生。

在顺利完成 2025 年、2035 年的阶段性目标后，多数指标的发展水平已经
接近全面现代化水平，因此，本阶段的目标就是全面提升县域层面发展水平
较低的部分指标，集中全力全面攻坚落后地区的指标发展，将资源倾斜到最
需要的地方，最终在全国层面和县域层面都实现乡村环境治理现代化。

三、重点任务

为了推进乡村环境治理现代化，实现美丽乡村建设，结合我国乡村面临
的人居环境、生态环境、保障体系问题，我国下一阶段乡村环境现代化治理
的重点任务应以"村容村貌美、服务设施美、生态环境美、富民产业美、社
会和谐美"为目标，以"人居环境、建筑风貌、基础设施、公共服务、产业
发展、乡村治理"为主要内容，加快补齐乡村生态环境突出短板，彻底扭转
农村脏乱差局面，普遍提高农民生活质量，显著提升农民环境卫生观念，逐

步增强参与整治积极性，全面推进整治工作，全面完成目标任务。

（一）人居环境

当前，农村人居环境整治的重点任务是：

1. 加快农村饮用水水源地保护区划定，开展农村饮用水水源环境风险排查整治，加强农村饮用水水质监测

根据水源保护区管理办法，在水源地保护区周边设立相应地理界标、警示标志和宣传牌，并将饮用水水源保护要求和村民应承担的保护责任纳入村规民约。对饮用水水源地保护区内工业企业、受禁止的农业生产活动进行细致排查，严格记录可能影响农村饮用水水源环境安全的风险源，并责令限期整改，严厉打击相关环境违法行为。同时，对水井及水库周边杂草丛生、环境脏乱、基础设施老化等问题全面排查解决，提升农村饮用水安全标准。定期对集中式饮用水水源进行水质监测，及时做好水质变化记录，全面监测水质达标情况，并及时向社会公开农村集中式饮用水水源水质安全状况信息。

2. 通过城乡一体化统筹建立乡村生活垃圾处理体系，因地制宜建设生活垃圾处理设施，推进乡村生活垃圾分类处理

各村垃圾处理设施由上级部门结合人口聚集程度、自然地理条件、经济发展水平、生活垃圾成分和性质统一规划，因地制宜建设具有污染防治措施的生活垃圾处理设施，如生活垃圾生态处理池、垃圾中转站等。推进农村生活垃圾治理，建立健全符合农村实际、方式多样的生活垃圾收运处置体系，有条件的地区推行垃圾就地分类和资源化利用，着力解决农村垃圾乱堆乱放问题。同时，组建乡村环境卫生监督小组，匹配保洁人员，落实人员保障。加强领导、落实责任、强化宣传、广泛发动，将推进农村生活垃圾无害化处理等责任落实到具体个人。

3. 建设生活污水垃圾处理设施，解决污水直排问题，实施厕所粪污治理

采用污染治理与资源利用相结合、工程措施与生态措施相结合、集中与分散相结合的建设模式和处理工艺。推动城镇污水管网向周边村庄延伸覆盖，积极推广易维护、低成本、低能耗的污水处理技术，鼓励采用生态处理工艺，加强生活污水源头减量和尾水回收利用，充分利用现有的沼气池等粪污处理设施，强化改厕与农村生活污水治理的有效衔接，采取适当方式对厕所粪污进行无害化处理或资源化利用，严禁未经处理的厕所粪污直排。

（二）生态环境

当前，农村生态环境整治的重点任务是：

1. 调整产业结构，大力推进产业模式生态化

由于土壤污染绝大部分来自废水、废气、废渣，在当下和未来一段时间内，都应该继续调整产业结构，减少高耗能、高污染企业的数量及规模，对工业"三废"进行处理，确保达标后再排放。统筹城乡一体化，避免城镇企业迁移到城郊接合部或乡村继续污染环境，从而加重农村污染。

2. 持续推进化肥、农药减量增效，加强秸秆、农膜废弃物资源化利用

增强农民科学施肥用药意识和技能，科学使用化肥、农药等农业生产资料，推动化肥、农药使用量实现负增长。切实加强秸秆禁烧管控，强化地方各级政府秸秆禁烧主体责任。广泛开展废物废水处理后再利用，完善废旧地膜回收处理制度，减少农业污染物随意排放。在土壤质量、空气质量、地表水功能区水质达标率等方面做到完全达标，生态环境状况不变差。

3. 提高绿化率，探索绿化新路径，推行林木管理新模式

发动群众或者承包商对有发展条件的荒地进行经济林种植，提高乡村森林覆盖率。同时，对湿地进行重点保护，巩固湿地保护率，对生物多样性进行保护，达到可持续发展的目标。

4. 强化农业农村生态环境监管执法，构建农业农村生态环境监测体系

充分利用网格化管理平台，发现破坏农业农村环境的问题。鼓励公众监督，对农村地区生态环境破坏和污染事件进行举报。落实乡镇生态环境保护职责，明确承担农业农村生态环境保护工作的机构和人员，确保责有人负、事有人干。

（三）保障体系

当前，农村保障体系整治的重点任务是：

1. 加强村落院落规划建设，提升村容村貌，加强美丽村庄的建设

统筹乡村空间规划，绿化美化院落村落，形成生活生产区和生态功能区，强化乡村空间的生物安全防护功能。加快推进通村组道路、入户道路建设，整治公共空间和庭院环境，大力提升农村建筑风貌，突出乡土特色和地域民族特点，提升田园风光品质，推进村庄绿化。

2. 探索长效保障机制，助力"两山"理念长久转化，健全生态环境保护体系

严守生态保护红线，全面审视环境和经济建设的关系，既要绿水青山也要金山银山。积极推进生态环保工作，加大生态环保投资力度，确保创建结果长期稳定。

3. 坚决杜绝人为重大环境污染事故的发生，加强环境污染的惩罚措施，批准用于污染治理的专项基金

只有环境污染的违法成本高于企业用于防污治污的投入时，企业的防污治污积极性才不会被打消，否则会存在投机行为。以政府为主导，建立详细的环境污染惩罚制度，设置污染治理专项基金，并充分发挥市场机制的调节作用，坚决杜绝人为重大环境污染事故的发生。

四、发展路线图

乡村环境治理现代化发展路线图见图 13-6。

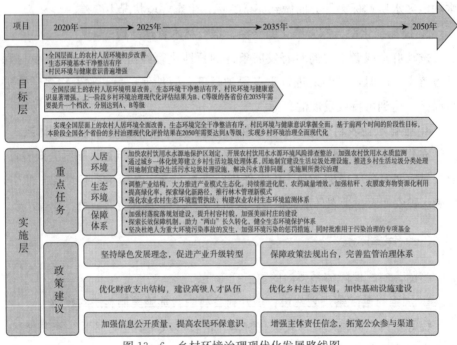

图 13-6　乡村环境治理现代化发展路线图

第五节　重大工程建议

一、乡村环境数字化治理工程

近年来，互联网、大数据、云计算、人工智能、区块链等技术在加速推广应用，数字赋能乡村生态环境治理，可以为精准、科学的乡村环境治理提供技术支撑，为乡村生态环境治理体系和治理能力现代化提供新的方法路径。

建设乡村环境数字化监测工程，设置监测站、通信网络及监控中心，实时采集污染信息并进行分析；完善耕地土壤环境质量监测系统，实现 GIS 终端直接操作，实时同步上传系统；全面普及生活污水、生活垃圾数字化管理平台，以互联网技术协同村民环保意识提高，从外源和内源两方面提供动力。提高自然灾害防控建设工程的精度，利用数字技术为自然灾害预测赋能，使得农村及时作出应对措施，降低风险。

2030 年，推动满足乡村环境现代化治理的一系列监测工程和治理工程建设，利用数字化平台系统实现乡村环境的可测、可管、可控，提高监测精度和时效性，优化工作方式；2050 年之前实现乡村环境数字化监测和治理工程的全面建设，增强智能化程度，提高工作效率，全面推动乡村环境现代化实现。

二、乡村环境治理现代化评价指标标准化建设工程

中国幅员辽阔，自然条件复杂，不同地区的乡村自然禀赋存在着较大差异，经济发展水平和社会现状也显著不同，采用单独的指标如生活垃圾处理率、生活污水处理率去衡量地区间的环境治理现代化水平是片面的，不科学的。因此，建立一个科学完备的乡村环境治理现代化评价指标体系是亟待解决的重要问题。

针对此问题，围绕乡村环境治理三大方面，利用层次分析法、因子分析法、主成分分析法等科学方法构建乡村环境治理现代化评价指标体系，将影响乡村环境治理三大方面 20 个指标融合在内，并赋予不同权重分值，创新地将乡村环境治理现代化评价指标标准化并形成一个体系，实现了乡村环境治理评价指标标准化的目标。

2030 年之前，在全国范围内具有条件的地区率先开展乡村环境治理现代化评价指标体系的普及，为新农村环境保护规划、建设提供新标准，解决我国农村环境现状与提高农民生活质量迫切要求不匹配的问题；2050 年之前，在全国范围内全面开展评价指标体系建设，以一个科学、标准、系统的体系促进我国乡村环境治理现代化发展。

第六节　政策措施建议

一、坚持绿色发展理念，促进产业升级转型

加强农村环境保护和污染治理，是我国环境保护基本国策的重要组成部分。农村环境污染治理必须树立正确的发展理念，以实现农村经济发展与绿色生态建设、资源利用与环境治理、产业繁荣与环境保护的协调统一。

推进农村环境污染治理，首先是对县属经济开发区和工业园区工业发展所产生的污染进行治理，其关键是坚持绿色发展理念，推动县域经济产业结构调整与升级。一是加快淘汰县属经济开发区和工业园区落后产能。二是大力培育县属经济开发区和工业园区的节能环保产业，推动节能环保、新能源等战略性新兴产业发展。

其次对于种植业来说，重点是推动种植业发展方式的转变。一是推进种植业适度规模经营。提升种植业现代化水平，提高生产效率，发展生态高效农业。二是推进化肥农药减量增效。一方面，政府部门加强引导与鼓励种植户施用有机肥，减少无机化肥施用量；另一方面，加强对种植技术的研发创新，突破减量同效或增效的可持续施肥用药种植技术。三是创新农膜回收机制，积极探索多方式的农膜环保回收利用模式。

最后对于畜牧业来说，关键在于形成绿色环保、种养循环的养殖模式。一是科学规划养殖场布局，将养殖场建立在远离人口集中区的地区，从源头上控制污染。二是种植业、养殖业循环发展。在经济发展的前提下将各个产业内部结合，促进农村环境的清洁环保。

为了解决好农村经济发展和自然禀赋不协调的矛盾，乡村产业的发展模式需要由传统的简单粗暴式逐渐向生态化的可持续发展去转变。农业的发展趋势由传统农业向现代农业转型升级，发展模式以一二产业、一三产业融合的现代

农业为主，适用于这种模式的乡村一般是处于乡村农业规划区并且拥有良好的土地资源及丰富的农业资源的区域；工业的发展趋势则逐渐升级为"退二进三"，向新型现代服务业转型，在发展经济的同时注重对生态环境的保护，该模式适用于靠近城镇、城乡属性变化快、土地利用形态复杂及建设用地资源贫乏的乡村；乡村服务业的发展趋势则是体现在与新兴产业的借势互动，以"三一"特色旅游的发展模式带动乡村第三产业经济，这种模式适合拥有天然的山水条件、人文历史资源或是位于景区周边等具有特殊自然区位的乡村。

二、保障政策法规出台，完善监管治理体系

当前乡村环境治理所涉问题虽多，但其中乡村环境治理法律机制的缺乏尤其值得关注。为确保乡村环境治理工作顺利推进，需要在制度完善上做到以下几点：

一是继续出台相关法律法规。虽然有关乡村环境保护的法律条文已经不少，但是从总体上来看，依旧呈现碎片化的状态，导致文件在法律效力和执行力度上存在不足。因此，应当从农村长远发展的角度逐步健全农村环境保护法律体系，制定针对性强、操作性强的农村环境保护法律，为改善农村环境状况、加强农村环境监督管理、杜绝农村环境污染和防止生态破坏提供坚实的法律依据。为了适应农村环境保护的需要，尽快修改完善农村环境保护法律法规的相关内容，建立健全农村居民环境权益诉求机制和利益补偿机制，通过立法进一步明确农民的各项环境权利，使农民在农村环境保护实践中发挥更大作用，这也是实现农民参与环境保护的法律基础和根本保证。

二是科学规划，明确治理范围。无论是自然资源生态治理，还是农业面源污染治理，以及农村人居环境整治，都应制定科学规划，明确治理范围、治理重点、实施路径、治理措施及政策保障，以引领乡村环境治理。国家在制定乡村环境治理规划时，应根据不同区域社会经济水平、自然条件的差异，划分不同区域，采取不同措施。地方各级政府应在国家规划框架范围内，结合区域的实际情况，制定详细的治理规划及具体实施方案。

三是增强执法力度。全面贯彻落实《中华人民共和国环境保护法》《农业绿色发展技术导则（2018—2030年）》等法规及纲领性文件，确保农村环境污染防治工作能够严格遵照相关法律法规。一是统一执法部门，明晰各领域

及职能部门的职责所在，减少职能交叉、权责不明、相互推诿的现象。二是设立乡镇环保机构和专门的环境执法队伍，对乡村环境治理的质量和水平进行量化，"执法必严、违法必究"。针对治理污染不力的企业及破坏环境的居民行为，做到及时发现、及时整改，杜绝后患。

三、优化财政支出结构，建设高级人才队伍

为了加快农村现代化建设，国家和政府积极出台了诸多惠农政策和措施，有效推动了农村经济发展，加速乡村环境治理。但是农村生态环境的建设与改善需要大笔整改资金，中央和地方政府应该通过多种举措来保障"三农"持续性投入。此外，乡村环境的治理不仅仅需要科学理论的指导，还需要一支熟悉农村、立志建设农村的基层服务实践队伍，积极培养农村实用型人才，为乡村环境治理提供良好的物质基础和人才基础。

一是完善财政支农投入机制。充分发挥规划的统筹引领作用和财政资金的撬动引导作用，推进行业内资金整合与行业间资金统筹相互衔接配合，形成合力。探索多种形式的银政合作、银政保合作、银政企合作等，重新安排风险分担机制，发挥财政资金放大撬动作用，引导金融和社会资本更多投向农业农村。积极推进以市场化方式运作乡村振兴基金，支持各类新型农业经营主体参与乡村振兴事业，引导带动各类资源要素向农业农村流动。

二是设立管护资金，维护农村环保设施。如果环保设施的运营机制、管护措施不到位，一方面会导致环保设施难以发挥其功能，另一方面导致环保设施使用寿命缩短。建立有效的运维机制及管护机制，配备专门管护人员与资金，可以避免国家资金投入的浪费，同时也可以减少贫困地区、经济欠发达地区地方政府的负担，实现国家推动农村生态治理的目的。同时，结合刚性支出需求及绩效评价结果细化预算编制，确保财政资金不浪费。

三是建立专项资金，保障乡村环境治理有序推进。乡村环境治理是一项长期的任务，建议在国家层面设立乡村环境治理专项资金，明确政府的投资主体地位。同时，鼓励社会资金参与乡村环境治理，鼓励社会团体、企业和个人通过捐款或以其他方式积极参与乡村环境治理。此外，根据不同区域经济发展水平，建立和完善适应各地经济水平的地方政府补助机制，作为国家专项资金、社会资金投入的有效补充，将乡村环境治理资金纳入国家财政体

系中，逐年增加对农村生态治理设施建设和维护费用的投入。

四是强化培养本土人才，形成长效引育人才制度。根据乡村振兴工作要求，进一步调整优化农民培训支持政策。实施高素质农民培育工程，整合各渠道培训资源，建立政府主导、部门协作、统筹安排、产业带动的培训机制，以高素质农民为重点，提升农民素质，培育本土高素质农民，培育乡村环境治理的主力军。鼓励各种人才积极回归乡村，打通人才向农村流动的通道，将现代科技、生产方式、经营模式及管理模式带回农业农村。探索促进城乡人口双向流动，保持乡村的生机和活力，让城乡各类人才在回馈乡里、致富乡村中实现自身价值。

四、优化乡村生态规划，加快基础设施建设

乡村生态规划是将人、自然、文化和经济等视为一个整体，实现可持续发展的科学规划。乡村生态规划要求，在推动乡村产业发展的同时，必须充分尊重乡村自身发展规律，保护好乡村地域历史文化特色、乡土风情和自然环境。制定乡村生态规划，需要进行综合考量，做好生态建筑规划、生态环境规划和生态产业规划。在现代生态设计理念的基础上，生态建筑规划应当突出地方特色，保留村庄特有的民居风貌、乡土文化，防止"千村一面"；对乡村地形地貌、道路、水体和绿化等进行综合整治、生态修复；构建起以生态农业、互联网＋商贸农业为主体，乡村文化体验为衍生产业的乡村生态产业链。推进乡村科技创新，调整农业产业结构，构建高产、高效和优质的生态农业发展模式，打造乡村生态旅游特色品牌。

对于农村基础设施来说，重中之重就是"三大革命"的全部推进和完善。具体有以下几点政策建议：一是针对不同村庄类型，选择不同改厕方式，有序推进改厕；二是完善管网，确保农村污水能收尽收，切实避免"最后一公里"掉链子现象，加快推进污水管网建设，在铺设长度上确保有足够的污水承载力，实现雨污分流；三是完善农村垃圾治理设施设备，按照规定的标准配齐设备，购买垃圾装载车辆、大型垃圾清扫车和洒水降尘车，投入资金兴建标准化压缩式垃圾中转站、标准化卫生公厕、垃圾发电厂等。

五、加强信息公开质量，提高农民环保意识

政府及时全面地公开环境信息，有助于获得村民的支持和信任，在日后

的环境治理工作中能帮助公众理解接受相关政策，不仅可以提升政府工作效率，还有助于加强政府治理能力。

环境信息的公开程度决定了公众实现环境知情权的程度，通过公开环境信息，确保公众"知的权利"，增强公众参与环境治理的意识，克服政府独自决策的不足，加强政府和公众沟通、互动，切实达到环境保护的目的。面对乡村生态环境仍需改善的困境，有以下几点解决建议：一是构建全国性乡村环境综合信息公开平台，明确各乡镇政府部门及排污企业公开的内容、范围、时间等，使公众在了解环境信息时有处可查，方便快捷地获得相关信息；二是构建区域性乡村环境特定信息公开平台，该平台除了公开日常环境数据，还应当将可能对环境造成重大影响的建设项目信息、环境决策信息等纳入公开范围内；三是及时更新、全面公开平台的环境信息，环境信息的公开应当确保及时、全面，多级信息公开平台不仅应公开积极的环境信息，也应当公开环境问题等消极信息。通过积极地宣传环境污染和保护信息，增强农民环境保护意识。

六、增强主体责任信念，拓宽公众参与渠道

在乡村环境治理中，农民的环保意识至关重要。要加强宣传教育，增强农民环境保护意识。以广播和宣传栏等为载体营造环保氛围，让农民认识到当前农村环境污染的严峻状况，促使其增强主体责任意识。首先，加大环境保护宣传力度。加强对广大乡村居民的社会主义核心价值观教育，营造良好学习氛围。其次，完善政府、企业及公众三方沟通交流机制，为民众开辟有效的环境诉求表达渠道和投诉渠道，增强政府与乡村居民、其他利益相关者的良性互动。这不仅有利于解决因信息不畅而导致的"囚徒困境"，而且有利于乡村内部个体开展环保行动，更有利于降低交易成本，实现乡村环境的协同治理。最后，拓宽乡村关系网络，促进信息传播共享。加强网络合作，既要对原有血缘、地缘、业缘等关系网络进行充实构建，又要积极利用互联网、微信、微博等现代技术手段拓宽网络广度，丰富政府与公众的沟通互动渠道，使政策下达信息及时有效，公众参与渠道、参与手段更加多样。

第十三章主要执笔人：————————————————————

陈丁江　吴东雷　张清宇　王飞儿　金少胜　盛雅琪　朱　琦

参 考 文 献

毕竞悦，2018. 1978—2018 中国四十年社会变迁［M］. 北京：清华大学出版社.

巢小丽，2016. 乡村治理现代化的建构逻辑："宁海 36 条"政策绩效分析［J］. 中国行政
管理（8）：69-75.

陈畴镛，2018. 韩国数字政府建设及其启示［J］. 信息化建设（6）：30-34.

陈世伟，尤琳，2012. 农地制度变迁与农村社会管理［J］. 重庆社会科学（4）：40-44.

陈秧分，黄修杰，王丽娟，2018. 多功能理论视角下的中国乡村振兴与评估［J］. 中国农
业资源与区划，39（6）：201-209.

陈颖，于奇，贾小梅，2019. 借鉴日本《净化槽法》健全我国农村生活污水治理政策机制
［J］. 中国环境管理，11（2）：14-17.

丁胜洪，杨瑜娴，2014. 乡村环境治理的基本要求与途径——以武汉市为例［J］. 江汉大
学学报（社会科学版），31（2）：5-10＋122.

丁志刚，王杰，2019. 中国乡村治理 70 年：历史演进与逻辑理路［J］. 中国农村观察
（4）：18-34.

杜焱强，2019. 农村环境治理 70 年：历史演变、转换逻辑与未来走向［J］. 中国农业大
学学报（社会科学版），36（5）：82-89.

范瑞光，2016. 乡村治理现代化的困境及对策分析［J］. 理论观察（8）：104-106.

范拥军，2018. 乡级治理现代化研究［M］. 北京：中国社会科学出版社.

冯献，李瑾，崔凯，2020. 乡村治理数字化：现状、需求与对策研究［J］. 电子政务（6）：
73-85.

符世雄，陈祖鸿，孙新明，2020. 畜禽粪污无害化处理现状及对策研究［J］. 畜牧兽医杂
志，39（6）：46-49.

管文行，2019. 乡村振兴背景下农村治理主体结构研究［D］. 长春：东北师范大学.

桂华，2021. 迈向强国家时代的农村基层治理——乡村治理现代化的现状、问题与未来
［J］. 人文杂志（4）：122-128.

郭正林，2004. 乡村治理及其制度绩效评估：学理性案例分析［J］. 华中师范大学学报
（人文社会科学版）（4）：24-31.

韩冬梅，刘静，金书秦，2019. 中国农业农村环境保护政策四十年回顾与展望［J］. 环境

与可持续发展, 44 (2)：16-21.

韩鹏云, 2020. 乡村治理现代化的实践检视与理论反思 [J]. 西北农林科技大学学报 (社会科学版) (1)：102-110.

贺雪峰, 2019. 行政还是自治：村级治理向何处去 [J]. 华中农业大学学报 (社会科学版) (6)：1-5＋159.

贺雪峰, 何包钢, 2002. 民主化村级治理的两种类型——村集体经济状况对村民自治的影响 [J]. 中国农村观察 (6)：46-52＋81.

胡艳华, 2019. 农民职业教育培训供给侧改革的背景、问题及策略 [J]. 职业技术教育, 40 (1)：62-66.

胡洋, 仲璐, 王璐, 2019. 农村生活垃圾分类及资源化利用现状和问题浅析 [J]. 环境卫生工程, 27 (6)：64-67.

黄季焜, 王济民, 解伟, 等, 2019. 现代农业转型发展与食物安全供求趋势研究 [J]. 中国工程科学, 21 (5)：1-9.

贾晋, 2018. 中国乡村振兴发展指数蓝皮书 (2018) [M]. 成都：西南财经大学出版社.

贾小梅, 于奇, 王文懿, 等, 2020. 关于"十四五"农村生活污水治理的思考 [J]. 农业资源与环境学报, 37 (5)：623-626.

江国华, 项坤, 2007. 从人治到法治——乡村治理模式之变革 [J]. 江汉大学学报 (社会科学版) (4)：5-9.

蒋永穆, 王丽萍, 祝林林, 2019. 新中国 70 年乡村治理：变迁、主线及方向 [J]. 求是学刊, 46 (5)：1-10＋181.

金书秦, 韩冬梅, 2015. 我国农村环境保护四十年：问题演进、政策应对及机构变迁 [J]. 南京工业大学学报 (社会科学版), 14 (2)：71-78.

孔祥智, 2018. 乡村振兴的九个维度 [M]. 广州：广东人民出版社.

李明, 2008. 公共安全内涵的历史变迁及动因 [J]. 中国公共安全 (学术版) (1)：16-19.

李晓慧, 王清平, 2015. 农村公共安全应急管理的法制保障与反思 [J]. 长春理工大学学报 (社会科学版), 28 (7)：53-57＋100.

李学舒, 2019. 我国乡村治理的模式变迁与演化逻辑——基于国家与社会关系的视角 [J]. 云南师范大学学报 (哲学社会科学版), 51 (5)：94-102.

李雪峰, 2018. 中国特色公共安全之路 [M]. 北京：国家行政学院出版社.

李勇华, 2015. 乡村治理现代化中的村民自治权利保障 [M]. 北京：中国社会科学出版社.

梁淑华, 2015. 3 种典型农村社区管理模式对比研究 [J]. 世界农业 (1)：41-47.

刘冠生, 2005. 城市、城镇、农村、乡村概念的理解与使用问题 [J]. 山东理工大学学报 (社会科学版) (1)：54-57.

刘行玉，2018. 乡村治理四十年：回顾与总结［J］. 山东农业大学学报（社会科学版），
　　20（4）：13-19.

刘媛媛，2016. 农业废弃物资源化利用问题研究［J］. 当代农村财经（5）：51-57.

龙晓柏，龚建文，2018. 英美乡村演变特征、政策及对我国乡村振兴的启示［J］. 江西社
　　会科学，38（4）：216-224.

陆益龙，2017. 后乡土中国［M］. 北京：商务印书馆.

吕德文，2021. 基层中国：国家治理的基石［M］. 北京：东方出版社.

吕少良，2019. "三农"的出路在"三乡"——关于乡村振兴战略的思考［J］. 中国集体
　　经济（36）：9-12.

毛铖，2017. 我国农村治理变革与农村服务体系变迁［J］. 求实（8）：67-84.

梅继霞，彭茜，李伟，2019. 经济精英参与对乡村治理绩效的影响机制及条件——一个多
　　案例分析［J］. 农业经济问题（8）：39-48.

聂二旗，郑国砥，高定，等，2017. 中国西部农村生活垃圾处理现状及对策分析［J］. 生
　　态与农村环境学报，33（10）：882-889.

宁吉喆，2021. 第七次全国人口普查主要数据情况［J］. 中国统计（5）：4-5.

宁志中，张琦，2020. 乡村优先发展背景下城乡要素流动与优化配置［J］. 地理研究，39
　　（10）：2201-2213.

邱春林，2019. 国外乡村振兴经验及其对中国乡村振兴战略实施的启示——以亚洲的韩国、
　　日本为例［J］. 天津行政学院学报，21（1）：81-88.

曲文俏，陈磊，2006. 日本的造村运动及其对中国新农村建设的启示［J］. 世界农业（7）：
　　8-11.

饶静，2020. 乡村治理现代化历史与实践维度分析［J］. 农村·农业·农民（B版）（2）：
　　40-41.

任中平，王菲，2016. 经验与启示：城市化进程中的乡村治理——以日本、韩国与中国台
　　湾地区为例［J］. 黑龙江社会科学（1）：36-40.

邵俊杰，2020. 农村环境污染原因及治理对策［J］. 资源节约与环保（9）：144-145.

石会娟，2019. 城郊融合类乡村产业振兴思路探讨——以西安市雁塔区三兆村为例［J］.
　　城市发展研究，26（S1）：103-108.

史玲珑，2018. 历史文化建筑价值评估——以西递宏村为例［J］. 中国资产评估（11）：
　　19-22.

史云贵，孙宇辰，2016. 我国农村社会治理效能评价指标体系的构建与运行论析［J］. 公
　　共管理与政策评论，5（1）：17-25.

宋孝建，2016. 苏南乡村环境治理的发展性方略研究［D］. 南京：南京农业大学.

苏海新，吴家庆，2014. 论中国乡村治理模式的历史演进［J］. 湖南师范大学社会科学学

报，43（6）：35-40.

孙炳彦，2020. 我国四十年农业农村环境保护的回顾与思考［J］. 环境与可持续发展，45
（1）：104-109.

覃耀坚，农植媚，2016. 乡村治理从传统化向现代化转化的探讨——基于历史制度主义的
视角［J］. 哈尔滨学院学报，37（3）：25-29.

万江红，管珊，2013. 农村专业技术协会的实践形态与发展定位——基于与农民专业合作
社的比较［J］. 华中农业大学学报（社会科学版）（4）：7-12.

汪爱河，张伟，舒金锴，2020. 村镇饮用水水质安全保障研究进展［J］. 湖南城市学院学
报（自然科学版），29（5）：18-21.

王波，郑利杰，王夏晖，2020. 我国"十四五"时期农村环境保护总体思路探讨［J］. 中
国环境管理，12（4）：51-55.

王晶，2019. 国内外城市安全防灾规划和管理体系研究综述［J］. 中华建设（2）：
110-111.

王俊能，赵学涛，蔡楠，等，2020. 我国农村生活污水污染排放及环境治理效率［J］. 环
境科学研究，33（12）：2665-2674.

王丽，2011. 国外农民培训经验及其启示［J］. 成人教育，31（7）：127-128.

王思远，2019. 乡村振兴背景下集聚提升类村庄人才振兴对策研究［J］. 中国战略新兴产
业：理论版（17）：2.

王苇航，2019. 美国、德国如何实施以小城镇为主的城市化策略［N］. 中国财经报，
2019-03-30（006）.

王亚华，臧良震，2020. 小农户的集体行动逻辑［J］. 农业经济问题（1）：59-67.

王卓，胡梦珠，2020. 乡村振兴战略下村干部胜任力与村庄治理绩效研究——基于西部5
省调查数据的分析［J］. 管理学刊，33（5）：1-11.

卫桂玲，2019. 战后英国振兴乡村价值观理念及启示［J］. 合作经济与科技（14）：14-17.

吴昊，2018. 日本乡村人居环境建设对中国乡村振兴的启示［J］. 世界农业（10）：
219-224.

吴新叶，2016. 农村社会治理的绩效评估与精细化治理路径——对华东三省市农村的调查
与反思［J］. 南京农业大学学报（社会科学版），16（4）：44-52＋156.

夏金梅，2019. "三农"强富美：美国乡村振兴的实践及其经验借鉴［J］. 世界农业（5）：
10-14.

项继权，2005. 20世纪晚期中国乡村治理的改革与变迁［J］. 浙江师范大学学报（5）：
1-7.

项继权，李晓鹏，2014. "一事一议财政奖补"：我国农村公共物品供给的新机制［J］. 江
苏行政学院学报（2）：111-118.

熊春林，符少辉，2015. 韩国农村农业信息化服务发展的经验与启示 [J]. 农业科技管理，34（6）：50-53.

徐进，2019. 中国现代社会保障责任论纲 [J]. 社会福利（理论版）(10)：8-11.

徐兰，2013. 略论我国村民自治模式的历史演进及其发展路径 [J]. 农业经济（11）：63-65.

许方霄，2016. 从源头化解农村医疗卫生服务危机 [J]. 首都食品与医药，23（9）：22-23.

闫凤英，钟婷，张道龙，2013. 谈小型公共服务中心对乡村地区的驱动——以美国爱荷华乡村主街计划为例 [J]. 工程建设与设计（10）：130-134.

杨穗，赵小漫，高琴，2021. 新时代中国农村社会政策与收入差距 [J]. 中国农村经济（9）：80-94.

姚水琼，齐胤植，2019. 美国数字政府建设的实践研究与经验借鉴 [J]. 治理研究，35（6）：60-65.

于鸽方，宫军峰，李震，2020. 农村生活污水处理的现状与对策——以青岛市即墨区为例 [J]. 化工设计通讯，46（11）：186-187.

于建嵘，2015. 社会变迁进程中乡村社会治理的转变 [J]. 人民论坛（14）：8-10.

詹国辉，2019. 乡村振兴战略下乡村治理质量评价体系构建研究——基于理路、原则与指标体系的三维分析 [J]. 广西社会科学（12）：59-65.

张广辉，叶子祺，2019. 乡村振兴视角下不同类型村庄发展困境与实现路径研究 [J]. 农村经济（8）：17-25.

张良，2010. 从"汲取式整合"到"服务式整合"：乡镇治理体制的转型与建构——基于国家政权建设的视角 [J]. 中共浙江省委党校学报（2）：59-64.

张晓山，2020. 乡村振兴战略 城乡融合发展中的乡村振兴 [M]. 广州：南方出版传媒广东经济出版社.

张一平，2021. 乡村振兴战略与内生动力机制：现实困境、耦合关系与路径选择——基于乡村治理现代化的视角 [J]. 现代农业（2）：18-22.

张英洪，2019. 善治乡村 乡村治理现代化研究 [M]. 北京：中国农业出版社.

赵卫涛，2016. 西方政治发展评估研究述评 [J]. 国外社会科学（2）：12-19.

赵秀玲，2021. 农村治理体系和治理能力现代化评估与瞻望 [J]. 西南交通大学学报（社会科学版），22（1）：1-10.

"中国社会管理评价体系"课题组，俞可平，2012. 中国社会治理评价指标体系 [J]. 中国治理评论（2）：2-29.

钟腾，吴卫星，玛西高娃，2020. 金融市场化、农村资金外流与城乡收入差距 [J]. 南开经济研究（4）：144-164.

周振，伍振军，孔祥智，2015. 中国农村资金净流出的机理、规模与趋势：1978—2012 年 ［J］. 管理世界（1）：63-74.

朱余斌，2017. 建国以来乡村治理体制的演变与发展研究 ［D］. 上海：上海社会科学院.

ARTUR S，FRANCESCA C，MARK S，2023. Rurality and social innovation processes and outcomes：A realist evaluation of rural social enterprise activities ［J］. Journal of Rural Studies，99：284-292.